기초 광공학

홍 경 희 저

도서출판 상 학 당

欲爲大者 當爲人役

크고자 하거든 남을 섬기라

머리말

광학은 역사가 가장 깊은 학문 분야이다. 그만큼 범위도 넓고 타 분야에 미치는 영향도 크다. 산업이 발전해 가면서 여러 가지 분야의 기술이 복합적으로 융합되어야 하는 시대가 되었다. 이 책은 산업기사를 꿈꾸는 학생들을 염두에 두고 집필하게 되었으며, 타 분야의 학생들에게도 광학에 관심이 있는데 쉽게 다가가기가 어렵다고 생각하는 경우를 생각하여 가급적이면 알기 쉽게 설명하려고 노력하였다.

제 1 장은 광학의 기본 개념이 무엇이며 어떻게 발전해 왔는가를 살펴보고, 빛을 파동으로 생각할 때에 어떻게 전파해 가며 다른 파동과 만날 때 일어나는 현상을 살펴본다.

제 2 장부터 제 5 장까지는 빛의 입자적인 성질로 나타나는 기하광학적인 원리와 응용에 대해서 공부한다. 제 2 장은 빛의 가장 중요한 성질인 반사와 굴절에 대해 살펴보고 제 3 장에는 빛이 광축에 가까이 들어올 때 일어나는 현상을 근사적으로 다루는 Gauss 광학 전반에 걸쳐 공부한다. 특히 물체의 상이 어떻게 맺어지는가를 살펴본다. 제 4 장은 현실적으로 상이 깨끗하고 정확하게 맺어지는 데 한계가 있는데, 그 원인과 해결방향을 살펴본다. 제 5 장은 우리가 일상생활에서 많이 사용하고 있는 광학기기 중에 대표적인 몇 가지에 대해 그 원리와 응용을 알아본다.

제 6 장부터 제 9 장까지는 빛의 파동의 성질로 나타나는 간섭, 회절, 편광현상에 대해서 원리를 이해하고 그 응용에 대해서 공부한다. 제 6 장은 간섭현상에 대해서, 제 7 장은 간섭계와 그 응용에 대해서, 제 8 장은 회절현상에 대해서 공부한다. 특히 회절은 복잡한 현상인데 여기서는 간단한 Fraunhofer 회절에 대해서만 고려하였고 그 응용을 알아본다. 제 9 장은 편광현상과 그 활용을 살펴본다.

제 10 장은 요즈음 많이 활용되고 있는 광섬유 광학에 대해 공부한다. 제 11 장은 일상생활과 연구 분야에서 빼놓을 수 없는 광원에 대해서 살펴보고, 제 12 장은 어떻게 빛을 검출하여 인식하고 측정할 수 있는지 공부한다. 제 13 장은 우리가 평소에 많이 사용하고 감상하는 색깔에 대해서 원리와 응용을 살펴본다.

마지막으로 제 14 장과 제 15 장은 여러 가지 학문 분야나 첨단장비에 많이 활용될 뿐만 아니라 그 발전에 영향을 주고 있는 레이저의 원리와 그 응용에 대해서 살펴본다.

광학의 넓은 범위에 대해서 모두 다루기는 한계가 있기 때문에 산업에 많이 활용되는 빛의 성질 및 그 이용하는 방법에 중점을 두어 꼭 필요한 분야만 다루었다. 되도록 단순하고 쉽게 설명하려고 노력하였지만 독자들에게 얼마나 가깝게 다가갈 수 있을지 모르겠다. 많은 사람들이 광학을 이해하고 또 광학 분야에 종사하는 동료들과 협력할 수 있는 데 도움이 되기를 간절하게 바라는 마음에서 이 글을 마치고자 한다.

저자 씀

차 례

Chapter

01 파동과 빛

- 제 1 절 서 론
- 제 2 절 광학의 역사
- 제 3 절 파동운동과 운동방정식
- 제 4 절 파의 전파
- 제 5 절 파의 중첩
- 연습문제

제1절 서 론

빛의 본질이 무엇인가? 마치 장님이 코끼리를 보고 어떤 이는 벽과 같다고 하고 어떤 이는 기둥과 같다고 하고 또한 어떤 이는 뱀과 같다고 하듯이 빛의 본질에 대해 뉴턴(Newton)을 비롯한 많은 학자들은 작은 알맹이, 곧 미립자(corpuscular)라 하였고, 호이겐스(Huygens)를 비롯한 많은 학자들은 파동(wave)이라 하였으며, 아인슈타인(Einstein)을 비롯한 현대 과학자들은 빛이 **광양자**(photon)라고 하였다.

거시적인 관점에서 뉴턴은 빛을 미립자라고 생각하였으며 빛이 진행하다가 장애물을 만나면 통과하지 못하므로 그림자가 생긴다고 생각하였다. 특히 균질(homogeneous)이며 모든 방향으로 물리적 특성이 동일한 **등방성**(isotopic)인 매질(media)을 통과할 때는 빛이 직진하여 장애물과 닮은꼴의 그림자가 형성되는 것을 설명하였다. 그들의 주장을 빛의 **입자설**(corpuscular theory)이라 한다.

그들은 빛의 입자설로 빛의 반사와 굴절에 대해 잘 설명할 수 있었다. 그러나 조금 더 자세히 보면 빛의 그림자 주위에 선명한 선으로 구별되는 것이 아니고 몇 겹의 무늬가 발생하고 있다. 그리고 장애물이 작을수록 그 무늬가 크게 나타나며, 두 개 이상의 빛이 겹쳐지면 간섭무늬가 나타난다. 이것은 입자설로는 설명이 되지 않는다. 이와 같이 간섭, 회절 그리고 편광현상에 대해서는 빛의 파동으로 설명할 수 있었다. 빛의 성질을 파동으로 설명하는 학설을 빛의 **파동설**(wave theory)이라 한다.

뉴턴 이후 한동안 빛의 파동설이 지배적이었다. 그러나 더 미세한 원자, 분자의 운동을 연구하는 동안 **흑체복사**(blackbody radiation), **광전효과**(photoelectric effect), **콤프턴 산란**(Compton scattering), 그리고 **미립자의 회절**(diffraction of particles) 등의 현상을 관찰하게 되며, 이를 설명하는 데 있어서 빛의 파동설로는 한계가 있었다. 그리하여 에너지 양자화를 가정한 플랑크(Planck)를 위시해서 아인슈타인과 그 밖의 양자역학(quantum mechanics)을 확립한 학자들에 의해 빛은 입자성도 가지고 파동성도 가진 이중성으로 정지질량은 없고 단위 에너지를 가진 미립자로서 광양자(photon)라고 주장하는 학설이 나타나게 되었다. 빛을 광양자의 운동으로 설명하는 학설을 **광양자설**이라고 한다.

이러한 빛의 성질을 연구한 광학의 역사는 모든 학문에 앞선다고 말할 수 있다. 천지창조에서도 가장 먼저 창조된 것이 빛이다. 성경의 첫 부분에 "하나님이 천지를 창조하시니라. 땅이 혼돈하고 공허하며 흑암이 깊음 위에 있고 하나님의 신은 수면에 운행하시니라. 하나님이 가라사대 빛이 있으라 하시매 빛이 있었고 그 빛이 하나님의 보시기에 좋았더라. 하나님이 빛과 어두움을 나누사 빛을 낮이라 칭하시니라. 저녁이 되며 아침이 되니 이는 첫째 날이니라.(창1:1-5)"

물론 그 빛이란 가시영역만 말하는 것은 아니라고 생각한다. 전자파 전체를 의미한다. 현재까지 발견된 전자파는 라디오파로부터 감마선까지이다. 그러나 감마선보다 더 짧은 파장의 전자파나 라디오파보다 더 긴 파장의 전자파가 존재하지 않는다고 단정할 수 있을까? 우리가 발견할 수 없다고 해서 존재하지 않는다고는 단정할 수는 없을 것이다.

제2절 광학의 역사

1. 고대 역사

광학의 역사는 약 4000년에 이른다. 기원전 약 1900년경, 고대 이집트에 세워진 Sesostris 2세의 피라미드에서 청동거울 1개가 발견되었다. 청동기시대에 청동으로 거울을 제작하였음을 말해주고 있다. 고대 그리스 철학자 플라톤(Plato)은 "시각은 눈으로부터 보이는 광속의 방출로 이루어진다."고 가르쳤으나 그의 제자 아리스토텔레스(Aristotle)는 그에 반대하여 "시각은 물체로부터 방출된 입자가 눈의 동공으로 들어감으로써 일어난다."고 주장하였다. 플라톤은 눈에서 광속을 방출하여 관찰한다는 능동형 관측을 주장하였고 아리스토텔레스는 물체로부터 반사 또는 회절되는 빛이 눈에 들어와서 관찰된다는 수동형 관측으로 해석한 것이다.

기원 전 300년에 유클리드(Euclid)는 그의 저서 "반사광학(Catoptics)"에서 반사의 법칙을 발표하여 빛이 똑바로 전파된다는 "직진성"을 설명하였다. 서기 50년에 클레오메데스(Cleomedes)가 물에 의해 빛이 굴절되는 현상을 설명하며 굴절률을 연구하였으나 정확하게 각도로 공식화하지는 못했다. AD 130년에는 알렉산드리아의 톨레미(Claus Ptolemy)가 여러 물질에 대해 입사각과 굴절각을 비교적 정확하게 측정하여 발표하였다. 폼페이에서는 평볼록렌즈가 발견되었다.

한동안 암흑기가 계속되다가 AD 1300년경 아라비아의 알하젠(Alhazen)이 반사의 법칙을 자세히 설명하였고, 구면경과 포물면경 및 인간의 눈에 대해 연구하였다. 베이컨(Franciscan Roger Bacon, 1215~1294)은 시력 교정용 렌즈의 개념을 도입하였고 복합

망원경을 암시하였다. 다빈치(Leonardo da Vinci, 1452~1519)는 어둠상자를 제작하였고, 포르타는 그의 저서 기술(Magia naturalis, 1589)에서 여러 개의 거울과 볼록렌즈 · 오목렌즈의 결합에 관하여 논하였다.

2. 중세기(17~18세기) 역사

1608년 독일의 리퍼쉐이(Hans Lippershey, 1587~1619)가 굴절망원경 특허를 신청하였다. 이에 힌트를 얻어 갈릴레이(Galileo Galilei, 1564~1642)는 대물렌즈를 볼록으로 대안렌즈는 오목으로 구성하여 망원경을 제작해서 천체를 관측하였다. 네덜란드의 얀센(Zacharias Janssen, 1588~1632)이 복합현미경을 제작하였다.

폰타나(Francisco Fontana, 1580~1656)는 현미경 대안렌즈를 오목렌즈로부터 볼록렌즈로, 케플러(Johannes Kepler, 1571~1630)는 망원경 대안렌즈를 볼록렌즈로 바꾸었다. 케플러는 1611년 그의 저서 디옵터학(Dioptrice)에서 케플러의 망원경과 갈릴레이 망원경의 원리를 상세히 설명하였다. 그는 전반사를 발견하기도 하였고, 작은 각에서 입사각과 굴절각이 비례한다는 근사적인 굴절법칙을 발견하였으며 얇은 렌즈계에 대한 제1차 근사광학이론을 전개하였다.

스넬(Willebrord Snell, 1591~1626)은 굴절의 법칙을 실험적으로 발견하였으며 거의 비슷한 시기에 독립적으로 데카르트(Rene Decartes, 1596~1650)가 사인(sine)을 이용한 굴절의 법칙을 최초로 발표하였다. 페르마(Pierre de Fermat, 1601~1665)는 1657년 최소 시간의 원리(principle of least time)를 발표하고 그 원리로부터 반사의 법칙을 다시 유도하였다. 최소 시간의 원리는 다음 장에서 다시 언급할 것이다.

그리말디(Francesco Maria Grimaldi, 1618~1663)는 빛이 어떤 장애물을 지날 때 나타나는 회절현상을 최초로 주목하였다. 그 후에 훅(Robert Hooke, 1635~1703)이 회절효과를 발견하였고, 박막으로 인하여 생기는 색깔 있는 무늬를 발견하여 빛이 굉장히 빠른 속도로 전파하는 매질의 빠른 진동운동이라고 주장하였다. 뉴턴(Isaac Newton, 1642~1727)은 빛의 본질이 입자의 흐름인가 우주에 꽉 차 있는 에테르 안에서의 파동인가 갈등하다가 입자성으로 기울었다. 그는 빛의 분산에 대해 실험을 하였고 색깔에 대해 연구하였다.

호이겐스(Christian Huygens, 1629~1695)는 빛의 파동이론을 강력하게 전개하여 반사와 굴절의 법칙을 유도하였고 방해석의 복굴절 현상을 설명하였으며 편광현상을 발견하였다. 뢰머(Ole Christensen Roemer, 1644~1710)가 주피터(Jupiter)의 위성을 관측하여 빛은 한정된 속도를 가진다는 사실을 알아내었다. 호이겐스는 빛의 속도를 2.3×10^8m/s로 측정하였고, 뉴턴은 2.4×10^8m/s라고 발표하였다.

브래들리(James Bradley, 1693~1762)는 다른 방법으로 천체 관측을 통하여 빛의 속도를 약 300,000km/s로 계산하였다. 그 후 피조우(Fizeau)가 톱니바퀴와 거울을 사용하여 실험적으로 빛의 속도를 315,000km/s로 측정하였고 그의 제자 푸코(Foucault)는 298,000km/s로 측정하였다.

18세기에는 뉴턴의 영향력 때문에 입자설이 지배적이었다. 그러나 오일러(Leonhard Euler, 1707~1783)는 파동설을 주장하며 **색지움** 렌즈의 가능성을 발표하였다. 이 결과에 근거하여 클린젠체르나(Samuel Klingenstjerna, 1698~1765)가 크라운 계열 유리와 플린트 계열 유리를 결합하여 색지움 렌즈를 만들었다.

3. 근세기(19세기) 역사

영(Thomas Young, 1773~1829)은 1801, 1802 및 1803년에 간섭원리에 대해 논문을 발표하여 빛의 파동설을 격찬하였고 얇은 막에서의 색깔 있는 무늬의 원인을 설명하였다. 프레넬(Augustin Jean Fresnel, 1788~1827)은 호이겐스의 파동개념과 간섭원리를 합성하였다. 그는 다양한 장애물이나 구멍에 의해 생기는 회절 형태를 계산하였고 균질 등방성물질 내에서 빛이 직진하는 것을 잘 설명하였다. 한동안 빛이 종파라고 믿어왔으나 프레넬은 빛이 횡파일지도 모른다는 견해를 제시하였다.

1849년 피조우(Armand Hoppolyte Louise Fizeau, 1819~1896)는 회전 톱니바퀴와 8633m만큼 멀리 떨어져 있는 거울로 실험장치를 구성하여 빛의 속도를 측정한 결과 315,300km/s임을 계산해 내었다. 그 후 푸코(Jean Bernard Leon Foucault, 1819~1868)가 광속도 측정 연구에 동참하여 빛의 속도가 298,000km/s임을 발표하였다. 미국의 물리학자 마이켈슨(Albert Abraham Michelson, 1852~1931)은 299,774km/s로 측정하였다. 그 후 많은 학자들이 여러 번 측정하여 평균한 결과 빛의 속도를 299,774km/s로 발표하였다.

1850년 휘트스톤(Charles Wheatstone, 1802~1875)이 물에서의 빛의 속도가 공기 중에서의 속도보다 작다는 것을 보고하였다. 1845년에 패러데이(Michael Faraday, 1791~1967)는 매질에 강한 자장을 걸어 주면 빛의 편광방향이 바뀔 수 있다는 것을 알고 빛과 전자기 사이의 관계를 정립하였다.

맥스웰(James Clerk Maxwell, 1831~1879)은 전자기에 관한 모든 실험지식을 몇 개의 방정식으로 간략하게 표현하였다. 이 방정식으로부터 빛의 속도가 전자기의 성질로 표현하여 $c = 1/\sqrt{\epsilon_0 \mu_0}$ 로서 0.1% 이내의 오차 범위 안에서 299,979km/s로 밝혔다.

1888년 헤르츠(Heinrich Rudolf Hertz, 1857~1894)가 전자기파를 발생시키고 검출함으로써 전자기파의 존재를 증명하였다. 그 당시에 빛의 파동성을 받아들이기 위해서는 어디에나 펴져 있는 물질인 발광성 에테르의 존재를 받아들여야만 했다. 그러나 마이켈슨과 몰리(Edward William Morely, 1838~1923)가 그의 간섭계 실험을 통해 에테르의 존재를 부정하였다.

4. 현대(20세기)

푸앵(Jules Henri Poincare, 1854~1912)은 에테르에 대한 어떠한 상대적인 운동도 실험적으로 관찰할 수 없다는 사실을 가장 먼저 이해하였다. 1905년 아인슈타인(Albert Einstein, 1879~1955)은 특수 상대성 이론을 소개하였고 에테르의 존재를 부정하였다. 질량과 에너지 사이에 $E=mc^2$의 관계를 보여주었다. 그는 "빛을 내는 물체의 상태와 무관하게 빛은 항상 일정한 속도 c로 빈 공간을 진행한다."라고 주장하였다.

1900년 플랑크(Max Karl Ludwig Planck, 1858~1947)가 흑체복사 현상을 설명하기 위해 전자기 복사에너지는 연속적인 분포가 아니라 전자파 진동수에 비례하는 $E=h\nu$ ($h=6.63\times10^{-34}$Js Planck 상수)의 관계를 가정하여 에너지 양자화를 발표하였다. 1905년 아인슈타인은 광전효과의 현상을 설명하면서 광양자설을 주장하였다. 1913년 보어(Niels Bohr)는 수소 원자의 흡수와 방출을 설명하면서 전자복사의 양자화 개념을 이용하여 스펙트럼 해석의 기초를 마련하였다.

광양자설을 이용하여 1922년 콤프턴(Arthur Compton)은 전자로부터 X-선 산란을 설명하였고, 1924년 드브로이(De Broglie)는 입자의 파동성을 $\lambda=h/p$의 관계로 설명하였다. 이를 토대로 하여 1927~1928년 미국의 데이비슨(Clinton Davisson)과 검머(Lester Germer) 그리고 영국의 톰슨(George Thomson) 경이 전자살다발(전자속)의 회절현상을 설명하였다. 1920년대 말에는 그 밖에 하이젠베르크(Heisenberg), 슈뢰딩거(Schrdinger), 파울리(Pauli), 디랙(Dirac) 등의 노력으로 양자역학이 정립되었다.

거시적인 자연 세계에서는 입자성과 파동성이 서로 배타적으로 생각될 수 있으나 미시 세계에서는 통합적으로 간주된다. 전자나 중성자 및 양성자와 같은 미립자들이 전자파같이 간섭이나 회절현상을 나타내는 것을 발견하게 되었고 광양자, 전자, 양성자 및 중성자 등 모든 것이 입자와 파동의 두 성질을 다 가지고 있다는 것이 실험적으로 발견되었으며 그 현상들은 양자역학으로 설명이 가능하게 되었다. 또한 양자역학은 물질의 원자 스펙트럼 분석을 가능하게 하였다.

20세기 후반에는 빛의 회절현상을 공간주파수 개념을 도입하여 푸리에 해석을 하게 되었고, **전달함수, 공간주파수 여과**의 개념을 도입하여 결상계의 성능평가를 정밀하게 수행할 수 있게 되었으며 광통신의 발전을 가져왔다. 컴퓨터의 발전으로 복잡한 광계통도 설계가 원활하게 되었다. 이온 빔을 타격하여 박막을 견고하게 입힐 수 있어 다중 박막이 가능하게 되었다. 재료과학의 발달로 인하여 광학 초자로서 가시영역뿐만 아니라 자외선 및 적외선 영역에 이르는 광학유리나 광학플라스틱의 종류가 다채롭게 되었다. 천문 연구를 위해 천체망원경의 성능도 발전하여 전 스펙트럼 영역에 걸쳐 사용할 수 있고 대형 반사경의 제조기술 발달로 분해능 및 관측의 거리도 놀랄 정도로 연장되었다.

레이저를 비롯하여 새로운 광원이 개발되었고 여러 가지 새로운 광학효과를 발견하게 되어 광통신, 결정광학 분야의 광학 기술이 빠르게 발전되었다. 군사적으로도 야간 감시체계와 미사일 유도장치의 발전 및 저에너지 레이저무기가 실용화되었으며 고에너지 레이저 무기까지 실용화를 앞두고 있다.

레이저의 발전은 광통신, 광정보처리, 각종 재료 가공기, 의료 분야, 광계측, 광컴퓨터 등 광범한 분야의 눈부신 발전을 이끌어 왔다. 그뿐만 아니라 레이저를 이용하여 3차원의 상을 만드는 홀로그래피의 기술의 발전도 비파괴 검사를 가능하게 하였고, 데이터 저장, 간섭계 등 많은 분야에 응용되어 우리들의 삶을 풍요롭게 만들어 주고 있다. 요즈음은 생명과학과 미세 나노과학의 발전에 관심을 많이 보이고 있으며 광학이 이들의 발전에 지대한 공헌을 하고 있다.

제3절 파동운동과 운동방정식

잔잔한 호수에 돌을 떨어뜨리면 물결파가 생긴다. 처음엔 돌멩이의 크기에 의해 그림과 같은 파가 일어나지만 잠시만 기다리면 마루와 골이 규칙적으로 나타나는 동심원의 동그라미 물결파가 이루어진다. 그 위에 낙엽이나 종이배를 띄우면 물결파가 밖으로 밀려 나오는 것과 같이 낙엽이나 종이배도 함께 밀려 나올 것 같은데, 그렇지 않고 그 자리에서 오르락내리락 아래위로만 운동하는 것을 볼 수 있을 것이다. 낙엽이나 종이배는 접촉하고 있는 물 분자와 더불어 아래위로 운동할 뿐 물결파와 더불어 밖으로 밀려나오지 않는다. 이와 같이 어떤 물질이 자신은 이동하지 않고 운동량이나 에너지만을 전송시키는 현상을 **파동**(wave motion)이라 한다.

물결파에서 보는 바와 같이 높이가 같은 점으로 이루어진 선은 동그라미 원을 이루고 있다. 물결파를 사진을 찍었을 때, 그림 1.1(a)와 같이 위치에 따라 **마루**와 **골**을 이루며, 만일 공기의 마찰이나 물의 점성에 의해 에너지가 소모되지 않는다면, 지름을 따라 물결파의 높이가 그림 1.1(b)와 같이 나타날 것이다. 그림 1.2(a)에서 물결파는 위치에 따라 물의 높이가 변하는 것을 보아 위치의 함수로 나타낼 수 있다. 또한 어느 한 지점만을 고정하여 관찰한다면 시간에 따라 물결파의 높이가 위 아래로 오르락내리락 진동운동을 하게 되면, 그림 1.2(b)와 같이 물의 높이는 시간의 함수로 나타낼 수 있을 것이다.

이와 같이 파동에서 질점의 위치는 시간과 장소의 함수로 변화한다. 마찰을 무시할 수 있는 완전탄성을 가진 용수철에 매달린 물체를 잡아당겼다가 놓으면 일차원적이며, 일정한 시간간격으로 왕복하는 진동운동을 한다. 그때의 질점의 위치는 일정한 위치 범위에서 진동하며 마치 등속 원운동하는 질점의 x축이나 y축에 대한 그림자가 일차원적으로 왕복운동하는 것과 같이 나타낼 수가 있고, sine이나 cosine 함수로 나타낼 수 있다.

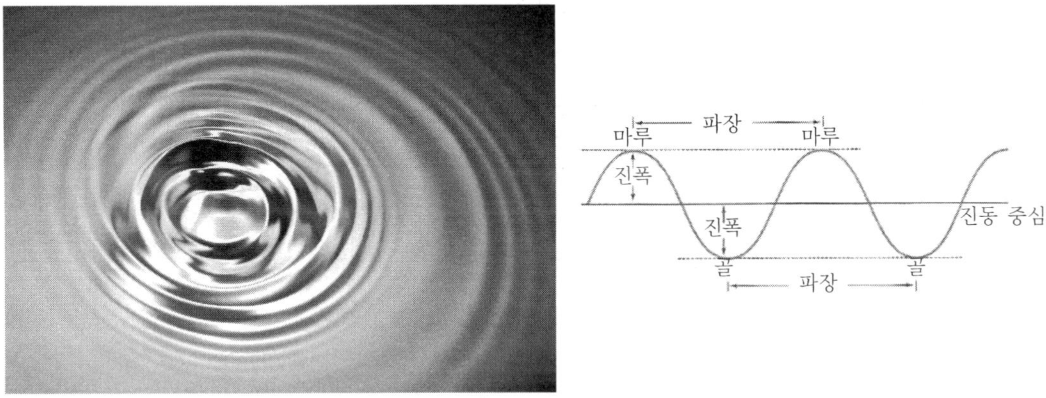

(a) 돌이 떨어진 때의 물결파 (b) 이상적인 1차원적인 파동의 모양

그림 1.1 ▸ 물결파와 단조화운동하는 파동

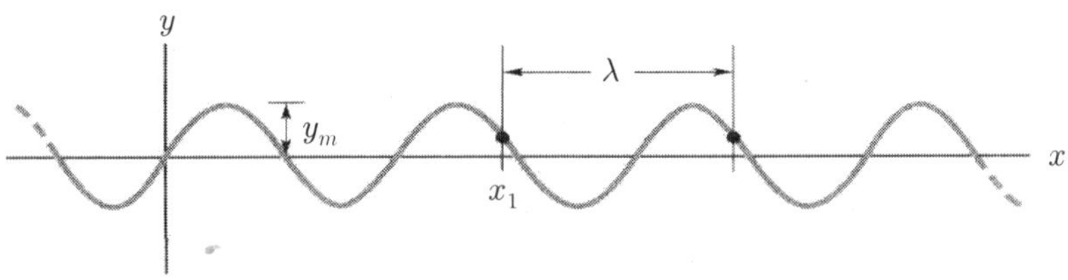

(a) 파동운동의 위치에 대한 변화

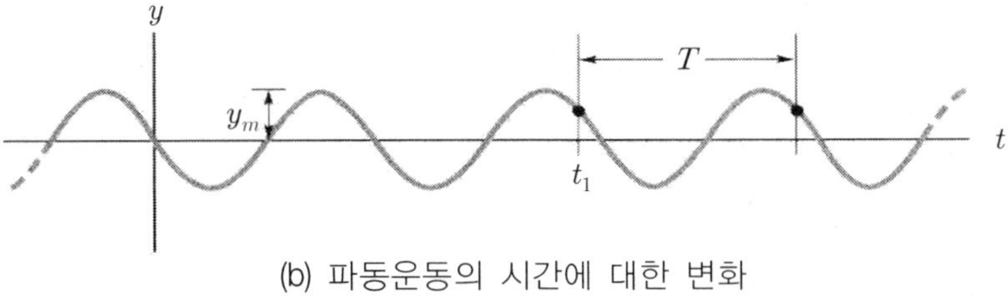

(b) 파동운동의 시간에 대한 변화

그림 1.2 ▸ 파동운동의 시간과 위치에 대한 변화

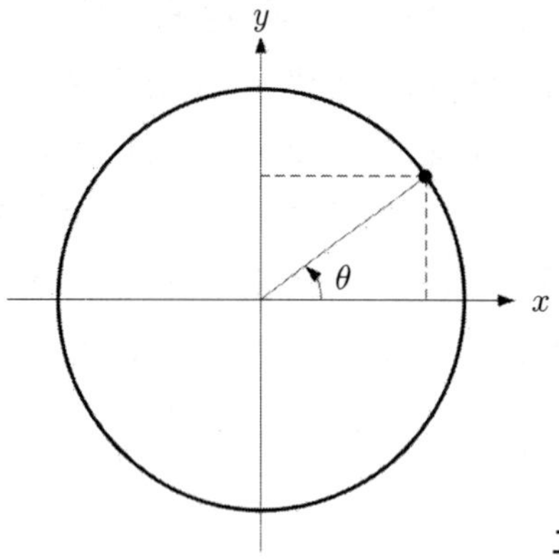

등속원운동을 하는 질점의 y축에 대한 그림자를 생각해 보자.

질점의 위치에서 $\theta = \omega t$로서 어느 시간 t일 때의 위치를 y축에 그림자를 취하면 $y = A\sin\theta = A\sin\omega t$로 표현할 수 있다. 이때에 A는 원의 반지름으로 최대 진폭이며 위상은 $\theta = \omega t$이다.

그림 1.3

1차원적으로는 직선상에서 왕복운동을 하지만, 평면 위에서 2차원적으로 전파되는 파동은 동심원으로 나타나는 것을 알 수 있고, 자유공간 안에서 3차원적으로 전파되는 파동은 동심구를 이루면서 전파될 것이다. 이와 같이 파동운동을 하는 질점의 위치는 sine이나 cosine 함수로 나타낼 수 있고 그 변화는 모양이 그림 1.2와 같으며, 최대 진폭 $y_m = A$로 놓으면 다음 파동방정식

$$y = A\sin(\omega t - kx) \tag{1.1}$$

로 표현된다.

그림 1.1(a)에서 보는 바와 같이 제일 높은 위치를 마루라고 하고 제일 낮은 위치를 골이라 한다. 마루와 골 사이의 차이를 2로 나누어준 것을 **진폭**(振幅 ; amplitude), A라 하며 마루와 마루 사이 또는 골과 골 사이의 간격을 **파장**(波長 ; wave length), λ라 한다.

파장의 단위는 길이의 단위로서 $1\text{mm} = 10^{-3}\text{m}$, $1\mu\text{m} = 10^{-6}\text{m}$, $1\text{nm} = 10^{-9}\text{m}$이다. 같은 위치로 돌아오는 1회 왕복하는 데 걸리는 시간을 **주기**(週期 ; period), T라 하며 단위시간 즉, 1초 동안에 왕복하는 회수를 **진동수**(振動數 ; frequency) f라 한다. 진동수의 단위는 1Hz = 1 cycle/sec이다. 식 (1.1)에서 A는 진폭을 나타내며 (   )의 값을 **위상**(位相 ; phase)이라 한다.

그리고 ω와 k는 각각 다음과 같이 정의한다. 진폭과 위상이 파동운동하는 질점의 위치를 결정하고 있다.

$$\omega = 2\pi f \tag{1.2}$$

로서 **각진동수**(角振動數 ; angular frequency)라 하며

$$k = 2\pi/\lambda \tag{1.3}$$

을 **전파수**(傳播數 ; propagation number)라 한다.

3차원적으로 파동운동하는 질점의 위치를 나타내는 파동함수

$$y = y_m \sin(\omega t - \vec{k} \cdot \vec{r}) \tag{1.4}$$

로 쓸 수가 있다.

파의 진행속도

$$v = f\lambda \tag{1.5}$$

의 관계가 있다.

예제 1.1

길이 30cm인 기타 줄이 진동수 400Hz로 진동하고 있으며 전체 길이가 3개 파장에 해당한다. 파동함수로 나타내고 파동의 전파속도를 구하라. 최대 진폭 $A = 0.1\text{m}$ 이다.

풀이 파장은 $\lambda = 30\text{cm}/3 = 10\text{cm}$

$$k = \frac{2\pi}{\lambda} = \frac{2\pi}{0.1\text{m}} = 20\pi/\text{m}, \quad f = 400\text{Hz}, \quad \omega = 2\pi f = 800\pi\,(\text{rad/s})$$

따라서 $y = A\sin(\omega t - kx) = 0.1\sin(800\pi t - 20\pi x)$ (m)

$$v = f\lambda = 400 \times 0.1\,\text{m/s} = 40\text{m/s}$$

제 4 절 파의 전파

1. 종파와 횡파

파에는 줄의 진동이나 전자파와 같이 질점의 진동방향과 수직하게 전파되는 **횡파**가 있지만 한편으로는 소리나 압력파와 같이 진동방향과 전파방향이 나란한 **종파**도 있다.

종파는 그림 1.4(a)와 같이 공기의 압력에 따라 공기의 밀도가 크고 작은 것이 반복되는 현상이며, 공기 분자의 진동방향과 전파방향이 나란하다. 그림 1.4(b)에는 줄을 당겼다가 놓으면 줄의 모양이 마치 sine 함수와 같이 높고 낮은 위치가 반복하여 나타나며 이때 줄의 진동방향과 전파방향은 서로 수직하다. 줄의 진동과 마찬가지로 전자파도 또한 횡파이다.

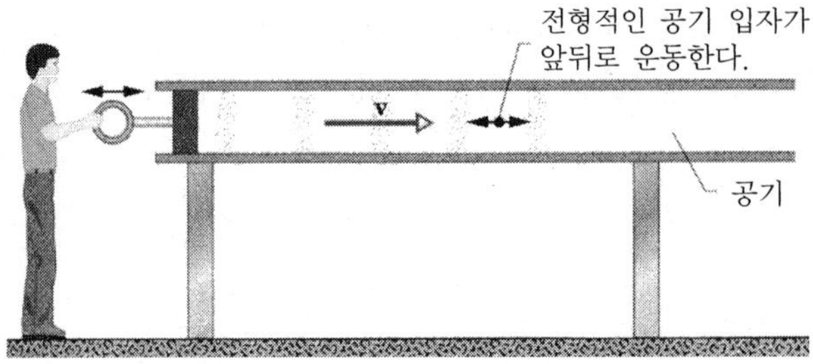

(a) 압력파는 공기의 밀도가 변하는 종파

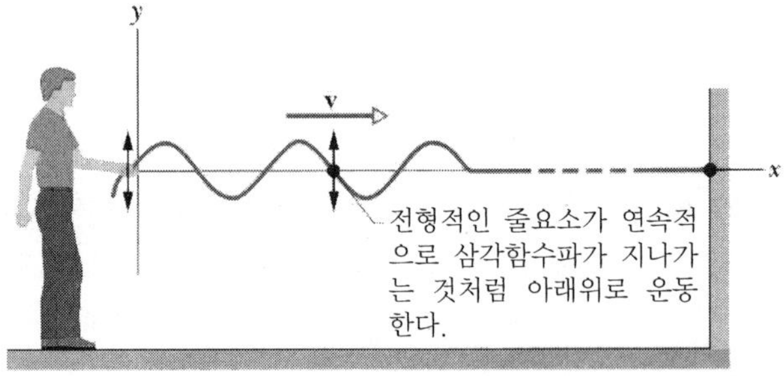

(b) 줄의 진동은 횡파

그림 1.4 ▶ 종파와 횡파

2. 전자기파

빛은 **전장**(electric field) E와 **자장**(magnetic field) B가 각각 sine이나 cosine 함수로 진동하는 파동함수로 나타낼 수 있으며 전장과 자장이 서로 수직하고 이들에 수직한 방향으로 전파되며, 이것을 **전자기파**(electromagnetic wave) 또는 **전자파**라 한다.

$$E = E_0 \sin(\omega t - \vec{k} \cdot \vec{r}) \tag{1.6}$$

$$B = B_0 \sin(\omega t - \vec{k} \cdot \vec{r}) \tag{1.7}$$

전자기파(電磁氣波, EMR : Electromagnetic radiation)는 전기장과 자기장의 두 가지 성분으로 구성된 파동으로 공간을 **광속**으로 전파한다.

전자기파는 **광양자**(photon)를 매개로 전달되며 파장에 따라 **라디오파**, **적외선**, **가시광선**, **자외선**, **X-선**, **감마선** 등으로 나뉜다. 인간의 눈으로 볼 수 있는 **빛은 가시광선**(visible ray)이며, 가시광선을 비롯한 여러 파장의 빛은 전자기파의 일부이다. 전자기파를 파장별로 분류한 것을 전자파의 스펙트럼이라 하며 그림 1.6에서 보는 바와 같다.

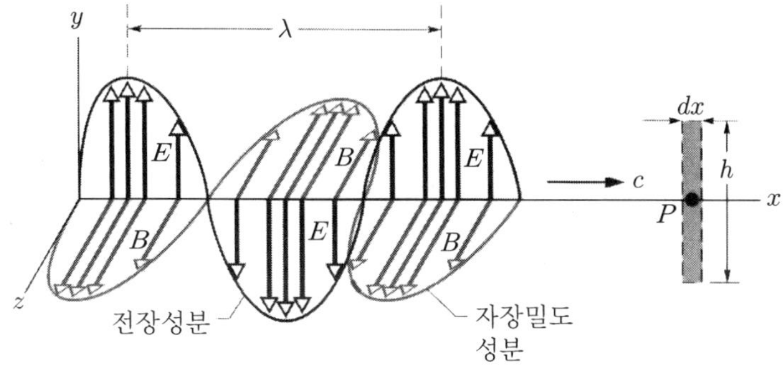

그림 1.5 ▸ 전자기파의 전파

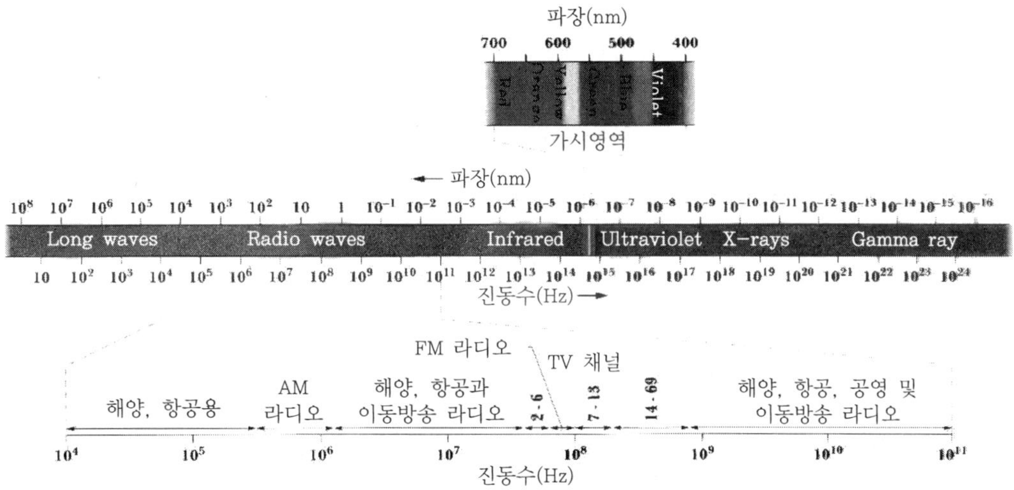

그림 1.6 ▸ 전자파의 스펙트럼

파장별로 전자파를 구분하면 대략 다음과 같다. 가시영역은 380~770nm, 자외선(ultraviolet)은 770~10nm, X-선(X-ray)은 10~10^{-4}nm, 감마선(gamma ray)은 0.1~10^{-4}nm이다. 적외선(infrared)은 770nm~1mm이며 마이크로파(micro-wave)는 1mm~30cm이다. 그보다 더 긴 파장은 라디오파(radio wave) 30cm~30km이다.

전자기파는 **전자기학**에 관한 **맥스웰 방정식**에 의해 고전적으로 설명되는데, **전기장**과 **자기장**을 하나의 **방정식**으로 표현할 때 파동방정식의 모양을 가진다는 점에 착안하여 **전기장**과 **자기장**이 서로 상호작용하면서 **파동**의 형태로 공간 속을 진행하는 현상으로 해석한 것이다. 일반적인 **파동**과는 달리 전자기파는 매질이 없이 진행할 수 있으며, 진공 중의 전자파 속도를 c로 나타내고 **파장**과 **진동수**와 함께 다음의 관계로 나타낼 수 있다.

$$c = f\lambda \simeq 3.0 \times 10^8\,(\mathrm{m/s}) \tag{1.8}$$

예제 1.2

파장이 540nm인 초록색 빛의 진동수는 얼마인가?

풀이 $f = c/\lambda = \dfrac{3.0 \times 10^{8}\mathrm{m/s}}{540 \times 10^{-9}\mathrm{m}} \cong 5.56 \times 10^{14}\mathrm{Hz}$

약 $5.56 \times 10^{14}\mathrm{Hz}$ 이다.

3. 파면과 광선

파동에서 위상이 같은 점으로 이루어진 면을 **파면**(波面 ; wavefront)이라 하며, 파면이 평면을 이루는 파를 평면파(plane wave), 구면을 이루면 구면파(spherical wave)라 한다. 우리는 여기서 주로 가시영역의 빛에 관해서 공부한다. 광파면에 수직하고 광파의 전파방향을 나타내는 선을 **광선**(光線 : ray)이라 한다.

일반적으로 파면은 곡면이라고 생각할 수 있다. 점광원에서 발생하는 파면은 구면을 이루며 전파한다. 어두운 방에 아주 작은 꼬마전등을 둔다면 전등에서 같은 거리에서는 모두 같은 밝기를 가질 것이다. 이때 방안은 공기의 밀도가 균일하기 때문이다. 평면이란 구의 반경이 무한대일 때 구면의 아주 작은 일부를 평면으로 생각한다. 태양은 매우 크지만 태양에서 지구까지의 거리가 매우 멀기 때문에 태양광은 평면파로 생각할 수 있다. 그러나 구름과 비바람이 몰아치면 공기의 밀도가 고르지 못하여 평면파가 되지 못하고 어떤 곡면의 형태가 될 것이다.

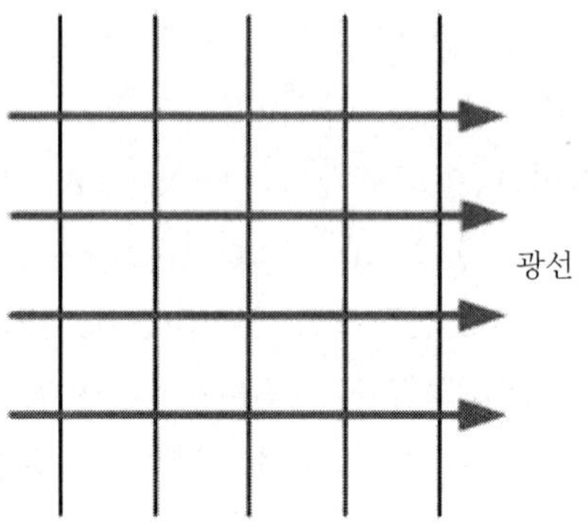

(a) 평면파와 광선

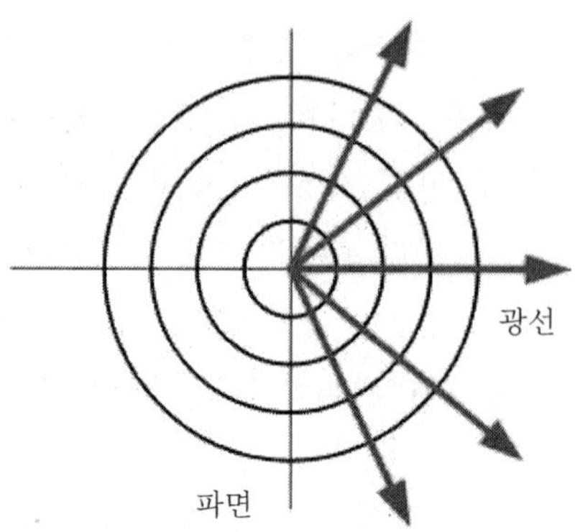

(b) 구면파와 광선

그림 1.7 ▸ 파면과 광선의 관계

빛의 전파과정을 광선으로 설명하는 분야를 **기하광학**(geometric optics)이라 하며, 파동으로 설명하는 분야를 **물리광학**(physical optics) 또는 **파동광학**(wave optics)이라고 하고, 광자(photon)의 운동으로 설명하는 분야를 **양자광학**(quantum optics)이라 한다. 빛의 반사와 굴절, 렌즈에 의한 결상, 수차 및 광학기기는 기하광학으로 설명하며, 간섭, 회절 및 편광에 대한 설명은 파동광학으로 설명한다. 그러나 레이저나 광검출 또는 발광 다이오드 등은 양자광학으로 설명하는 경우가 많다.

제 5 절 파의 중첩

1. 파동함수의 합

앞에서 파동함수를 $y = A\sin(\omega t - kx)$와 같은 정현함수로 표현하였다. 만약 두 파가

$$y_1 = A_1 \sin(\omega_1 t - k_1 x + \phi_1) \tag{1.9}$$

으로 되고

$$y_2 = A_2 \sin(\omega_2 t - k_2 x + \phi_2) \tag{1.10}$$

로 되며 서로 중첩된다면 그 두 파의 중첩인 합성파는

$$y = y_1 + y_2 = A_1 \sin(\omega_1 t - k_1 x + \phi_1) + A_2 \sin(\omega_2 t - k_2 x + \phi_2) \tag{1.11}$$

로 나타낼 수가 있다. 만약 $A_1 = A_2 = A$, $\omega_1 = \omega_2 = \omega$, $k_1 = k_2 = k$이라면 두 파의 합성은 간단하게 계산될 수가 있다.

$$y = A\left[\sin(\omega t - kx + \phi_1) + \sin(\omega t - kx + \phi_2)\right]$$

2. 벡터의 합

한 파가 $y_1 = A_1 \sin(\omega t)$로 표현되며 임의의 시간에서 이 파동을 나타내는 위상벡터는 그림 1.8(a)과 같다. 위상벡터는 그림 1.3과 같이 반시계방향으로 각속도 ω로 회전한다. 다른 파동도 동일한 속도를 가지나 진폭이 A_2로서 다르다. 또한 앞의 파동보다 위상이 δ만큼 늦다. 따라서 이 파동의 식은 다음과 같다.

$$y_2 = A_2 \sin(\omega t - \delta) \tag{1.12}$$

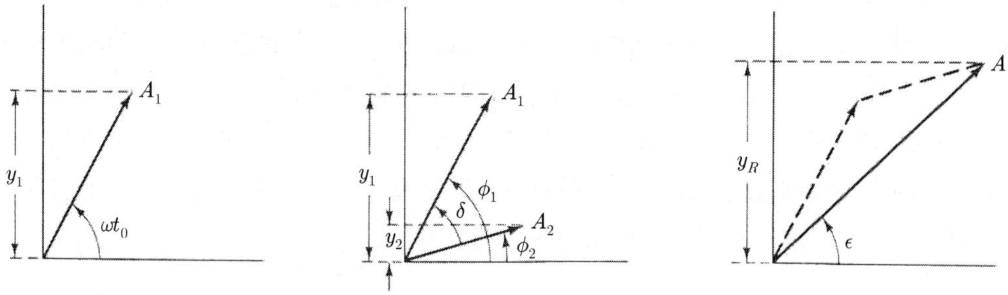

(a) 파동진폭 A_1을 가진 위상벡터 (b) 일정한 위상차를 가지며 서로 다른 진폭을 가진 두 파의 위상벡터 (c) 합성위상을 나타내는 삼각형

그림 1.8 ▶ 파동의 합성을 벡터 합으로 해석

두 위상벡터는 벡터의 평행사변형 덧셈방법 또는 삼각형에 의해 그림 1.8(c)와 같이 쉽게 합성할 수 있다. 두 합성파는 $y = A\sin(\omega t - \epsilon)$의 형태를 가지게 된다.

3. 복소수 함수의 합

두 파동을 나타내는 식을 산술적으로 합하려면 **정현함수**(sine이나 cosine 함수)보다 취급하기가 쉬운 복소수 함수를 이용할 때가 많다. 오일러(Euler) 공식에 의하면 관계식은

$$e^{i\theta} = \cos\theta + i\sin\theta \tag{1.13}$$

와 같이 주어진다. 예를 들어 두 파의 초기 위상각이 각각 ϕ_1, ϕ_2라고 하면

$$y_1 = A_1 e^{i(\omega t + \phi_1)}, \quad y_2 = A_2 e^{i(\omega t + \phi_2)} \tag{1.14}$$

로 쓸 수 있고 합성파의 파동함수는

$$y = A_1 e^{i(\omega t + \phi_1)} + A_2 e^{i(\omega t + \phi_2)} = A e^{i(\omega t + \epsilon)} \tag{1.15}$$

으로 된다. 이때 **파의 세기**는 다음과 같다.

$$I = yy^* \propto A e^{i(\omega t + \epsilon)} A e^{-i(\omega t + \epsilon)} = A^2 \tag{1.16}$$

연습문제

[1] 길이가 5.0m의 밧줄이 있다. 전체 길이가 2.5개 파장에 해당하는 진동을 하고 있다. 파동이 10m/s의 속도로 이동한다면 이 진동의 진동수는 얼마이며 각진동수와 전파수는 각각 얼마인가?

[2] 문제 1의 진동은 처음에 밧줄을 위로 10cm 잡아당겼다가 놓아서 발생한 것이다. 처음 진동을 나타내는 파동함수 $y = A\sin(\omega t - kx)$를 바르게 써 보라.

[3] 길이 60cm인 줄이 진동수 2Hz로 진동하고 있는데 전체 길이가 세 개의 파장에 해당하도록 하였다. 파동은 얼마나 빨리 진행할까?

[4] 파장 632.8nm인 He-Ne 레이저의 붉은 빛은 진동수가 얼마인가?

[5] 푸른 카드뮴 F'선의 파장이 480nm이다.
(a) 공기 중에서 1mm 거리에 몇 개의 파장이 들어 있을까?
(b) 진동수는 얼마나 될까?

Chapter

02 반사와 굴절

제1절 반사와 굴절의 법칙

그림 2.1(a)와 같이 레이저 광선을 반원판의 모양의 유리에 비추어 주면 일부는 반사하고 일부는 굽어져서 투과한다. 들어오는 광선을 **입사광선**, 반사해서 나가는 광선을 **반사광선**, 그리고 경계면을 지나 투과하는 광선을 **굴절광선**이라 한다. 들어가는 쪽의 물질과 투과하는 쪽의 물질의 경계면에 수직한 직선을 **법선**이라 한다.

입사광선과 법선이 이루는 사이각을 **입사각**(θ_1), 반사광선과 법선이 이루는 사이각을 **반사각**(θ_1') 그리고 투과광선과 법선이 이루는 사이각을 **굴절각**(θ_2)이라고 정의한다. 각도들을 측정해 본 결과 입사각과 반사각의 크기는 같고 방향은 반대가 되는 것을 알 수 있었다.

그림 2.1(b)에서

$$\theta_1 = -\theta_1' \tag{2.1}$$

이 성립된다. 그리고 입사각과 굴절각은 입사각을 다르게 하여 여러 번 측정해 본 결과 입사각의 sine값과 투과각의 sine값이 일정한 비례관계가 성립한다는 사실을 발견하였고, 비례상수는 두 매질 속에서의 빛의 속도의 비가 된다는 것을 알게 되었다. 즉

$$\frac{\sin\theta_1}{v_1} = \frac{\sin\theta_2}{v_2} \tag{2.2}$$

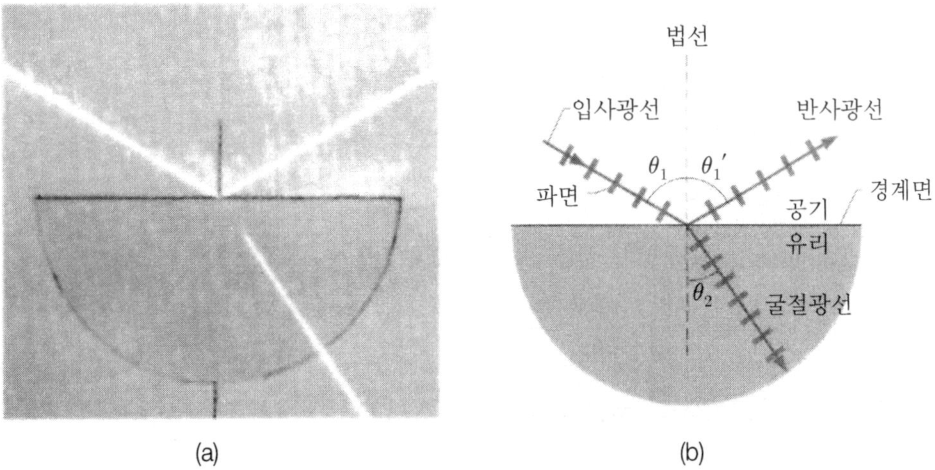

그림 2.1 ▸ 반사와 굴절

그림 2.1(b)에서 보는 바와 같이 반원의 윗부분에 수평선이 **경계면**을 나타내며 그 경계면에 수직인 직선이 **법선**이다. 왼쪽에서 들어오는 광선을 **입사광선**, 오른쪽으로 반사되어 나가는 광선을 **반사광선** 그리고 아래쪽으로 휘어 내려가는 광선이 **굴절광선**이다. 입사광선, 반사광선, 굴절광선, 그리고 법선은 모두 한 평면 안에 있고 그림에서는 지면(紙面)이 되며 이 평면을 **입사면**이라 한다. 그림에서 θ_1이 입사각, θ_1'이 반사각, θ_2가 굴절각이다.

당구대에서 당구공을 치면 당구대 가장자리에 부딪혀서 반대방향으로 튕겨나가는 것을 볼 수 있다. 입사각과 반사각의 크기가 같고 부호가 반대가 되는 방향이다. 국군의 날 행사에서 군인들이 행진하다가 방향을 바꿀 때가 있다. 안쪽에서는 작은 걸음으로 속도를 늦추고 바깥쪽에 있는 군인들은 걸음 폭을 크게 하여 속도를 빠르게 걸어서 대형이 휘어져 가는 모습을 볼 수 있을 것이다. 이와 같이 빛도 전파되다가 밀도가 다른 매질을 만나면 속도가 달라지기 때문에 휘어져서 굴절되는 것이다.

굴절되는 정도를 나타내는 비례상수를 굴절률 n이라고 정의하며 진공 중에서의 빛의 속도 c를 그 매질에서의 빛의 속도 v로 나누어 준 값으로 정의한다. 이것을 **절대 굴절률** 또는 **굴절률**이라 한다.

$$n = \frac{c}{v} \tag{2.3}$$

매질 1에서 매질 2로 입사하여 굴절할 때 굴절률 비를 **상대굴절률**이라 하며, n_{12}는

$$n_{12} = \frac{n_1}{n_2} \tag{2.4}$$

로 정의한다.

이러한 빛의 반사와 굴절현상에 대하여 정리를 해보면 다음과 같다.

(1) 입사광선, 반사광선, 투과광선 그리고 법선은 모두 같은 평면상에 있다.

(2) 입사각과 반사각의 크기는 같고 부호는 반대이다.

$$\theta_1 = -\theta_1' \text{(반사법칙)}$$

(3) 입사각의 sine값과 굴절각의 sine값은 굴절률에 반비례한다.

$$n_1 \sin\theta_1 = n_2 \sin\theta_2, \quad \frac{\sin\theta_2}{\sin\theta_1} = \frac{n_1}{n_2} = n_{12} \text{ : 굴절법칙 또는 Snell의 법칙} \tag{2.5}$$

이러한 자연 법칙을 **반사와 굴절의 법칙**이라 한다.

예제 2.1

물의 굴절률이 4/3이다. 물속에서 빛의 속도는 얼마인가?

풀이 $n=c/v$로부터 $v=c/n=3.0\times10^8\text{m/s}\times3/4=2.25\times10^8\text{m/s}$

제 2 절 평면거울

그림 2.2에서 보는 바와 같이 평면거울에 의한 상 맺음을 살펴보면 바로 선 허상이 생기는 것을 알 수 있다. 입사각 I와 반사각 R은 크기가 같다. 그리고 B에서 입사한 광선은 C에서 반사되어 A로 진행한다. 따라서 높이 h의 물체는 $h/2$ 크기의 평면거울에 의해 전체 높이 h의 상을 관찰할 수 있다. 작은 거울로 사람의 얼굴 전체를 볼 수 있는 것은 이 때문이다. 물체거리와 상거리가 1 : 1이며 횡배율은 1이 된다.

그림 2.3에서 처음에 입사광선과 반사광선 사이의 각의 크기는 입사각과 반사각의 크기가 같으므로 $2i$이다. 거울을 α만큼 기울였을 때 법선도 α만큼 기울어지며 $i'=i-\alpha$가 되고 반사광선과의 사이의 각의 크기는 $2i'$이 된다. 그러므로 두 반사광선 사이의 각도차가 편각이 되며, $2i-2i'=2(i-i')=2\alpha$가 된다.

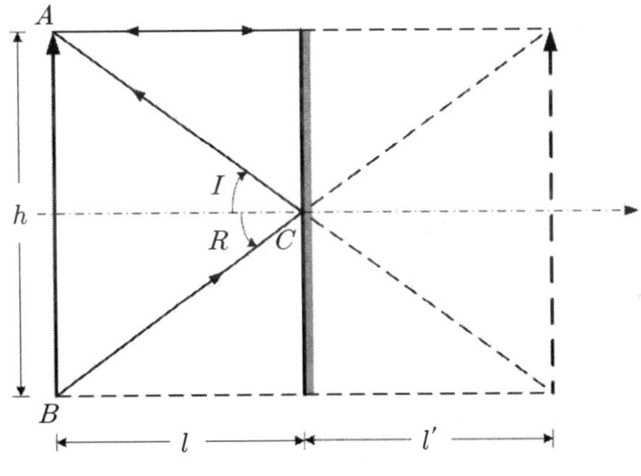

그림 2.2 ▸ 평면거울에 의한 상 맺음

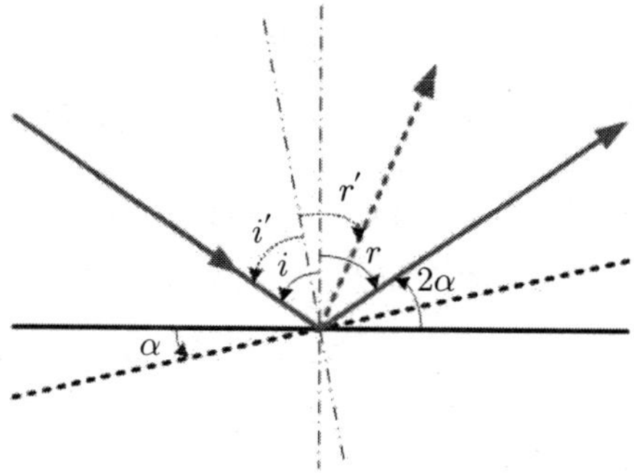

그림 2.3 ▸ 평면거울의 의한 반사광의 편향

이와 같은 원리에 의해 서로 α의 각도를 이루고 있는 두 개의 거울이 있다면 수평으로 진행하는 광선은 두 거울을 거쳐 반사하여 나갈 때 수평으로부터 2α의 각도로 나갈 것이다.

그리고 그 거울 사이의 물체가 놓여 M_1과 a, M_2와 b의 각도위치에 있다면 $a+b=\alpha$이며 M_1에 의해 생기는 상의 개수는 $n_1 = \dfrac{(180-a)}{\alpha}+1$의 정수(integer)이고, M_2에 의해 생기는 상의 개수는 $n_2 = \dfrac{(180-b)}{\alpha}+1$의 정수가 생긴다. 만약 $\dfrac{180}{\alpha}$이 정수일 때는 두 거울에 의해 상이 생기는 상의 수는 $\dfrac{360}{\alpha}+1$개가 될 것이다.

예제 2.2

거울 M_1과 M_2가 50°를 이루고 있다. 두 평면거울 사이에 M_1으로부터는 20°, M_2로부터는 30°되는 위치에 물체가 놓여 있다.

각 거울에 의해 몇 개의 상이 생기는가?

풀이 M_1에 의해 $\dfrac{(180-20)}{50}+1=4.2$, 4개

M_2에 의해 $\dfrac{(180-30)}{50}+1=4.0$, 4개

제 3 절 전반사와 프리즘

수영장에서 물놀이를 하며 잠수하여 바닥에 앉아본 적이 있는가? 수영장 바닥에 앉아서 수영장 밖을 바라보면 얼마나 멀리 바라보는가에 따라 바로 위 하늘을 보면 하늘을 볼 수 있다. 점점 멀리 보면 어느 정도가 지날 때 하늘이 보이지 않고 오히려 수영장 바닥이 보일 것이다. 그 이유는 그림 2.4에서 보는 바와 같이 굴절률이 높은 쪽에서 낮은 쪽으로 빛이 입사하면 입사각이 커짐에 따라 굴절할 수 있는 한계를 지나 반사하게 된다.

굴절각이 90°가 되는 입사각 θ_c를 **임계각**이라고 하고 $n_1 \sin\theta_c = n_2 \sin 90° = n_2$가 되며, $\sin\theta_c = \dfrac{n_2}{n_1} = n_{21}$의 관계가 성립한다.

따라서 임계각은 다음과 같이 정의할 수 있다.

$$\theta_c = \sin^{-1}\left(\frac{n_2}{n_1}\right) = \sin^{-1}(n_{21}) \text{ : 임계각} \tag{2.6}$$

입사각이 임계각보다 크면 굴절각이 $\sin 90° = 1.0$보다 더 큰 값을 가질 수 없고 결국 굴절이 일어날 수 없다는 의미가 된다. 그러므로 입사각이 임계각보다 더 크면, 즉 $\theta_i > \theta_c$이면 빛이 모두 반사한다. 이러한 현상을 **전반사**라 한다.

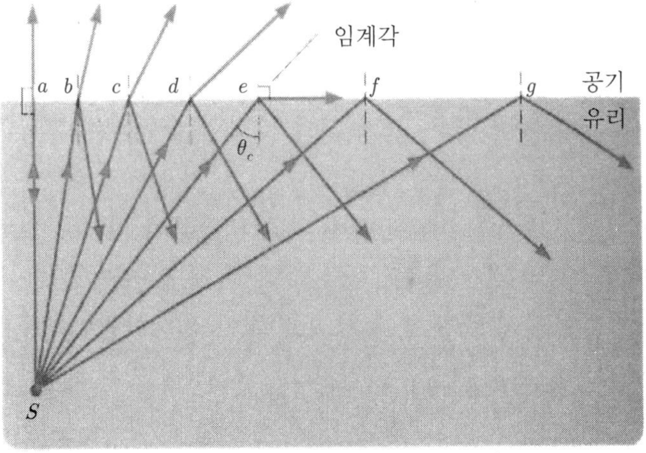

그림 2.4 ▸ 전반사와 임계각

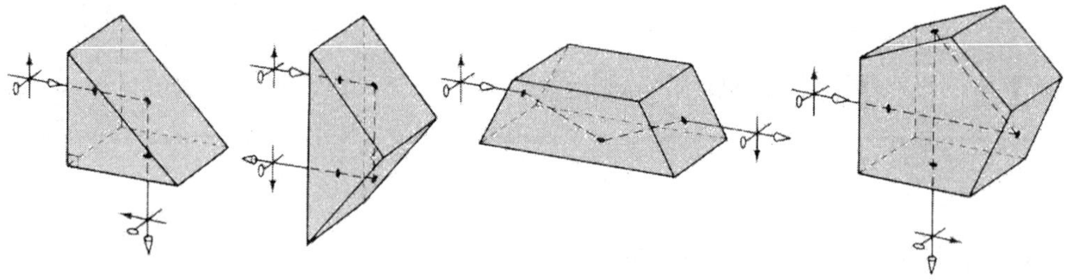

그림 2.5 ▶ 여러 가지의 반사 프리즘. 왼쪽부터 직각(rectangular) 프리즘, 지붕형 (roof) 또는 포로(Porro) 프리즘, 도브(dove) 프리즘, 펜타(penta) 프리즘

빛의 전반사를 이용하는 대표적인 광학소자가 프리즘이다. 프리즘을 이용하여 빛의 경로를 꺾어서 광학기기의 경통 길이를 대폭 줄여 만든 것이 쌍안경이다. 기타 관측기기들은 프리즘을 이용하여 경로를 줄여 소형으로 만들며, 한편 상을 바로 세워 사물을 관찰할 때 편리하게 만들어 준다.

제 4 절 굴절과 빛의 분산

예제 2.3

물속 깊이가 1.0m이다. 공기 중에서 볼 때 겉보기 깊이는 얼마인가?

풀이 $L' = L/n = 1.0/(4/3) = 1.0(3/4) = 0.75\text{m}$

겉보기에는 0.75m로 실제보다 얕게 보인다.

어떤 물질에 빛이 입사할 때 빛의 파장에 따라 굴절률이 다르게 나타나는 경우가 있다. 광학유리나 플라스틱과 같은 유전체들에서 흔히 볼 수 있는 현상이다. 물이나 광학유리 또는 광학플라스틱과 같은 유전체 물질로 빛이 입사하면 빛의 파장에 따라서 굴절률이 다르게 나타난다. 그리하여 굴절각이 다르기 때문에 굴절한 빛이 흩어진다. 이러한 현상을 빛의 **분산**이라 한다.

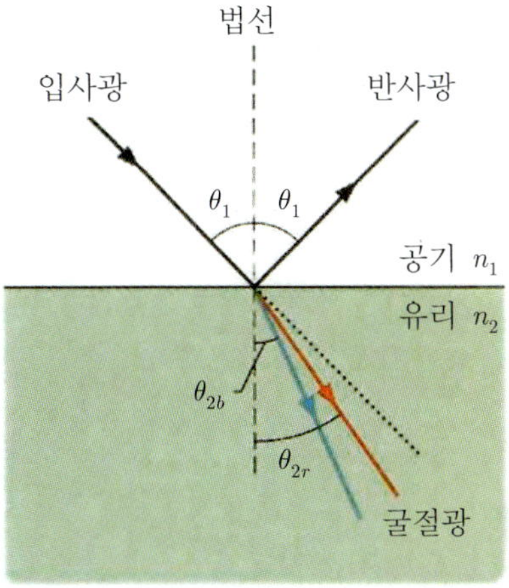

(a)

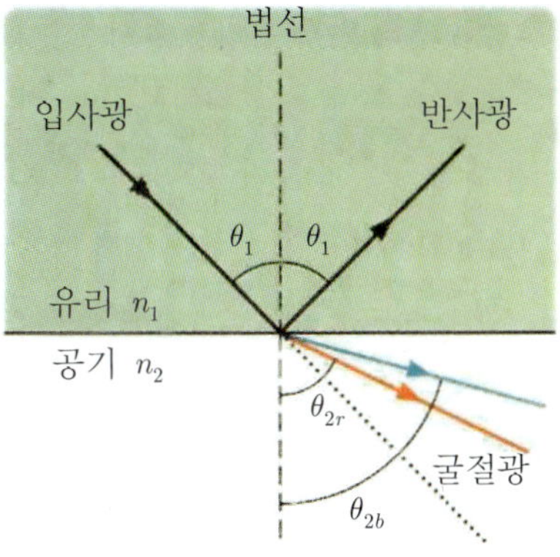

(b)

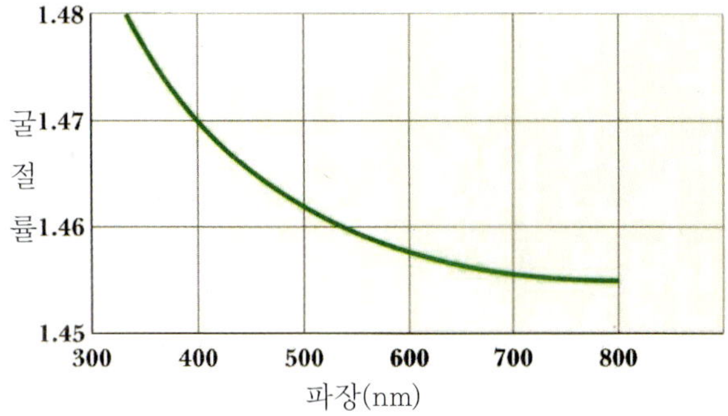

(c) 파장에 대한 유리의 굴절률

(a) 공기 중에서 유리로 백색광을 입사하면 굴절률의 차이 때문에 굴절률이 높은 파란색은 더 많이 굴절하여 굴절각, θ_{2b}이 적고 굴절률이 낮은 빨간색은 적게 굴절하여 굴절각, θ_{2r}이 더 크다.

(b) 유리 속에서 빛을 입사하여 공기 중에 투과시키면 반대로 같은 입사각에 대해서 공기 중으로 투과하는 광선은 유리 중에서 굴절률이 높은 파란색 빛은 많이 굴절하여 굴절각, θ_{2b}이 크고 빨간색의 빛은 굴절각, θ_{2r}이 적다.

(c) 유리 안에서 파장에 따른 굴절률을 보여주고 있다. 파란색은 빨간색보다 굴절률이 더 크고 빨간색으로 갈수록 점점 작아짐을 볼 수 있다.

그림 2.6 ▸ 유리와 빛의 분산

예제 2.4

F2 플린트 유리는 파란색 파장 486.1nm에 대한 굴절률은 $n_F = 1.6321$이고 빨간색 파장 656.3nm에 대한 굴절률은 $n_C = 1.61502$이다. F2 평판 유리에 입사각 60°로 입사한 광선의 굴절 후 각도 분산을 구하라.

풀이 파란색 $\sin\theta_{tb} = \sin 60°/1.63210 = 0.530620$, $\theta_{tb} = \sin^{-1}(0.53062) = 32.05°$

빨간색 $\sin\theta_{tr} = \sin 60°/1.61502 = 0.53623$, $\theta_{tr} = \sin^{-1}(0.53623) = 32.43°$

분 산 $\delta = \theta_{tr} - \theta_{tb} = 32.43° - 32.05° = 0.38°$

빛의 분산을 정량적으로 나타내기 위해 분산능을 정의한다. **분산능**은 그 매질에서 주황색 파장 587.6nm의 굴절률 n_d를 기준으로 파란색의 굴절률 n_F와 빨간색의 굴절률 n_C의 차이를 가지고 정의한다. 분산능

$$\omega = \frac{n_F - n_C}{n_d - 1} \tag{2.7}$$

로 정의하며, **아베상수**(Abbe constant) V는 그 역수를 취하여

$$V = \frac{n_d - 1}{n_F - n_C} \tag{2.8}$$

로 나타내고 있다. 광학유리 카탈로그(catalogue)에는 여러 가지 파장에 대한 굴절률과 아베상수가 제시되어 있다.

무지개는 비가 그친 후 맑은 하늘에 햇빛이 비칠 때 공기 중에 있는 물방울에 입사한 빛이 굴절하고 전반사하며 다시 굴절해 나올 때 나타난다. 물방울은 빛의 파장에 따라서 굴절률이 다르다. 파장이 짧은 파란색은 더 많이 굴절하고 파장이 긴 빨간색은 적게 굴절하여 빛이 흩어지는 현상이 일어나기 때문이다.

광학유리의 명칭은 생산회사에 따라 차이가 있으나 크게 나누어 크라운 계열과 플린트 계열로 구별되고 또 다른 원소의 첨가에 따라 구별되어 그룹이 지어진다. 각 그룹 안에서도 원소들의 성분비에 따라 번호가 붙여져서 약 200~300가지 종류가 있다. 예를 들면 BK7, F2 등의 명칭으로 표현되어 있다. 한편 광학유리의 $n_d - 1$의 유효숫자 3자리와 아베상수에 10을 곱하여 3자리를 취해서 여섯 자리의 수로 광학유리의 명칭을 정의하기도 한다.

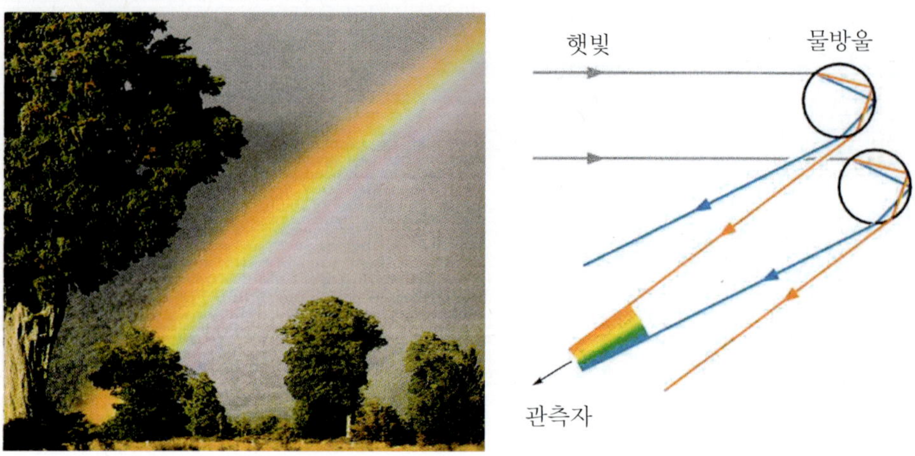

그림 2.7 ▶ 무지개는 물방울에 입사한 햇빛이 굴절 및 전반사하여 생기게 된다.

예를 들면 BK7의 크라운 계열 유리의 경우, $n_d - 1 = 0.5168$에서 반올림하여 세 자리를 취하면 517이고 아베상수 $V = 64.20$에 10을 곱하여 반올림한 3자릿수를 취하면 642이어서 이 두 가지를 합쳐서 517642로 표시한다.

제 5 절 굴절 프리즘

굴절 프리즘은 입사한 광선이 프리즘의 빗면에 의해 2번 굴절함으로써 처음 입사한 광선을 많이 벗어나게 한다. 그런데 광학유리는 빛의 파장에 따라 굴절률이 다르기 때문에 무지개와 같이 빛을 퍼뜨려서 색깔이 펼쳐지게 한다. 이러한 현상을 이용하여 빛의 파장을 분석할 수 있다.

또한 그림에서 보는 바와 같이 프리즘은 최초 입사한 광선이 두 번 굴절하면서 그 방향이 많이 벗어난다. 벗어난 각을 편각 δ라 하며 $\overline{AB}$와 $\overline{AC}$ 두 변이 이루는 각을 정각 또는 꼭지각 α라 한다. 입사각 θ_1을 조정하여 $\theta_1' = \theta_2$가 될 때 편각은 최소가 되며 이때의 편각을 최소 편각 $\delta_{\min}$이라 한다. 정각 α와 최소 편각 $\delta_{\min}$을 측정함으로써 프리즘을 만든 광학유리의 굴절률을 알아낼 수가 있다.

유리의 굴절률 n은 다음 식으로 주어진다.

$$n = \frac{\sin[(\alpha + \delta_{\min})/2]}{\sin(\alpha/2)} \tag{2.9}$$

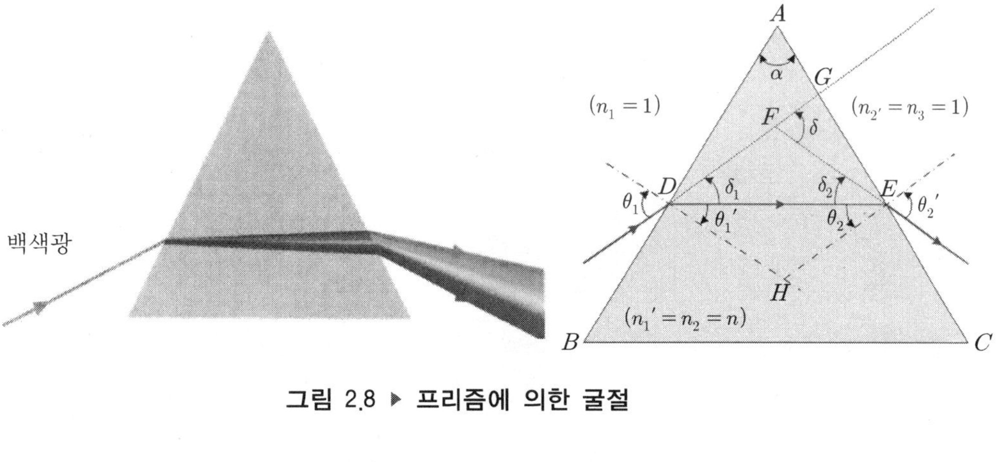

그림 2.8 ▸ 프리즘에 의한 굴절

프리즘의 정각이 매우 작아서 얇은 프리즘을 사용할 경우에는 다음과 같이 쓸 수 있다.

$$n = \delta_{\min}/\alpha + 1 \tag{2.10}$$

예제 2.5

꼭지각이 60°인 프리즘의 최소 편각이 40°로 측정되었다. 유리의 굴절률은?

풀이 $n = \dfrac{\sin[(40° + 60°)/2]}{\sin(60°/2)} = 1.5321$

제 6 절 부호 규약

기하광학에서 거리와 높이 그리고 각도를 정의할 때 부호를 정(plus) 또는 부(negative)의 여부를 결정하기 위해 약속이 필요하다. 특히 요즈음 모든 계산을 전산기로 처리하게 되므로 모든 경우에 통용할 수 있는 부호의 약속이 필요하다. 가능하면 혼동되지 않고 일관성 있게 사용될 수 있는 것이 좋을 것이다.

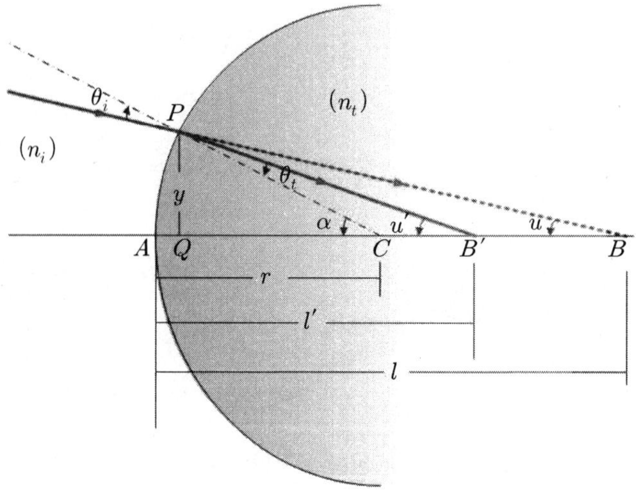

그림 2.9 ▸ 기하광학의 부호 규약

그림 2.9에서 공기 중에서 입사한 광선은 구면으로 투과하며 굴절한다. 이때 구면은 경계면이 되며 구의 중심 C를 지나는 직선은 구면과 수직을 이루고 **법선**이 된다. 구면을 향하여 들어오는 광선이 **입사광선**(incident ray)이며 구면을 통해 굴절하여 투과하는 광선이 **굴절광선**(refracted ray)이다. 수평으로 구면의 **정점**(꼭지점) A와 중심 C를 지나는 직선이 **광축**(optical axis)이 된다.

그림에서 지면(紙面), 즉 법선과 입사광선과 굴절광선을 포함하는 평면이 **입사면**이다. 들어오는(입사하는), 즉 입사광선과 법선이 이루는 각이 **입사각**(incident angle) θ_i, 굴절하여 투과하는 투과광선과 법선이 이루는 각이 **굴절각**(refraction angle) θ_t이다. 상을 맺게 하는 결상계의 표면에 수직인 법선과 광축이 이루는 각을 **법선각**(normal angle) α라고 정의한다. 입사광선과 광축이 이루는 각은 **입사광축각**(incident axial angle)이라 하고, 굴절광선과 광축이 이루는 각을 **굴절광축각**(refraction axial angle)이라 한다. 이때에 기하광학에서는 편의상 다음과 같이 부호를 규약하고 있다.

▌부호 규약

1) 입사광선은 왼쪽에서 오른쪽으로 들어오는 것으로 정한다.
2) 정점(꼭짓점) A를 좌표의 원점으로 하는 오른손 좌표계를 택한다.
3) 모든 거리와 높이는 위의 오른손 좌표계의 부호를 따른다.
4) 광축각의 부호는 광축으로부터 광선으로 측정하며 반시계방향이면 (+), 시계방향이면 (−)이다. 입사각과 굴절각은 면의 법선으로부터 측정하며 반시계방향이면 (+), 시계방향이면 (−)이다.
5) 빛이 오른쪽에서부터 왼쪽으로 진행하는 경우 굴절률은 (−)를 취한다.
6) 오른손 좌표계에서 거리를 나타내는 **물체거리**(objective distance) l, **상거리**(image distance) l' 그리고 **곡률반경**(radius of curvature) r은 **물체점** B, **상점** B' 그리고 **곡률중심** C가 **좌표원점**(origin of coordinate) A로부터 오른쪽에 있으면 (+), 왼쪽에 있으면 (−)가 된다.
7) 입사광선과 결상계와의 만나는 점 $P(x, y, z)$의 높이인 **입사고**(incident height) y는 원점 A보다 P가 위에 있으면 (+), 아래에 있으면 (−)가 된다.

그림 2.9에서는 모든 거리, 높이가 (+)이다.

근축광학에서는 그림 2.9에서 $\tan u \cong u = -\frac{y}{l}$, 같은 방법으로 $u' = -\frac{y}{l'}$ 그리고 $\alpha = -\frac{y}{r}$이며 $u < 0$, $u' < 0$, $\alpha < 0$, $i = (u - \alpha) > 0$, $i' = (u' - \alpha) > 0$이다.

제 7 절 구면에 의한 굴절과 반사

1. 구면에 의한 굴절

물체 O가 구면에 의해 O'으로 상이 맺혀진다고 생각하자.

굴절의 법칙에서 $n\sin i = n'\sin i'$이 성립한다. 이때 P점이 매우 광축에 가까이 근접한다고 하면 $\epsilon = \overline{AB}$는 매우 작아서 0으로 근사할 수 있고 입사각과 굴절각 그리고 입사광축각, 굴절광축각 및 법선각도 매우 작아진다. 각도의 크기가 매우 작아지면 $\sin i \approx \tan i \approx i$로 근사할 수 있다. 이와 같이 입사고 h가 매우 낮아져서 각도들이 매우 작아지는 경우에 대한 기하광학을 **가우스(Gauss) 광학** 또는 **근축광학**이라 한다. 여기서는 근축광학적으로 구면에 의한 굴절을 살펴보려 한다.

입사광축각 : $u \approx \sin u \approx \tan u \approx -\dfrac{h}{l}$

굴절광축각 : $u' \approx \sin u' \approx \tan u' \approx -\dfrac{h}{l'}$

법선각 : $\alpha \approx \sin\alpha \approx -\dfrac{h}{r}$

부호를 고려하면 $\triangle OPC$에서 $i = u - \alpha$가 되고 $\triangle O'PC$에서 $i' = u' - \alpha$이 된다. 각도의 부호를 이와 같이 대수적 정의에 의해 결정해도 아무 문제가 없다. 굴절법칙도

$$ni = n'i' \tag{2.11}$$

로 근사적으로 표현할 수 있다.

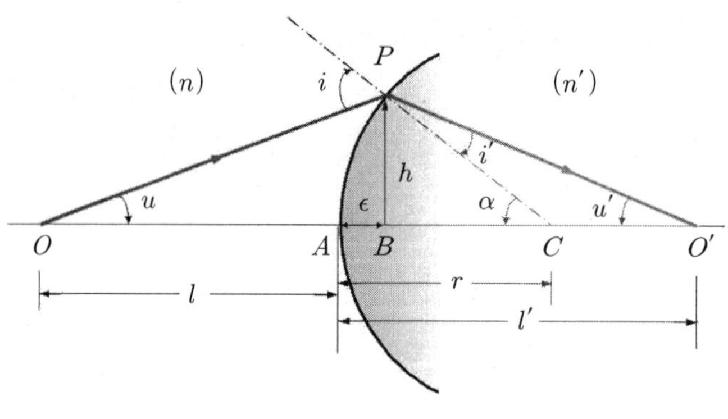

그림 2.10 ▸ 단일 구면에 의한 굴절

입사각 $i=u-\alpha$와 굴절각 $i'=u'-\alpha$를 식 (2.11)에 대입하면 $n(\alpha-u)=n'(\alpha-u')$으로 되어 이를 이항정리하면 $n'u'-nu=\alpha(n'-n)$이 된다.

$\alpha=-\dfrac{h}{r}$로 놓으면

$$n'u'-nu=-\frac{h}{r}(n'-n)=-hK \tag{2.12}$$

이며 이를 구면에 의한 굴절방정식이라 한다. 여기서

$$K=\frac{(n'-n)}{r}=c(n'-n) \tag{2.13}$$

을 **구면의 굴절능**(refracting power)으로 정의한다.

또한 $c=\dfrac{1}{r}$은 구면의 곡률(curvature)이라고 정의하며 곡률반경의 역수이다. 식 (2.12)에서 각의 대수적 정의를 대입하면

$$-n'\frac{h}{l'}-\left(-n\frac{h}{l}\right)=-\frac{h}{r}(n'-n)$$

가 되고 양변을 $-h$로 나누어 주면

$$\frac{n'}{l'}-\frac{n}{l}=\frac{(n'-n)}{r}=K \tag{2.14}$$

으로 간단한 형태의 **굴절방정식**(refraction equation)을 얻을 수 있다.

식 (2.14)에서 상거리가 무한대이면 $-\dfrac{n}{l}=K$가 되고 이때의 물체거리 $l=f$를 **제 1초점거리** 또는 **물체 쪽의 초점거리**라 하며 물체점을 **제 1초점**, 또는 **물체 쪽의 초점** F라 한다. 반대로 물체거리가 무한대이면 $\dfrac{n}{l'}=K$가 되고 이때의 상거리 $l'=f'$을 **제 2초점거리**, 또는 **상 쪽의 초점거리**라 하며 상점을 **제 2초점** 또는 **상 쪽의 초점** F'이라 한다. 초점거리와 굴절능과의 관계는

$$K=-\frac{n}{f}=\frac{n'}{f'} \tag{2.15}$$

로 정리할 수 있다.

예제 2.6

곡률반경이 5cm이며 굴절률이 1.5인 구면 앞 20cm에 물체가 놓여 있다. 상의 위치와 구면의 굴절능 및 초점거리를 구하라.

풀이 $\frac{n'}{l'}-\frac{n}{l}=\frac{(n'-n)}{r}=K$에서

$K=\frac{(1.5-1.0)}{5\text{cm}}=\frac{1}{10\text{cm}}$, $\frac{1.5}{l'}-\frac{1}{(-20\text{cm})}=\frac{1.0}{10\text{cm}}$, $\frac{1.5}{l'}=\frac{1}{10\text{cm}}-\frac{1}{20\text{cm}}=\frac{1}{20\text{cm}}$

$l'=30\text{cm}$

[답] 굴절능 0.1cm^{-1}, 상 위치 : 구면 뒤 30cm

제 1초점거리 $f=-\frac{1.0}{0.1}\text{cm}=-10\text{cm}$, 제 2초점거리 $f'=\frac{1.5}{0.1}\text{cm}=15\text{cm}$

2. 구면에 의한 반사

물체 O가 구면에 의해 반사되어 O'에 상이 맺힐 때를 생각해 보자. 부호 규약과 반사법칙에 의해 반사각 $i'=-i$이고 굴절률 $n'=-n$이 된다.

굴절방정식

$$n'u'-nu=-hK$$

에서 각의 정의와 굴절능의 정의를 대입하면

$$(-n)\left(-\frac{h}{l'}\right)-n\left(-\frac{h}{l}\right)=\frac{-h(-n-n)}{r}=-2h\frac{n}{r}$$

로 되고 양변을 $-nh$로 나누어 주면

$$\frac{1}{l'}+\frac{1}{l}=\frac{2}{r}=K \tag{2.16}$$

이 된다. 결과적으로 구면에 의한 반사는 구면에 의한 굴절의 특수한 경우라고 할 수 있다. 반사할 경우 빛이 왼쪽에서 오른쪽으로 진행하며 따라서 굴절률은 (−)가 된다. 그리고 굴절능은

$$K=-\frac{2n}{r}=-2cn$$

가 된다.

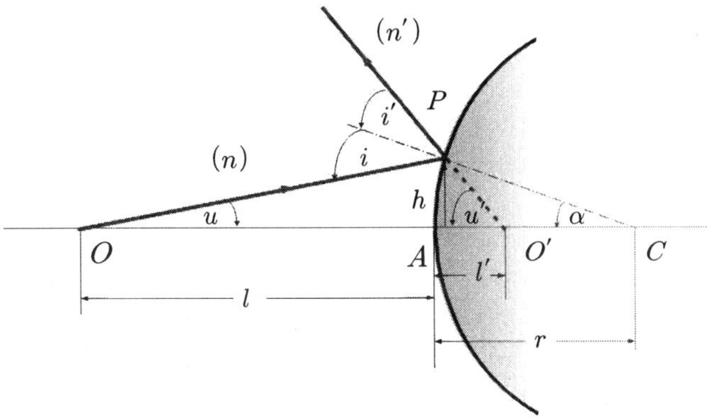

그림 2.11 ▶ 단일 구면에 의한 반사

반사의 경우 초점거리

$$-\frac{n}{f}=\frac{n'}{f'}=\frac{-n}{f'}=K=-2n/r \tag{2.17}$$

의 관계가 성립되며 제 1초점거리와 제 2초점거리 모두 다음 식과 같다.

$$f=f'=r/2 \tag{2.18}$$

예제 2.7

곡률반경 -10cm인 오목거울 앞 10cm 앞에 서 있는 사람의 상은 어디에 나타나며 이 거울의 굴절능 및 초점거리는 얼마인가?

풀이 $\frac{1}{l'}+\frac{1}{l}=\frac{2}{r}=K$ 에서

$\frac{1}{l'}=\frac{2}{-10\text{cm}}-\frac{1}{-10\text{cm}}=-\frac{1}{10\text{cm}}$, $l'=-10\text{cm}$

굴절능 $K=-\frac{2n}{r}=-\frac{2}{-10\text{cm}}=0.2\text{cm}^{-1}$

초점거리 $f=-\frac{n}{K}=-\frac{1}{0.2}\text{cm}=-5\text{cm}$, $f'=\frac{n'}{K}=-\frac{n}{K}=\frac{-1}{0.2}\text{cm}=-5\text{cm}$

[답] 상의 위치는 거울 앞 10cm, $K=0.2\text{cm}^{-1}$, $f=f'=-5\text{cm}$

제2장 반사와 굴절

연습문제

[1] 평면거울에 광선이 입사한다. 거울을 15° 기울이면 반사광은 처음보다 몇 도 벗어날까?

[2] 키가 178cm인 사람이 거울로 자기 몸을 전부 보려면 거울의 높이는 최소 얼마가 되어야 하는가?

[3] 45°의 각도를 이루고 두 거울이 접촉되어 기울어져 있다. 평행광선을 입사하면 반사광선은 몇 도 편향되어 나아갈까?

[4] 어린이 공원에 60°를 이루고 두 평면거울이 세워져 있다. 그 중간에 한 어린이가 서 있을 때 그 어린이의 형상은 몇 개 나타날까?

[5] 60°를 이루고 두 평면거울이 세워져 있다. 그 사이에 한쪽 거울로부터 25°, 다른 거울로부터는 35° 되는 위치에 물체가 놓여 있다. 각 거울에 의해 맺어지는 상의 수를 구하라.

[6] 물 깊이가 1.2m인 수영장 속에 물안경을 떨어뜨렸다. 물 밖에서 볼 때 물의 겉보기 깊이는 얼마인가? 단 물의 굴절률은 4/3이다.

[7] 굴절률이 1.32인 얼음벽의 두께가 1.5m이다. 반대쪽에 그림이 붙어 있다면 앞쪽 공기 중에서 볼 때 실제보다 얼마나 더 가까이 보일까?

[8] 굴절률이 1.6204인 유리로 정각 60°의 프리즘을 제작하였다. 최소 편각은 얼마가 될까?

[9] 정각 60°인 프리즘의 굴절률을 측정하기 위해 최소 편각을 측정한 결과 48°이었다. 그 유리의 굴절률을 구하라.

[10] 물속에서 공중을 바라볼 때 임계각을 구하라. 단 물의 굴절률은 4/3이다.

[11] 전등의 불빛을 최대로 멀리 비추고자 한다. 필라멘트 뒤에 1.5cm 되는 곳에 반사경을 놓으려면 곡률반경을 얼마의 포물경으로 해야 좋을까?

Chapter

03 가우스 광학

제1절 얇은 렌즈에 의한 상 맺음

얇은 렌즈란 일반적으로 두 개의 구면으로 구성되며 그 두께가 매우 얇아서 무시할 정도이다. 그림 3.1에서 보는 바와 같이 제1구면은 곡률반경이 r_1이고 부호는 (+)이며, 제2구면은 곡률반경이 r_2이고 부호는 (−)인 양 볼록렌즈이다. 두께 d가 렌즈의 구경에 비해 무시할 정도라는 것이다. 따라서 각 면의 입사고, h_1과 h_2도 거의 같은 것이 얇은 렌즈의 특징이다. 얇은 렌즈에 의해 상이 생기는 경우에 대해 살펴보자.

먼저 제1구면에서 굴절을 한다. 굴절방정식에 의해

$$n_1 u_1 - n_0 u_0 = -h_1 K_1 \tag{3.1}$$

여기서 $K_1 = \dfrac{(n_1 - n_0)}{r_1} = c_1(n_1 - n_0)$으로 제1구면의 굴절능이다.

다음 제2구면에서 굴절을 한다. 마찬가지로 굴절방정식에서

$$n_2 u_2 - n_1 u_1 = -h_2 K_2 \tag{3.2}$$

여기서 $K_2 = \dfrac{(n_2 - n_1)}{r_2} = c_2(n_2 - n_1)$으로 제2구면의 굴절능이다.

앞에서 언급한 바와 같이 얇은 렌즈는 제1구면과 제2구면에 의해 굴절하여 상이 생기므로 식 (3.1)과 (3.2)를 합하면 전체 렌즈에 의한 굴절이 된다. 굴절률과 굴절광축각을 살펴보면, $n_0' = n_1$, $u_0' = u_1$이고 얇은 렌즈에서 두께 d를 무시하므로 $h_1 \cong h_2 \equiv h$이다.

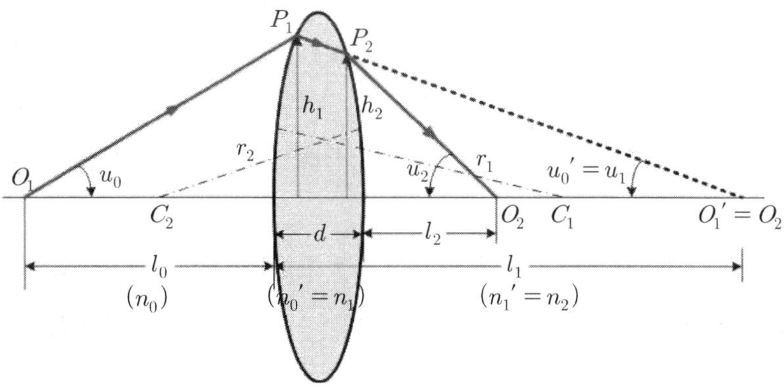

그림 3.1 ▸ 얇은 렌즈에 의한 상 맺음

따라서 두 방정식의 합은

$$n_2u_2 - n_0u_0 = -h(K_1 + K_2) = -hK \tag{3.3}$$

로 된다. 마치 단일 구면에 의한 결상의 경우와 비슷한 굴절방정식을 얻게 된다.
굴절광축각

$$u_0 = -\frac{h_1}{l_0} \cong -\frac{h}{l}, \quad u_2 = -\frac{h_2}{l_2} \cong -\frac{h}{l'}$$

으로 근사할 수 있어서

$$\frac{n_2}{l'} - \frac{n_0}{l} = K \tag{3.4}$$

와 같이 쓸 수 있고, 굴절능

$$K = K_1 + K_2 = h[c_1(n_1 - n_0) + c_2(n_2 - n_1)]$$

으로 된다. 만약 얇은 렌즈가 공기 중에 놓여 있다면

$$n_0 = n_2 \cong 1.0$$

이 되며, 광학유리의 굴절률이

$$n_0' = n_1 = n$$

이라 놓으면, 굴절능

$$K = c_1(n-1) + c_2(1-n) = (c_1 - c_2)(n-1)$$

이 된다. 그리고 식 (3.4)는

$$\frac{1}{l'} - \frac{1}{l} = K, \text{ 단 } K = (n-1)\left\{\frac{1}{r_1} - \frac{1}{r_2}\right\} = (n-1)(c_1 - c_2) \tag{3.5}$$

로서 이를 **렌즈제작자 공식**(lens maker's formular)이라 한다. 이때도 마찬가지로 무한대에 상이 생기는 경우 식 (3.4)에서 물체거리가 $l = f$가 되고, 이를 **제1초점거리** 또는 **물체 쪽의 초점거리**라 부르며 $-\frac{n_0}{f} = K$가 성립한다. 이때의 물체점을 **제1초점** 또는 **물체 쪽의 초점**이라 한다.

반대로 물체거리가 무한대가 되면 상거리 $l' = f'$이 되며 이를 **제2초점거리** 또는 **상 쪽에서의 초점거리**라 하며 $\frac{n_2}{f'} = K$가 성립한다. 이때 상점을 **제2초점** 또는 **상 쪽의 초점**이라 한다.

제 2 절 배율과 라그랑주 불변량

그림 3.2와 같이 물체 OO_1이 구면에 의해 $O'O_1'$으로 상이 형성될 때를 생각해 보자. 결상계에서 물체를 바라보는 각을 물체에 대한 **시야각**(field angle) 혹은 **시야**(FOV : Field Of View)라 한다. 마찬가지로 결상계가 상을 바라보는 각을 상에 대한 시야각 또는 상을 바라보는 시야라 한다.

그림에서는 β가 물체에 대한 시야각이고 β'이 상을 바라보는 시야각이다. 광선 O_1AO_1'은 물체점 O_1에 대한 **주광선**(principal ray)이라 하며, 물체점으로부터 출발하여 결상계의 중심을 지나가는 광선으로 정의한다. 광선 OAO'은 물체점 O에 대한 주광선이며 또한 광축이다.

광선 OPO'은 물체점 O에 대한 주변광선이며 P점이 결상계의 가장자리일 경우 **가장자리광선**(marginary ray)이라 한다. 물체와 상의 크기의 비를 **횡배율**(transverse magnitude)이라 한다. 횡배율

$$M_T = \frac{y'}{y} \tag{3.6}$$

의 관계식으로 정의할 수 있다.

그림 3.2에서 $y = -l\tan\beta$이고 $y' = -l'\tan\beta'$이다.

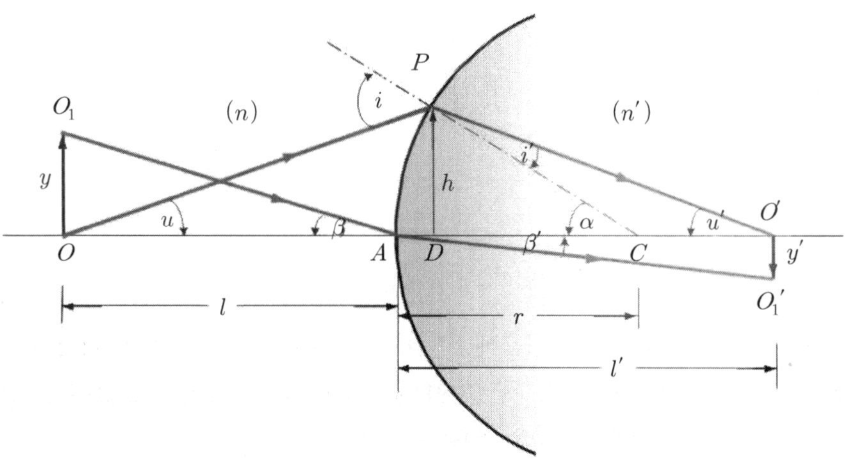

그림 3.2 ▸ 횡배율과 라그랑주 불변량

횡배율의 정의로 계산하면

$$M_T = \frac{l' \tan\beta'}{l \tan\beta}$$

인데 근축광학에서 $\tan\beta = \sin\beta = \beta$로 근사하고 $\tan\beta' = \sin\beta' = \beta'$으로 근사할 수 있다. 따라서 횡배율

$$M_T = \frac{l'\beta'}{l\beta} = \frac{l' \sin\beta'}{l \sin\beta}$$

로 되며 광선 O_1AO_1'에 대해 굴절법칙을 적용하면 법선이 광축이 되고 β와 β'은 각각 입사각과 굴절각이 되어

$$n \sin\beta = n' \sin\beta' \tag{3.7}$$

이 성립된다. 그러므로

$$\frac{\sin\beta'}{\sin\beta} = \frac{n}{n'}$$

이 되어, 결과적으로 **횡배율**은

$$M_T = \frac{l'}{l}\frac{n}{n'} \tag{3.8}$$

로 쓸 수 있다.

식 (3.7)은 근축광학에서 $n\beta = n'\beta'$으로 근사할 수 있고 양변에 h을 곱하면

$$\boldsymbol{nh\beta = n'h\beta'} \tag{3.9}$$

가 되는데 이를 풀어쓰면

$$\frac{nyh}{l} = \frac{n'y'h}{l'}$$

이고 굴절광축각의 정의를 이용하면

$$\boldsymbol{nyu = n'y'u'} \tag{3.10}$$

이 된다.

식 (3.9)와 식 (3.10)을 굴절 전후에 변하지 않는 양이라고 해서 **라그랑주 불변량**(Lagrange invariant)이라 하였다. 식 (3.9)는 무초점계(afocal system)에 적용하고 있으며 식 (3.10)은 유한초점계에 대해 적용하고 있다.

예제 3.1

앞의 예제 2.6과 2.7의 경우 횡배율을 구하라.

풀이 예제 2.6에서 횡배율 $M_T = \frac{l'}{l}\frac{n}{n'} = \frac{30\text{cm}}{(-20\text{cm})} \times \frac{1.0}{1.5} = -1.0$

예제 2.7에서 횡배율 $M_T = \frac{l'}{l}\frac{n}{n'} = \frac{-10\text{cm}}{-10\text{cm}} \times \frac{1.0}{-1.0} = -1.0$

그림 3.3과 같이 종으로 물체가 누워 있는 경우에 대해서 각각 배율을 생각해 보자. 물체점 O에 대하여 굴절방정식을 적용하면

$$\frac{n'}{l'} - \frac{n}{l} = K$$

이다. 마찬가지로 물체점 O'에 대해 굴절방정식을 적용하면 부호를 고려할 때

$$\frac{n'}{l' - \Delta l'} - \frac{n}{l - \Delta l} = K$$

으로 된다. 이 두 식은 서로 같으므로

$$\frac{n'}{l' - \Delta l'} - \frac{n}{l - \Delta l} = \frac{n'}{l'} - \frac{n}{l} \tag{3.11}$$

이 되어야 한다.

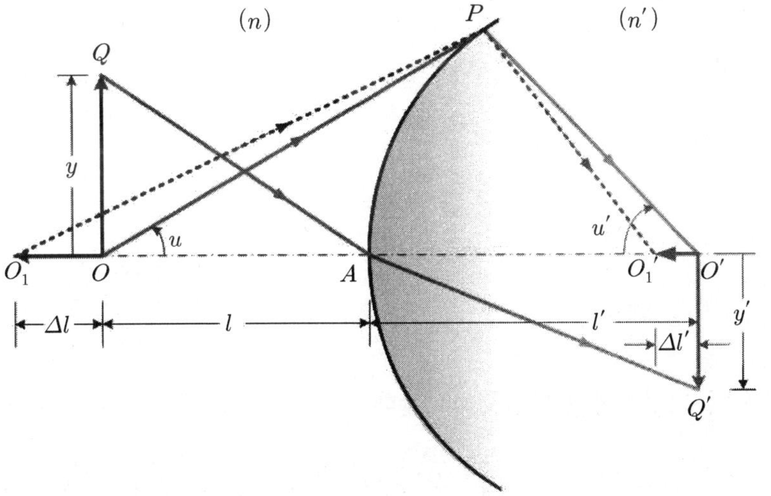

그림 3.3 ▶ 결상과 배율

$\Delta l' \ll l'$이고 $\Delta l \ll l$일 때

$$\frac{1}{l-\Delta l}=\frac{1}{l\left(1-\dfrac{\Delta l}{l}\right)}\cong\frac{1}{l}\left(1+\frac{\Delta l}{l}\right)$$

로 근사할 수 있고 마찬가지 방법으로

$$\frac{1}{l'-\Delta l'}=\frac{1}{l'\left(1-\dfrac{\Delta l'}{l'}\right)}\cong\frac{1}{l'}\left(1+\frac{\Delta l'}{l'}\right)$$

로 근사할 수 있다. 이들을 식 (3.11)에 적용하면

$$\frac{n'}{l'}\frac{\Delta l'}{l'}-\frac{n}{l}\frac{\Delta l}{l}=0 \tag{3.12}$$

가 된다. **종배율**

$$M_L=\frac{\Delta l'}{\Delta l}$$

이며, 식 (3.12)로부터

$$M_L=\left(\frac{n}{l}\right)\left(\frac{l'}{n'}\right)\left(\frac{l'}{l}\right)=M_T^2\left(\frac{n'}{n}\right) \tag{3.13}$$

을 얻을 수 있다.

각배율

$$M_A=\frac{u'}{u}=\frac{ny}{n'y'}=\left(\frac{n}{n'}\right)\frac{1}{M_T} \tag{3.14}$$

이다. 식 (3.13)으로부터

$$\frac{n}{n'}=\frac{M_T^2}{M_L}$$

이다. 이를 식 (3.14)에 대입하면

$$M_A=\frac{u'}{u}=\frac{M_T}{M_L} \tag{3.15}$$

가 성립한다. 이를 정리하면 다음 식과 같다.

$$M_T=\left(\frac{l'}{l}\right)\left(\frac{n}{n'}\right),\ \ M_L=\left(\frac{l'}{l}\right)^2\left(\frac{n}{n'}\right)=M_T^2\left(\frac{n'}{n}\right),\ \ M_A=\left(\frac{u'}{u}\right)=\frac{M_T}{M_L} \tag{3.16}$$

만약 얇은 렌즈가 공기 중에 놓여 있다면 $n = n' = 1.0$이므로 횡배율

$$M_T = \frac{l'}{l}$$

이고 종배율

$$M_L = \left(\frac{l'}{l}\right)^2 = M_T^2$$

그리고 각배율은

$$M_A = \frac{u'}{u} = \frac{l}{l'} = \frac{1}{M_T}$$

으로 된다.

예제 3.2

굴절률 1.5인 유리로 곡률반경이 10cm와 −20cm의 양 볼록렌즈를 만들었다. 이 렌즈 앞 −40cm에 한 변의 길이가 5cm인 정육면체 상자를 놓았다.

(a) 얇은 렌즈의 굴절능과 초점길이를 구하라.

(b) 상의 위치와 크기를 구하라.

풀이 $K = (1.5-1)\left(\frac{1}{10\text{cm}} - \frac{1}{-20\text{cm}}\right) = \frac{1.5}{20}\text{cm}^{-1} = 0.075\text{cm}^{-1}$

$$f' = \frac{1}{0.075}\text{cm} = 13.3\text{cm}$$

$$\frac{1}{l'} = 0.075\text{cm}^{-1} + \frac{1}{-40}\text{cm}^{-1} = \frac{1}{20}\text{cm}^{-1}$$

$$l' = 20\text{cm},\ M_T = \frac{20\text{cm}}{-40\text{cm}} = -0.5$$

$$M_A = \frac{1}{M_T} = -2.0,\ M_L = M_T^2 = (-0.5)^2 = 0.25$$

가로와 세로는 2.5cm, 깊이는 1.25cm.

[답] 굴절능 0.075/cm, 초점거리 13.3cm.

상의 크기는 가로와 세로는 각각 2.5cm, 깊이 1.25cm로 나타난다.

제3절 두꺼운 렌즈의 주요점

근축광학은 과감한 근사를 취하여 빛의 진행과정을 설명하고 있다. 카메라의 표준렌즈 초점거리가 50mm라고 하지만 실제로 평행광선을 보내어 초점에 빛을 모아보면 초점거리가 맨 뒤 면으로부터 불과 30mm 정도밖에 안 된다. 그 이유는 마지막 면부터 초점까지의 거리가 30mm 정도이고 50mm라는 것은 **유효초점거리**(effective focal length)를 말하는 것이기 때문이다.

실제로 두꺼운 렌즈나 여러 개 렌즈로 구성된 복합렌즈는 근접광학으로는 정확하게 설명할 수 없다. 그렇지만 간편하고도 비교적 정확하게 설명하려면 가상의 평면 또는 가상의 지점을 정의하여 근축광학으로 설명하는 것과 일치하도록 할 필요가 있다. 두꺼운 렌즈에서는 이러한 목적을 위해 **주요점**(cardinal point) 또는 **주요면**(cardinal plane)을 정의한다. 때로는 이러한 주요점이나 주요면이 기준으로 사용될 경우가 많다.

1. 초점 및 주점

근축광학(또는 가우스 광학)에서도 초점은 정의하였다. 무한대에 물체가 있을 때 상점을 **제2초점** 또는 **상 쪽의 초점**이라 하며 무한대 위치에 상이 생기는 물체의 위치가 되는 지점을 **제1초점** 또는 **물체 쪽의 초점**이라고 하였다. 초점을 포함하고 광축에 수직한 평면을 **초평면**(focal plane)이라 한다.

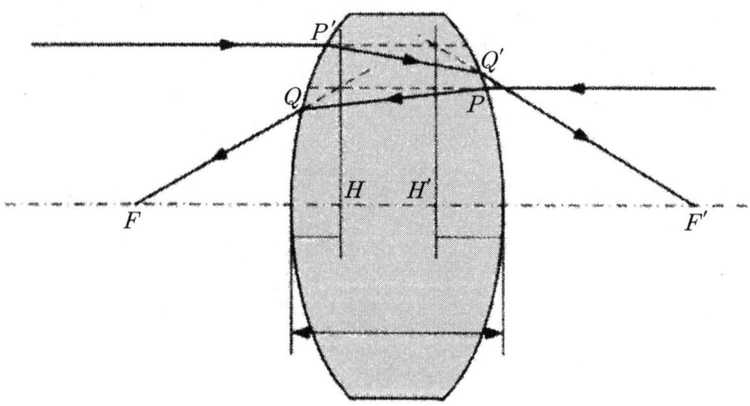

그림 3.4 ▸ 초점과 주요점

그림 3.4에서 보는 바와 같이 평행광선이 들어가서 초점으로 진행할 때 첫 번째 면으로 들어가는 광선을 연장하고 마지막 면을 지나는 광선을 연장하여 만나는 교점에서 광축에 수직선을 내렸을 때 광축과 만나는 교점이 **주점**(principal point)이다. 상 쪽에 있는 주점을 **제 2주점**(second principal point)이라 하며 물체 쪽의 주점을 **제 1주점**(first principal point)이라 한다.

유효초점거리는 주점으로부터 초점까지의 거리를 말하고, 마지막 면으로부터 초점까지의 거리를 **후초점거리** 또는 **뒤초점거리**(back focal length)라 한다. 따라서 후초점거리와 유효초점거리(혹은 초점거리 ; effective focal length)는 서로 다르다.

2. 절점과 광심

일반적으로 두꺼운 렌즈로 들어오는 광선이 나갈 때는 방향이 바꾸어지는데 그림 3.5와 같이 들어오는 광선과 나가는 광선이 나란하게 진행하는 경우가 있다. 이 광선은 렌즈의 **광심**(optical center)을 지난다. 그림에서 첫 번째 면 위에 P점을 향하여 들어오는 광선이 두 번째 면 위에 Q점을 지나고 있으며 광축과 직선 $\overline{PQ}$가 광축과 만나는 점, O가 광심이다. 그리고 들어오는 광선을 연장하여 광축과 만나는 점 N가 **물체 쪽의 절점**(nodal point) 또는 **제 1절점**이라 하고 나가는 광선을 연장하여 광축과 만나는 점 N'을 **상 쪽의 절점** 또는 **제 2절점**이라 한다.

그림 3.5에서 들어오는 광선과 나가는 광선이 나란하므로 $\overline{PN} // \overline{QN'}$이다. 따라서 $\triangle PNO$와 $\triangle QN'O$는 닮은꼴이고 $\measuredangle NPO = \measuredangle N'QO$이다. 그런데 $\measuredangle NPC_1$은 제 1면의 입사각이고 $\measuredangle N'QC_2$는 제 2면의 굴절각으로 서로 나란한 광선에서는 같다. 따라서 $\measuredangle POC_1 = \measuredangle QOC_2$로 된다.

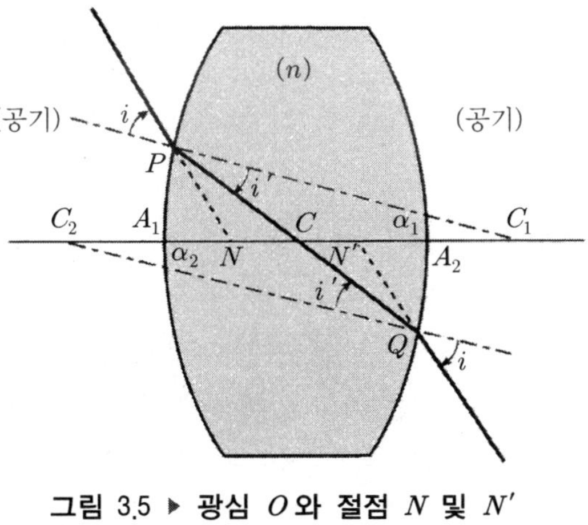

그림 3.5 ▸ 광심 O와 절점 N 및 N'

따라서 $\triangle POC_1$과 $\triangle QOC_2$에서 $\measuredangle POC_1$과 $\measuredangle QOC_2$는 엇각으로 서로 같으며, 두 삼각형은 서로 닮은꼴이다. 그러므로

$$\frac{\overline{PO}}{\overline{QO}}=\frac{\overline{PC_1}}{\overline{QC_2}}=\frac{r_1}{r_2}$$

이다. 따라서 점 O는 정해진 점이다. 이에 따라서 $\triangle PNO$와 $\triangle QN'O$가 닮은꼴이므로

$$\frac{\overline{NO}}{\overline{N'O}}=\frac{\overline{PO}}{\overline{QO}}=\frac{r_1}{r_2}$$

가 되며 두 절점 N과 N'도 지정되는 점이다.

제 4 절 조리개와 동공

깨끗한 상을 얻으려면 물체로부터 오는 빛 외에 다른 주변에서 오는 빛들을 차단할 필요가 있다. 이와 같이 불필요한 빛을 차단하는 장치를 **조리개**(stop) 또는 **스톱**이라 한다.

결상계(imaging system)에 빛이 통과하는 양과 범위를 통제하는 장치를 **동공**(pupil)이라 한다. 동공의 크기를 조절할 수 있으면서 빛을 차단하는 범위를 통제하는 조리개를 **가변조리개**(iris stop)라 하며, 대표적으로 카메라의 조리개나 눈의 검은 눈동자 속의 조리개인 홍채가 있다.

입사동(entrance pupil)은 조리개 앞쪽에 있는 렌즈 군(群 ; group)에 의한 동공의 상을 말하며 그림 3.6에서 보는 바와 같이 C_i의 상인 C_{en}로 나타나 있다. 반대로 **출사동**(exit pupil)은 조리개 뒤쪽에 있는 렌즈 군에 의한 동공의 상을 말하며 그림에서 C_{ex}로 나타내고 있다.

입사동의 중심을 향하여 들어오는 광선은 조리개 앞쪽의 렌즈 군에 의해 굴절하여 결국 조리개의 중심을 지나며 이를 **주광선**(principal ray)이라 한다. 조리개 중심을 지나는 주광선은 조리개 뒤쪽의 렌즈 군을 투과하여 상평면으로 나가지만, 마치 출사동의 중심으로부터 모든 렌즈 중에 마지막 렌즈 면을 지나는 주광선과 같이 생각할 수 있다. 광선추적을 할 때 입사동과 출사동을 참고로 하여야 주광선을 결정하기가 용이하며, 파면수차를 계산할 때에도 **참고구면**을 결정하는 데 매우 편리하다.

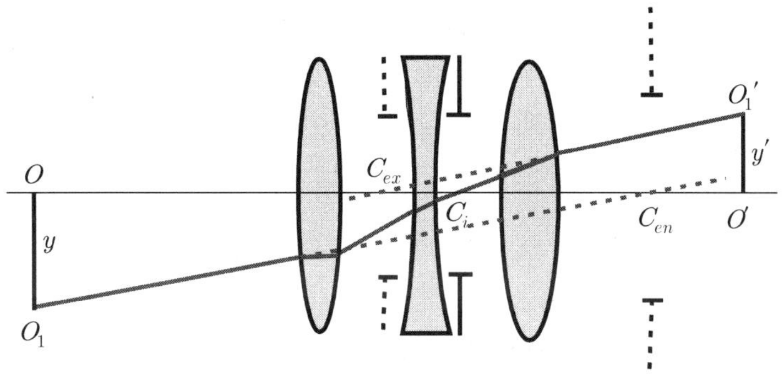

그림 3.6 ▸ 조리개 및 입사동과 출사동

물체 쪽의 참고구면은 물체점(objective point)을 구의 중심으로 하며 물체점부터 입사동의 중심에 이르는 거리를 반경으로 하는 구면이 되고, **상 쪽의 참고구면**은 주광선이 상평면에 도달하는 상점을 중심으로 하고 주광선의 상점으로부터 출사동의 중심까지의 거리를 반경으로 하는 구가 된다. 입사동과 출사동은 실제로 존재하는 동공은 아니지만 광선추적으로부터 파면수차를 계산할 때 주광선을 결정하고 참고구면을 결정하는 결정적인 역할을 한다.

스톱에는 결상계가 물체나 상을 바라보는 시야를 통제하는 **시야스톱**(field stop)이 있고 렌즈를 통과하여 상을 맺는 데 필요한 빛살다발의 크기를 제한하는 **구경스톱**(aperture stop)이 있다. 시야스톱은 물체를 바라보는 **물체시야스톱**(objective field stop)이 있고 상의 크기를 제한하는 **상시야스톱**(image field stop)이 있다. 구경스톱은 대부분의 경우 렌즈의 마운트(mount)가 된다.

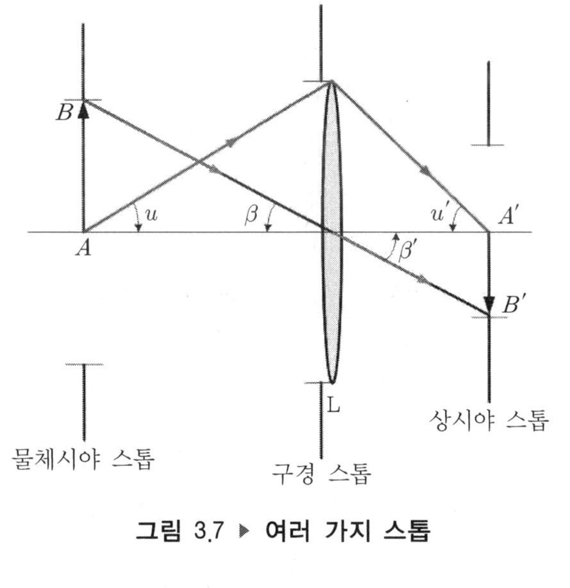

그림 3.7 ▸ 여러 가지 스톱

사진기에서 밝기라고 알고 있는 숫자들이 있다. 그것은 F수(f/number ; F/#)를 의미하며 유효초점거리(effective focal length)를 결상계의 유효경(clear aperture or effective aperture diameter)으로 나누어 준 값이다. **유효경**이란 실제로 영상을 맺는데 필요한 빛살다발의 직경을 말하며 많은 경우에 입사동의 직경이 된다. F수(F/#)는

$$f/\text{number} = \frac{f'}{D} \tag{3.17}$$

이며 **조리개수**(Numerical Aperture : NA)는 $n\sin\theta$로 정의한다.

그림에서 보는 바와 같이 조리개수

$$\text{NA} = n\sin\theta \cong n\tan\theta = \frac{D/2}{f'} = \frac{D}{2f'} \tag{3.18}$$

이 된다. 따라서

$$f/\text{number} = \frac{1}{2\text{NA}} \tag{3.19}$$

의 관계가 성립한다. 상을 맺을 때 기여하는 빛의 양은 유효경(clear aperture)을 통과하는 빛의 양이 되므로 유효경의 제곱에 비례한다. 노출시간은 빛의 양에 반비례하므로 초점거리가 일정한 카메라에서 f/number의 제곱에 비례한다.

사진기의 f/number는 $\sqrt{2}$의 정수배로 나타내주고 있다. $\sqrt{2} = 1.414 \cong 1.4$로 하여, 1, 1.4, 2, 2.8, 4. 5.6, 8, 11 등으로 눈금을 나타내고 있다. 조리개수 NA는 렌즈 밖의 매질의 굴절률에 비례하므로 현미경의 조리개수 NA를 크게 하기 위해 현미경 대물렌즈와 물체 사이에 기름을 채워서 물체를 관찰하기도 한다.

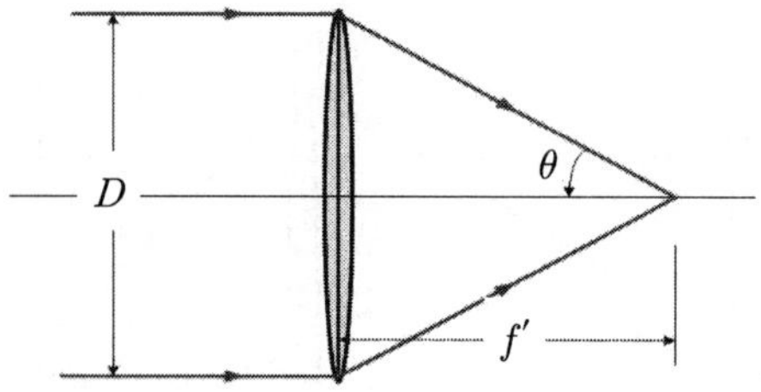

그림 3.8 ▸ f/number와 구경수(NA)

제5절 빛가림 효과

여러 개의 렌즈로 구성된 복합렌즈에서 시야각이 넓은 경우 빛살다발은 각 렌즈에 의해 차단되는 경우가 생긴다. 이를 **빛가림 효과**(비네팅 효과 ; vignetting effect)라 한다.

그림 3.9에서 보는 바와 같이 구경스톱 S가 서 있는 평면을 기준면으로 하고 구경스톱 S는 좌표축의 중심에 그 중심을 가진다. 실제로는 **조리개**가 있는 평면이 중심이 되고 조리개의 중심과 좌표 원점은 일치한다.

축 외의 물체점에서 들어오는 빛살다발은 렌즈 L_1에 의해 아래 부분이 차단되고 있고, 렌즈 L_2에 의해 윗부분이 차단되고 있다.

오른쪽 그림에서 보는 바와 같이 렌즈의 중심이 스톱의 중심보다 위 또는 아래로 이동되기 때문에 실제로 상을 맺는 데 사용된 빛살다발은 그림의 가장 안쪽의 작은 부분을 통과하는 것뿐이다. 나머지는 차단되고 있다.

그림 3.9의 왼쪽에서는 O_1에서 출발한 광선 밖에 부분에서는 가려지고 있으며, 오른쪽 그림에서 가장 안쪽의 작은 부분으로 사람의 눈과 같이 생긴 부분만 빛이 통과하고 나머지 부분은 가려지고 있음을 의미한다.

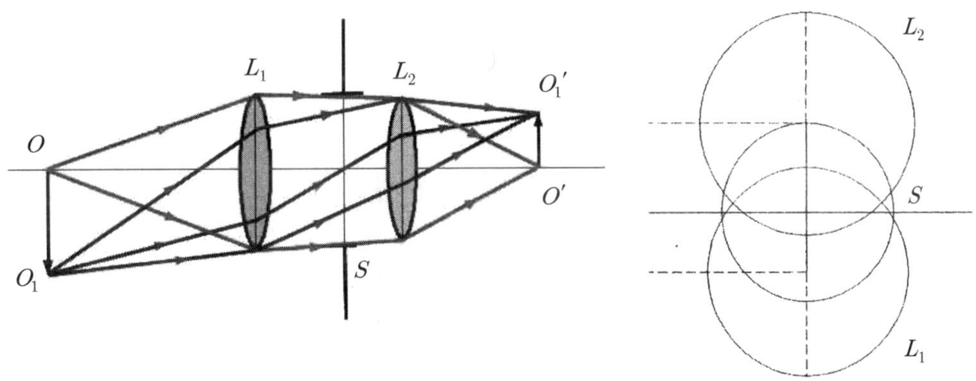

그림 3.9 ▸ 빛가림 효과

제 6 절 복합렌즈의 등가굴절능

얇은 렌즈가 거리 d만큼 떨어져 있고 그 사이에는 굴절률 n_1인 매질이 있다고 가정하자. 먼저 제1렌즈, L_1에 의해 굴절한 후 제2렌즈, L_2에 의해 굴절하여 결상한다.

$$L_1\text{에서 굴절} : n_1u_1 - n_0u_0 = -h_1K_1 \tag{3.20a}$$

$$L_2\text{에서 굴절} : n_2u_2 - n_1u_1 = -h_2K_2 \tag{3.20b}$$

이 두 식을 합하면 다음 식과 같다.

$$n_2u_2 - n_0u_0 = -h_1K_1 - h_2K_2 \tag{3.21}$$

그림 3.10으로부터 뒤 렌즈의 입사고는 앞 렌즈의 입사고와 다음 관계식으로 쓸 수 있다.

$$h_2 = h_1 + du_1 \tag{3.22}$$

이를 **전환방정식**이라 한다.

$$u_1 = -\frac{h_1K_1}{n_1}$$

을 얻어 식 (3.21)에 대입하고 이들을 또한 식 (3.22)에 대입하면

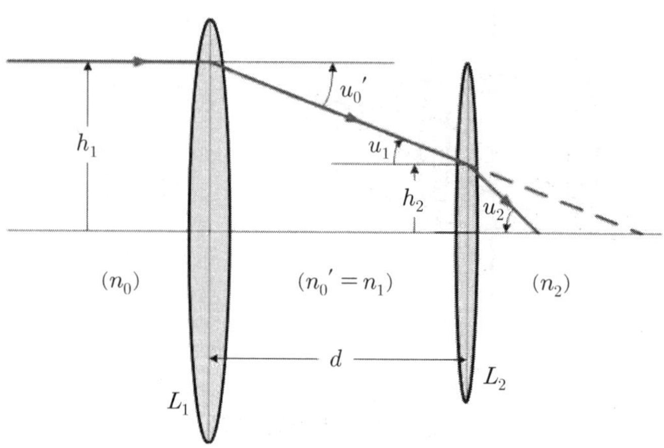

그림 3.10 ▸ 두 개 렌즈의 결합

$$n_2u_2 = -h_1K_1 - \left(h_1 - d\frac{h_1K_1}{n_1}\right)K_2 = -h_1\left(K_1 + K_2 - \frac{dK_1K_2}{n_1}\right) = -h_1K$$

으로 되어 두 얇은 렌즈의 결합의 **등가굴절능**(equivalent refracting power)은

$$K = K_1 + K_1 - \frac{dK_1K_2}{n_1} \tag{3.23}$$

로 됨을 알 수 있다. 따라서 이때에도 굴절방정식의 일반적인 형태인

$$n_2u_2 - n_0u_0 = -h_1K$$

로 나타낼 수가 있다.

만약 이 렌즈들이 모두 공기 중에 놓여 있다면 $n_0 = n_1 = n_2 = 1.0$이며, 등가굴절능(equivalent refracting power)은 $K = K_1 + K_2 - dK_1K_2$로 간단히 나타낼 수 있다.

예제 3.3

굴절률이 n인 유리로 곡률반경 r_1 및 r_2이고 두 구면의 정점 사이의 간격이 d인 두꺼운 렌즈의 굴절능, 초점거리, 그리고 주점의 위치를 유도하라.

풀이 제 1면에서 굴절 : $nu_1 - u_0 = -h_1k_1 \cdots\cdots (1)$, 단 $k_1 = (n-1)/r_1 = c_1(n-1)$

제 2면에서 굴절 : $u_2 - nu_1 = -h_2k_2 \cdots\cdots (2)$, 단 $k_2 = (1-n)/r_2 = c_2(1-n)$

이 두 식을 합하면 $u_2 - u_0 = -h_1k_1 - h_2k_2 \cdots\cdots (3)$이다.

두 번째 면의 입사고는

$$h_2 = h_1 + du_1 \tag{3.24}$$

이며 **전환방정식**이라 한다.

$u_0 = 0$이므로 식 (1)로부터

$$u_1 = -\frac{h_1k_1}{n}$$

을 얻어 h_2에 대입하고 이들을 또한 식 (3)에 대입하면

$$u_2 = -h_1k_1 - \left(h_1 - d\frac{h_1k_1}{n}\right)k_2 = -h_1\left(k_1 + k_2 - \frac{dk_1k_2}{n}\right) = -h_1K$$

으로 되어 두 얇은 렌즈의 결합의 **등가굴절능**(equivalent refracting power)은

$$K = k_1 + k_2 - \frac{dk_1k_2}{n} = (n-1)\left[\frac{1}{r_1} - \frac{1}{r_2} + \frac{(n-1)d}{nr_1r_2}\right] = \frac{1}{f'}$$

으로 된다. 식 (3)으로부터 $u_0 = 0$을 적용하면

$$u_2 = -(h_2 - du_1)k_1 - h_2k_2 = -h_2(k_1 + k_2) + du_1k_1 = -h_2(k_1 + k_2) + dk_1\left(\frac{u_2 + h_2k_2}{n}\right)$$

$$= -h_2\left\{k_1 + k_2 - \frac{dk_1k_2}{n}\right\} + \frac{dk_1u_2}{n}$$

$$\left(1 - \frac{dk_1}{n}\right)u_2 = -h_2K,\ \ bfl = -\frac{h_2}{u_2} = \frac{1 - \frac{dk_1}{n}}{K} = \frac{n - dk_1}{nK}$$

주요점의 위치 제 2면의 정점에서 **제 2주요면까지의 거리** δ_2는

$$\delta_2 = f' - bfl = \frac{1}{K} - \frac{n - dk_1}{nK} = \frac{dk_1}{nK} \tag{3.25}$$

이 된다. 같은 방법으로

$$\delta_1 = -\frac{dk_2}{nK} \tag{3.26}$$

을 얻을 수 있다.

제3장 가우스 광학

연습문제

[1] 오목렌즈의 초점거리를 측정하려 한다. 볼록렌즈 앞에 30cm 십자 모양의 물체를 놓았더니 렌즈 뒤 20cm 뒤에서 선명한 상을 얻었다. 볼록렌즈의 초점거리는 얼마인가? 볼록렌즈 뒤 5cm에 오목렌즈를 놓았더니 처음보다 10cm 뒤로 스크린을 옮겨야 선명한 상을 볼 수 있었다. 오목렌즈의 초점거리는 얼마인가?

[2] 굴절률이 1.62인 유리막대 한쪽 끝을 곡률반경 -3cm가 되는 오목구면으로 만들었다. 그 앞에 6cm 되는 곳에 2cm 높이의 물체가 있다. 상의 위치와 크기를 구하라.

[3] 굴절률이 1.5인 유리막대 한쪽 끝을 곡률반경 -3cm가 되는 오목구면으로 만들었다. 그 앞에 6cm 되는 곳에 2cm 높이의 물체가 있다. 상의 위치와 크기를 구하라.

[4] 굴절률이 1.62인 유리막대 한쪽 끝을 곡률반경 3cm가 되는 볼록구면으로 만들었다. 그 앞에 6cm 되는 곳에 2cm 높이의 물체가 있다. 상의 위치와 크기를 구하라.

[5] 수족관에 앞면을 곡률반경 5m의 볼록면으로 만들었다. 그 면으로부터 2m 뒤에 어린 상어가 있다. 볼록면 앞 얼마에서 보아야 선명한 상을 보겠는가? 그리고 실제 크기보다 얼마나 크게 보일까? 물의 굴절률은 4/3이다.

[6] 곡률반경 -3cm가 되는 오목거울 앞에 6cm 되는 곳에 2cm 높이의 물체가 있다. 상의 위치와 크기를 구하라.

[7] 곡률반경 3cm가 되는 볼록거울 앞에 6cm 되는 곳에 2cm 높이의 물체가 있다. 상의 위치와 크기를 구하라.

[8] 초점거리 5cm인 볼록렌즈 앞 20cm에 물체가 있다. 상의 위치와 횡배율, 종배율 및 각배율을 구하라.

[9] 굴절률이 1.5이고 곡률반경이 $r_1 = 10.0\text{cm}$, $r_2 = -20.0\text{cm}$ 그리고 두께가 1.5cm인 볼록렌즈 앞 40.0cm에 높이 2.0cm의 물체가 있다. 이 렌즈의 초점거리, 제 1 및 제 2주점의 위치, 상의 위치 및 크기를 구하라.

[10] 굴절률이 1.62이고 곡률반경이 $r_1 = -8.0\text{cm}$, $r_2 = 12.0\text{cm}$ 그리고 두께가 0.82cm인 오목렌즈 앞 40.0cm에 높이 2.0cm의 물체가 있다. 이 렌즈의 초점거리, 제 1 및 제 2주점의 위치, 상의 위치 및 크기를 구하라.

[11] 초점거리 8.0cm, −12.0cm인 얇은 렌즈가 공기 중에서 4.0cm 간격으로 놓여 있다. 이 복합렌즈의 등가굴절능, 초점거리, 주요점의 위치를 구하라.

[12] 초점거리 +10cm와 +8cm이고 직경이 5.0cm인 두 렌즈가 4.0cm 떨어져 있다. 직경 2.0cm의 조리개가 그 중간에 놓여 있다. 입사동과 출사동의 위치와 각 동의 직경을 구하라.

[13] 초점거리 6.0cm인 렌즈가 초점거리 −8.0cm인 다른 렌즈 앞 4.0cm에 고정되었다. 직경 1.0cm의 조리개(스톱)가 그 중간에 있을 때 다음을 구하라.
(a) 입사동의 위치와 직경, (b) 출사동의 위치와 직경

[14] 초점거리 50mm인 렌즈를 직경 12.5mm인 구경조리개와 더불어 생각해 보자. $F/\#$가 얼마인가?

[15] 만약 초점거리 50mm인 카메라 렌즈가 $f/8$로 조정되어 있고, 25cm 떨어진 물체에 초점이 맞추어졌다면 이때 유효 $f/\text{number}(F/\#)$는 얼마가 되겠는가?

[16] 곡률반경이 4.0cm인 양 볼록이고 굴절률이 1.5인 렌즈가 곡률반경 6.0cm인 양볼록이고 굴절률이 1.6인 렌즈의 2.0cm 앞에 고정되었으며 그 사이에는 굴절률 1.33인 물로 차 있다. 복합렌즈의 앞과 뒤는 공기로 둘러싸여 있다. 다음을 구하라.
(a) 굴절능, (b) 초점거리, (c) 주점의 위치

Chapter

04 수 차

제1절 서 론

수차(aberration)란 빛이 물체점의 상이 상평면 상에 한 점에 모여야 하는데 그렇지 못하고 번지는 현상을 말한다. 광선 중에서도 결상계의 중심, 복합렌즈 계통에서는 가변조리개의 중심을 지나는 광선을 **주광선**(principal ray 또는 chief ray)이라 한다. 렌즈의 가장자리 즉 개구의 가장자리를 지나는 광선은 **가장자리광선**(marginary ray)이라 한다. 그 외의 광선은 **주변광선**이라 한다.

축 상의 물체점에 대해서는 주광선이 광축 그 자체가 된다. 그리고 흔히 가장자리광선이란 축 상 물체점에 대한 가장자리광선을 의미할 때가 많다. 수차란 주광선과 기타 광선의 광로정의 차이로 생각할 수 있으며 이를 **파면수차**(wave front aberration)라 한다. 상이 맺는 평면을 상평면(image plane) 또는 상면이라 한다. 상평면 위에 주광선의 상점을 좌표원점으로 하였을 때 다른 광선이 상점과 떨어진 거리로 나타내는 것을 광선수차(ray aberration)라 한다.

제2절 색 수 차

색수차(chromatic aberration)란 유전체의 분산으로 말미암아 파장에 따라 굴절률이 달라지므로 광학소자의 굴절능이 다르게 되는 이유로 상이 번지는 현상을 말한다. 색수차를 경우에 따라서 **종색수차**(longitudinal chromatic aberration) 또는 **축상색수차**(axial chromatic aberration)라 하는 것과 **횡색수차**(transverse chromatic aberration)로 나눈다.

1. 프리즘의 색수차

얇은 프리즘의 굴절능

$$P = (n-1)\beta \tag{4.1a}$$

로 정의한다.

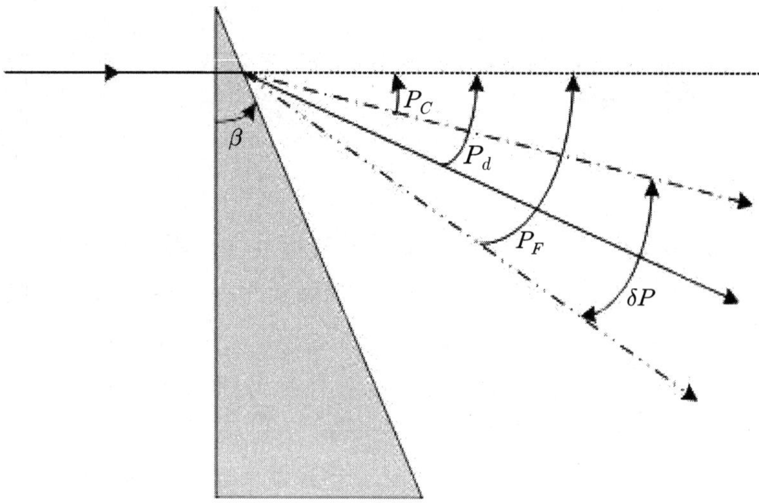

그림 4.1 ▶ 프리즘 디옵터로 나타낸 프리즘의 색수차

얇은 프리즘의 색수차는

$$P_F = (n_F - 1)\beta \tag{4.1b}$$

와

$$P_C = (n_C - 1)\beta \tag{4.1c}$$

이므로 종색수차는

$$\text{LCL} = P_F - P_c = (n_F - n_C)\beta = \frac{P_d}{V_d} \tag{4.2}$$

가 된다. 횡색수차는 다음 식과 같다.

$$\text{TCL} = LCL\tan\beta \cong \frac{P_d}{V_d}\beta \tag{4.3}$$

프리즘 굴절능은 프리즘 디옵터 단위로 사용하며 정각 β의 단위는 10^{-2}radian이다.

2. 렌즈의 색수차

1) 종색수차

빛의 분산에 의해 파장에 따라 굴절률이 다르기 때문에 굴절능이 차이가 나서 축 상 물체에 대해서도 초점거리가 다르게 된다. 이와 같이 빛의 파장에 따라 굴절능의 차이가 나타나서 상을 번지게 하는 현상을 종색수차(Longitudinal Chromatic Aberration)라 한다.

그림 4.2에서 광선 종색수차 LCA는

$$\mathrm{LCA} = f_C' - f_F' \tag{4.4}$$

로 정의된다.

$$K_d = \frac{1}{f_d} = (n_d - 1)\left(\frac{1}{r_1} - \frac{1}{r_2}\right) \tag{4.5a}$$

$$K_F = \frac{1}{f_F} = (n_F - 1)\left(\frac{1}{r_1} - \frac{1}{r_2}\right) \tag{4.5b}$$

$$K_C = \frac{1}{f_C} = (n_C - 1)\left(\frac{1}{r_1} - \frac{1}{r_2}\right) \tag{4.5c}$$

파면 종색수차 C_L는 식 (4.5b)에서 식 (4.5c)를 빼주면 얻을 수 있다.

$$C_L = K_F - K_C = (n_F - n_C)\left(\frac{1}{n_d - 1}\right)(n_d - 1)\left(\frac{1}{r_1} - \frac{1}{r_2}\right) = \frac{K_d}{V_d} = \frac{1}{f_d V_d} \tag{4.6}$$

이 된다. 그런데 한편

$$\frac{1}{f_F} - \frac{1}{f_C} = \frac{1}{f_d V_d}$$

이므로

$$f_C - f_F = \frac{f_C f_F}{f_d V_d} \approx \frac{f_d^2}{f_d V_d} = \frac{f_d}{V_d}$$

로 광선 종색수차 LCA를 근사적으로 구할 수 있다.

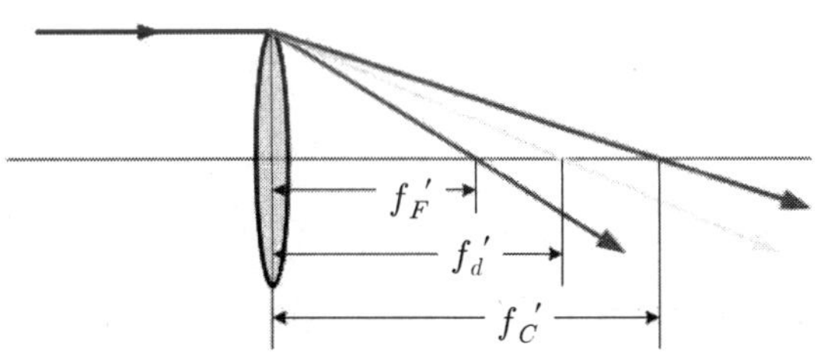

그림 4.2 ▸ 종색수차

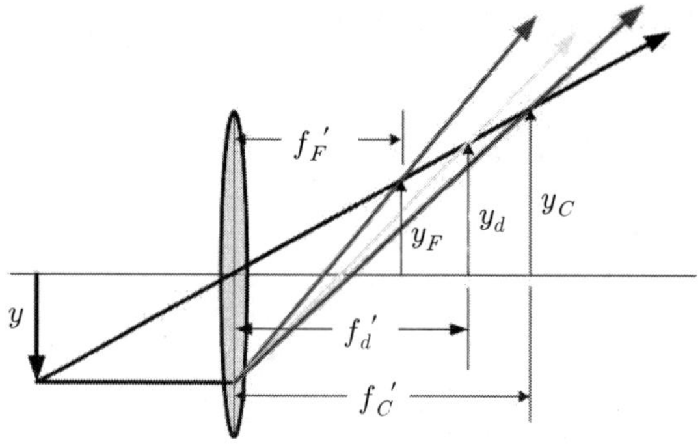

그림 4.3 ▸ 횡색수차

2) 횡색수차

렌즈의 횡색수차(Transverse Chromatic Aberration) TCA는 축 외(off axis) 물체에 대한 상의 높이가 파장에 따라 차이가 나는 현상을 말하며 그림 4.3에서 광선 횡색수차

$$\text{TCA} = y_C' - y_F' \tag{4.7}$$

로 정의된다. 그러나, $y_C' = f_C'\tan\beta$이고 $y_F' = f_F'\tan\beta$이다. 여기서 β는 시야각이다.

그러므로 횡색수차는

$$\text{TCA} = (f_C' - f_F')\tan\beta = \text{LCA}\tan\beta \tag{4.8}$$

그런데 광선 종색수차가 $f_C - f_F = \dfrac{f_d}{V_d}$로 근사할 수 있어서 광선 횡색수차도 $\dfrac{f_d}{V_d}\tan\beta$가 된다.

3) 프리즘 디옵터로서의 횡색수차

그림 4.4와 같이 축 외 물체 Q의 상이 횡색수차에 의해 Q_F와 Q_C에 맺히게 되는 경우를 생각해 보자. 이때 입사고는 h(cm 단위로)이며 프리즘 디옵터로 경사가 다른 광선들을 나타낸다면 Prentice's rule에 의해 $P_F = hK_F$, 그리고 $P_C = hK_C$가 된다. 프리즘 디옵터로 횡색수차를 나타내면

$$\text{TCA} = hK_F - hK_C = h(K_F - K_C)$$

이다. 그러나 $K_F - K_C = \dfrac{K}{V}$로서 렌즈의 파면종색수차이므로, 그 프리즘 디옵터로서의 횡색수차(transverse chromatic aberration in prism diopter)는

$$\text{TCA} = \frac{hK}{V} \tag{4.9}$$

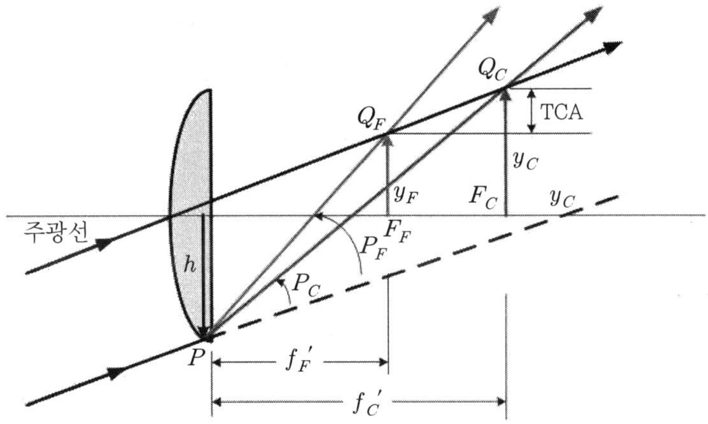

그림 4.4 ▶ 얇은 렌즈의 프리즘 색수차와 색수차 관계

이 된다. 이 방정식은 단순하게 Prentice's rule을 아베상수 V로 나눈 값이 된다. 여기서 입사고 h는 cm, 각도는 10^{-2}rad로 사용해야 한다.

예제 4.1

아베상수가 64.20이고 초점거리가 10.336디옵터인 얇은 렌즈에 입사고 2.0cm로 별빛이 입사하였다. 프리즘 디옵터로 횡색수차를 구하라.

풀이 $\text{TCA}=\dfrac{hK}{V}=\dfrac{(2.0)(10.336)}{64.2}=0.322$(프리즘 디옵터)

각으로 표시하면 $\dfrac{0.322\times180\times60}{\pi\times100}=11.07'$ (minute of arc)이다.

제 3 절 색 지 움

1. 접합된 이중 렌즈

굴절률이 n_1이고 분산상수가 V_1인 크라운 계열 광학유리로 된 볼록렌즈와 굴절률이 n_2이고, 분산상수가 V_2인 플린트계열 광학유리로 된 오목렌즈를 접합하여 이중 렌즈를 제작하고, 색수차를 제거하고자 한다.

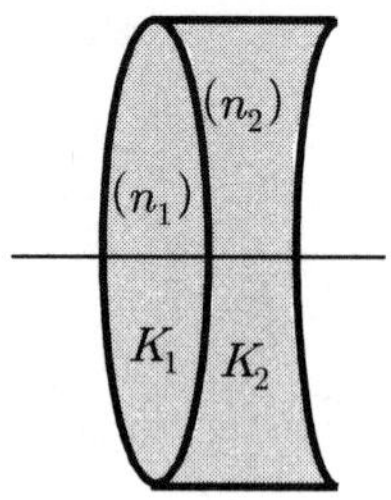

이때 각 렌즈의 굴절능 K_1과 K_2을 구하려면, 접합렌즈의 굴절능이 K일 때 다음과 같이 구할 수 있다.

얇은 렌즈가 접합되는 경우 입사고는 서로 같다고 가정할 수 있고, 두께도 무시할 수 있기 때문에

$$K = K_1 + K_2 \tag{4.10}$$

그리고

$$\text{LCA} = \frac{K_1}{V_1} + \frac{K_2}{V_2} = 0 \tag{4.11}$$

로 쓸 수 있다. 식 (4.10)과 식 (4.11)을 연립하여 풀면

$$K_1 = \frac{V_1 K}{V_1 - V_2}, \quad K_2 = \frac{V_2 K}{V_2 - V_1} \tag{4.12}$$

로 결정할 수 있다.

예제 4.2

굴절률 1.5163, 아베상수 64.1인 크라운 계열 BK7과 굴절률 1.6200, 아베상수 36.3인 프린트 계열 F2를 가지고 초점거리 20cm인 색지움(achromatize) 이중 렌즈를 설계하고자 한다. 각 렌즈의 굴절능을 구하라.

풀이 $K = \frac{1}{20\text{cm}} = 0.05/\text{cm}, \quad K_1 = \frac{V_1 K}{V_1 - V_2} = \frac{(64.1)(0.05/\text{cm})}{64.1 - 36.3} = 0.115/\text{cm}$

$$K_2 = \frac{V_2 K}{V_2 - V_1} = \frac{(36.3)(0.05/\text{cm})}{36.3 - 64.1} = -0.0653/\text{cm}$$

2. 접합된 얇은 이중 프리즘

접합된 이중 렌즈와 같은 방법으로 크라운 계열의 유리로 만든 얇은 프리즘과 프린트 계열의 유리로 만든 얇은 프리즘을 거꾸로 하여 접합하면

$$P = P_1 + P_2 \tag{4.13}$$

그리고 LCA는

$$\text{LCA} = \frac{P_1}{V_1} + \frac{P_2}{V_2} = 0 \tag{4.14}$$

로 쓸 수 있고 식 (4.13)과 식 (4.14)를 연립하여 풀면

$$P_1 = \frac{V_1 P}{V_1 - V_2}, \quad P_2 = \frac{V_2 P}{V_2 - V_1} \tag{4.15}$$

으로 각 프리즘의 굴절능을 결정할 수 있다.

예제 4.3

10디옵터의 색지움 이중 접합 얇은 프리즘을 설계하려 한다. BK7과 F4를 이용하라. BK7은 $n_d = 1.5168$, $V_d = 64.2$이고 F4는 $n_d = 1.61659$, $V_d = 36.6$이다.

풀이 $P = P_1 + P_2$, $\frac{P_1}{V_1} + \frac{P_2}{V_2} = 0$로부터

$$P_1 = \frac{PV_1}{V_1 - V_2} = \frac{(10)(64.2)}{64.2 - 36.6} = 23.26, \quad P_2 = 10 - 23.263 = -13.26$$

$$\beta_1 = \frac{P_1}{n_{1d} - 1} = \frac{23.26}{0.5168} = 45.0, \quad \beta_2 = \frac{P_2}{n_{2d} - 1} = -\frac{13.26}{0.61659} = 21.5$$

(여기서 β의 단위는 10^{-2}rad이다.)

3. 공기 중에 간격 d로 분리된 이중 렌즈

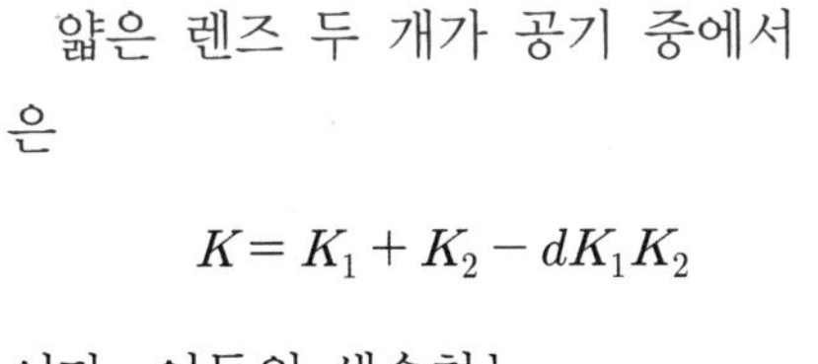

굴절률과 분산상수가 같은 광학유리를 사용하여 렌즈를 설계한다면 간격을 알맞게 조정함으로써 색수차를 제거할 수가 있다. 이러한 원리를 이용하여 설계된 렌즈의 대표적인 예가 Huygens' 접안렌즈이다.

얇은 렌즈 두 개가 공기 중에서 간격 d만큼 떨어져 있을 때 결합렌즈의 등가굴절능은

$$K = K_1 + K_2 - dK_1K_2 \tag{4.16}$$

이다. 이들의 색수차는

$$\left(\frac{dK}{dn}\right) = \left(\frac{dK_1}{dn}\right) + \left(\frac{dK_2}{dn}\right) - dK_1\left(\frac{dK_2}{dn}\right) - d\left(\frac{dK_1}{dn}\right)K_2 = 0$$

가 되어야 한다. 같은 광학유리를 사용하였으므로

$$\frac{dK_1}{dn} = \frac{K_1}{V}, \quad \frac{dK_2}{dn} = \frac{K_2}{V}$$

가 되어 위의 식은

$$\text{LCA} = \frac{K}{V} = \frac{K_1}{V} + \frac{K_2}{V} - \frac{2dK_1K_2}{V} = 0 \tag{4.17}$$

로 된다. 이 식을 $\frac{K_1K_2}{V}$로 나누어 주면, $\frac{1}{K_1} + \frac{1}{K_2} - 2d = 0$을 얻을 수 있고 이를 초점거리로 표현하여 다시 쓰면, $f_1' + f_2' = 2d$로 되어

$$d = \frac{f_1' + f_2'}{2} \tag{4.18}$$

이 된다. 두 렌즈의 간격을 두 렌즈의 유효초점거리를 합하여 2로 나누어 주면 색지움이 가능하다. 이러한 원리를 이용하여 접안렌즈를 설계한다.

예제 4.4

초점거리 66.7mm인 Huygens형 접안경을 설계하라. 단 $f_1' = 2f_2'$로 정한다.

풀이 $d = \frac{f_1' + f_2'}{2} = \frac{2f_2' + f_2'}{2} = 1.5f_2'$

$$f' = \frac{f_1' \times f_2'}{f_1' + f_2' - d} = \frac{2f_2'^2}{1.5f_2'} = \frac{4}{3}f_2' = 66.7\text{mm}$$

$$f_2' = 66.7\text{mm} \times \frac{3}{4} = 50.0\text{mm}$$

$$f_1' = 100.0\text{mm}$$

제 4 절 단색수차

1. 단색수차들의 표현

단색수차란 광원이 단색이라 색수차가 없는데도 불구하고 구면을 사용하여 광로정차이가 발생하는 상번짐이 일어나며 이를 단색수차라 한다.

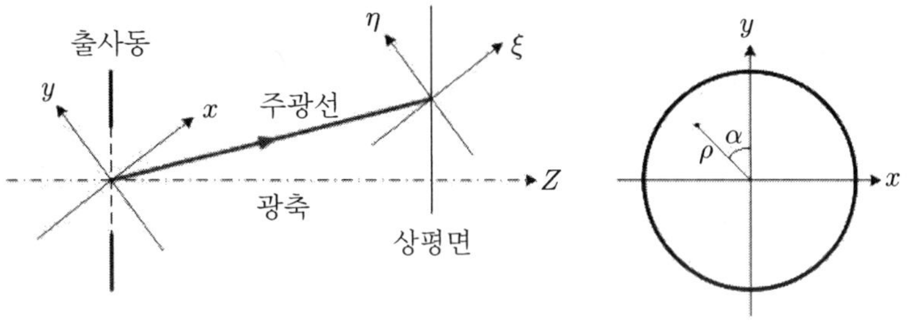

그림 4.5 ▸ 수차를 나타내는 좌표계 및 동의 좌표계

참고구면이란 이상적인 한 점으로 상이 맺어지도록 하는 파면을 말하며 광학계를 지나서 동일한 광학적 거리를 갖는 면이 실제구면이 된다. 파면수차란 참고구면과 실제파면 사이의 광로차이다.

상을 맺게 하는 광학계통이 물체를 바라보는 각을 **시야**(FOV : Field Of View) 또는 **시야각**(field angle)이라 한다. 시야를 θ라고 하면 파면수차는 동공(pupil)의 좌표와 시야로 나타내며 직각좌표계(cartesian coordinate)에서는 $W(x, y, \theta)$, 극좌표계(polar coordinate)에서는 $W(\rho, \phi, \theta)$로 표현한다.

수차함수를 Tayler 전개하면 다음 식과 같다.

$$W(\rho,\phi,\theta) = D_L\,\rho^2 + D_T\,\rho\theta\cos\phi + S_I\,\rho^4 + S_{II}\,\rho^3\theta\cos\phi \\ + S_{III}\rho^2\theta^2\cos^2\phi + S_{IV}\rho^2\theta^2 + S_V\rho\theta^3\cos\phi + higher\ \text{order}\ \ terms \tag{4.19}$$

여기서 첫 번째 항은 종초점이동수차, 두 번째 항은 횡초점이동수차라 하고, 세 번째 항부터 7번째 항까지가 Seidel 제1차 수차 또는 제3차 수차라 한다. 세 번째 수차부터 차례로 구면수차, 코마수차, 비점수차, 만곡수차 그리고 왜곡수차라 한다.

이들 수차의 종류를 표로 열거하면 표 4.1과 같다. 그리고 각각의 단색수차를 순서에 따라 살펴보기로 한다.

표 4.1 ▸ 수차의 종류

<table>
<tr><td rowspan="2">색 수 차</td><td colspan="2">종색수차(LCA)</td></tr>
<tr><td colspan="2">횡색수차(TCA)</td></tr>
<tr><td rowspan="9">단색수차</td><td rowspan="2">초점
이동수차</td><td>종초점이동수차</td></tr>
<tr><td>횡초점이동수차</td></tr>
<tr><td rowspan="2">구면수차</td><td>종구면수차</td></tr>
<tr><td>횡구면수차</td></tr>
<tr><td colspan="2">코마(coma)</td></tr>
<tr><td colspan="2">비점수차(astigmatism)</td></tr>
<tr><td rowspan="2">만곡수차</td><td>자오만곡수차</td></tr>
<tr><td>구결만곡수차</td></tr>
<tr><td colspan="2">왜곡수차(distortion)</td></tr>
</table>

2. 초점이동수차

1) 종이동수차 : $D_L\rho^2$

첫 번째 항은 **초점거리 종이동**(change of focus)에 해당한다. 참고구면방정식은

$$z = \frac{1}{2R}\rho^2 \tag{4.20a}$$

이고 $D_L\rho^2$의 초점이동수차를 포함한 파면의 방정식은

$$z = \left(\frac{1}{2R} + D_L\right)\rho^2 \tag{4.20b}$$

가 되어야 한다. 이것은 그림 4.6(a)에서 보는 바와 같이 참고구면의 중심으로부터 출사동 쪽으로 $D_L\rho^2$만큼 이동된 위치가 파면의 중심이 된다는 의미가 된다. 이 같은 초점이동수차는 사실상 $D_L\rho^2$항이 전혀 수차를 나타내는 것은 아니다. 그 까닭은 만약 가정한 대로 참고구면의 중심이 가우스(Gauss) 상점에 위치하면 $D_L = 0$가 되어야 하기 때문이다.

2) 횡이동수차 : $D_T\rho\theta\cos\phi$

두 번째 항은 파면이 구면이지만 그 중심이 표준구면의 중심으로부터 η축 방향으로 $D_TR\theta$만큼 이동된다는 의미로서 초점의 횡이동(tranverse shift of focus)이다(그림 4.6b).

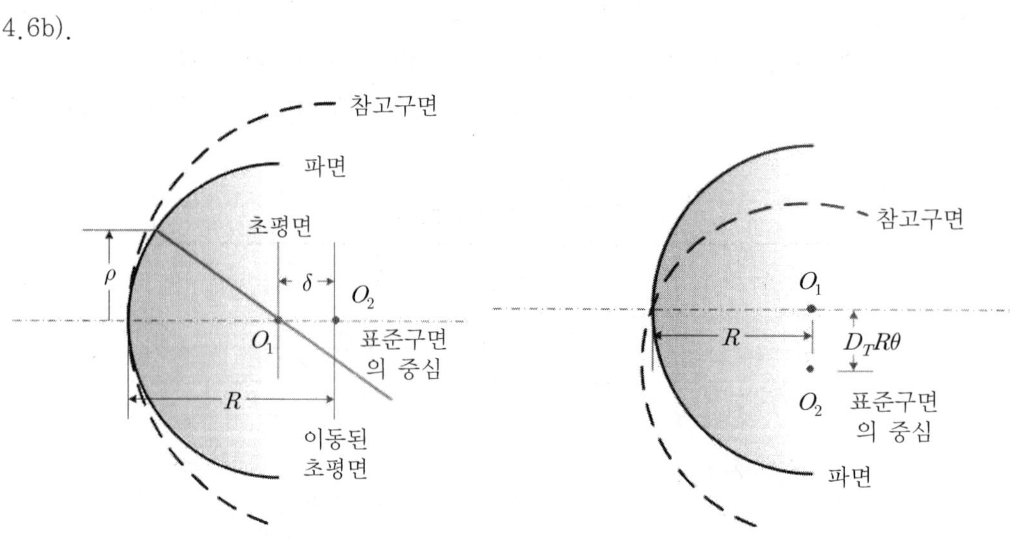

그림 4.6 ▶ 초점이동수차

파면의 방정식은

$$z = \frac{1}{2R}\rho^2 + D_T\rho\theta\cos\phi \tag{4.21}$$

이 된다. 이것은 참고구면의 중심이 $\xi\eta$평면의 원점으로부터 $D_TR\theta$만큼 아래에 위치한다는 의미이다. $D_T\theta\rho\cos\phi$항은 엄격한 수차는 아니다. 만약 참고구면의 중심이 가우스 상점에 위치하면 가정한 대로 $D_T = 0$이 되어야 한다. 광선수차의 항에서 그것은 정확한 방향으로부터 θ에 비례하는 양의 주광선 변위이다. 즉, 배율이 잘못된 것이다.

3. 구면수차 : $S_I\rho^4$

$S_I\rho^4$항은 θ에 대해 독립적이므로 시야에 대해서는 상수가 되는 수차이며 구면수차(spherical aberration)라 한다. 구면수차의 파면수차 함수는

$$W(\rho, \phi, \theta) = S_I\rho^4 \tag{4.22}$$

이다. 회전대칭적인 구면에서는 ϕ에 대해서도 독립적이다.

그림 4.7(a)에서 보는 바와 같이 근축광선(paraxial ray)의 초점과 **가장자리광선**(marginal ray)의 초점의 위치가 다르다. 근축광의 상점을 포함하는 가우스 상면 상에 다른 광선의 교점이 횡광선수차이다. 여기서는 횡구면수차(TSA : Transverse Spherical ray Aberration)가 된다.

횡구면수차는 가우스 상점을 중심으로 하는 원의 형태로 나타난다. 초점거리의 차이는 종구면수차(LSA : Longitudinal Spherical ray Aberration)라 한다.

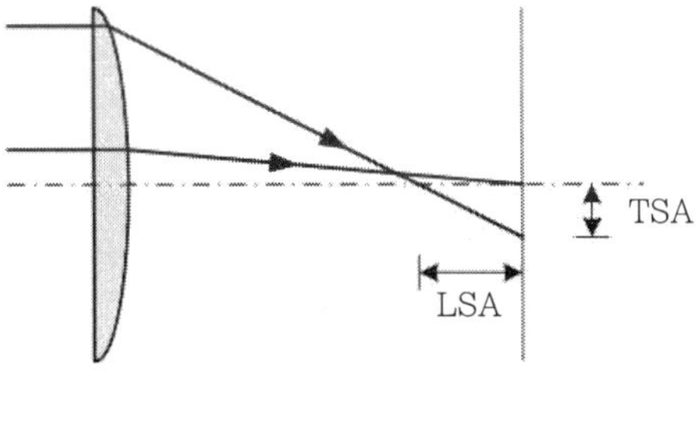

(a) 구면수차(광선수차)

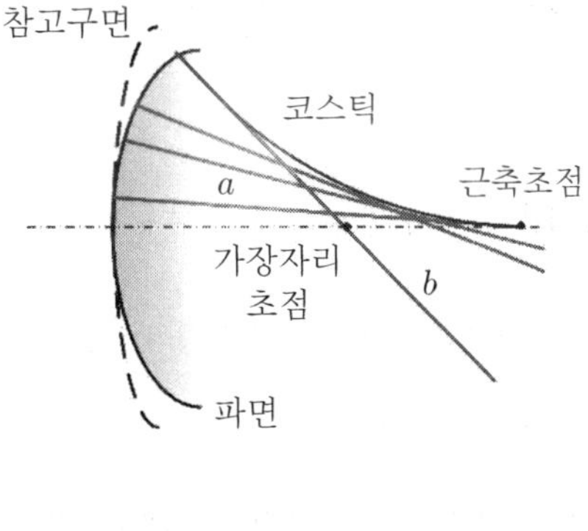

(b) 구면수차와 코스틱

그림 4.7 ▶ 구면수차와 코스틱

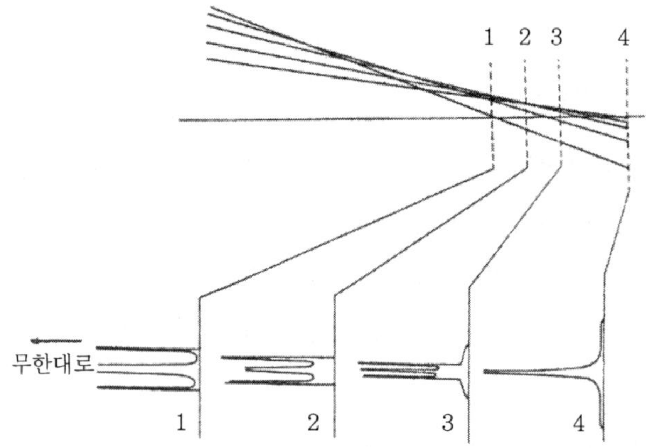

그림 4.8 ▶ 광선과 초점의 위치에 따른 세기

실제 상평면은 가우스 상면이 아닐 때가 많다. 현실적으로 가장 좁은 영역에 광선들이 많이 모이는 상점을 최적 상면으로 정하게 된다. 구면수차에 의해 광선들이 그림 4.7(b)에서 보는 바와 같이 원추형으로 모이는 것이 아니라 장구나 말안장처럼 휘어져서 모이며 이를 코스틱(caustic)이라 한다.

그림 4.8에서 보는 바와 같이 광선이 광축에 도달하는 위치가 각 광선의 초점위치가 되며 그 위치에 따른 세기분포가 다른 것을 볼 수 있고, 여기서는 4의 위치가 가우스 상점의 위치이다.

예제 4.5

초점을 이동하여 구면수차를 상쇄하여 보라.

풀이 $D_I\rho^2 + S_I\rho^4 = 0,\ D_L = -S_I\rho^2$

4. 코마 : $S_{II}\rho^3\theta\cos\phi$

코마수차의 파면수차함수는 아래 식 (4.23)과 같다.

$$S_{II}\rho^3\theta\cos\phi \qquad (4.23)$$

코마는 그림 4.9에서 보는 바와 같이 축 외 물체점이 가우스 상점에 모두 모이지 않고 시야에 1차 비례하고 광선의 높이에는 3차에 비례하여 벗어나는 수차이며 그림 4.10에서와 같이 가우스 상점을 정점으로 하여 원추형의 모양을 이룬다.

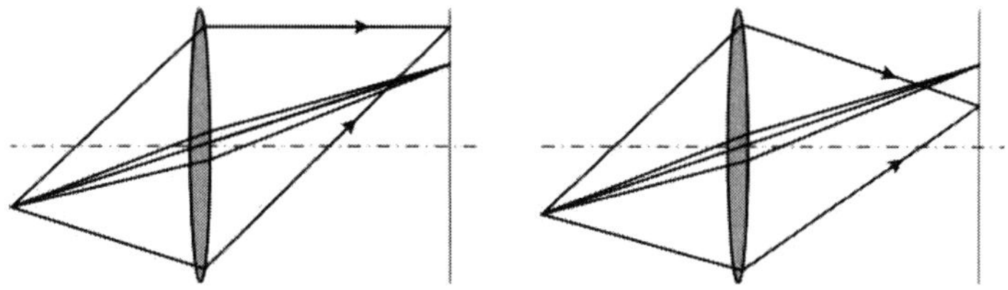

(a) 양(positive)의 코마　　　(b) 음(negative)의 코마

그림 4.9 ▸ 양과 음의 코마

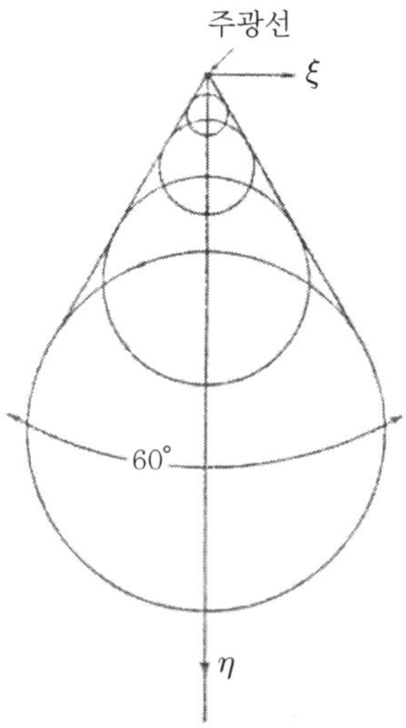

주광선의 상점을 정점으로 하는 원추형의 모양으로 빛이 모이게 된다.

그림 4.10 ▸ 코마의 광선수차

5. 비점수차 : $W(\rho, \phi, \theta) = S_{III}\, \rho^2\theta^2\cos^2\phi$

비점수차(astigmatism)의 파면수차함수는

$$W(\rho, \phi, \theta) = S_{III}\, \rho^2\theta^2\cos^2\phi \tag{4.24}$$

이다. 이 수차의 경우에는 $\phi = \frac{\pi}{2}$일 때에는 수차가 없고, $\pi = 0$일 때에는 초점이동의 형태이거나 파면의 곡률의 변화로 된다.

그림 4.11에서 $y-z$ 평면 즉, 주광선과 대칭적인 광학계의 광축을 포함하는 평면을 **자오면**(meridian plane or tangential plane)이라 하고, 주광선을 지나며 자오면에 수직한 $x-z$ 평면을 **구결면**(sagittal plane)이라 한다. 광학계가 광축에 대해 대칭적인 것을 고려하면 자오면은 주광선에 대응하여 하나인 데 반해 구결면은 주광선의 경사에 따라 굴절 전과 후에 다른 면이 되는 경우가 대부분이다.

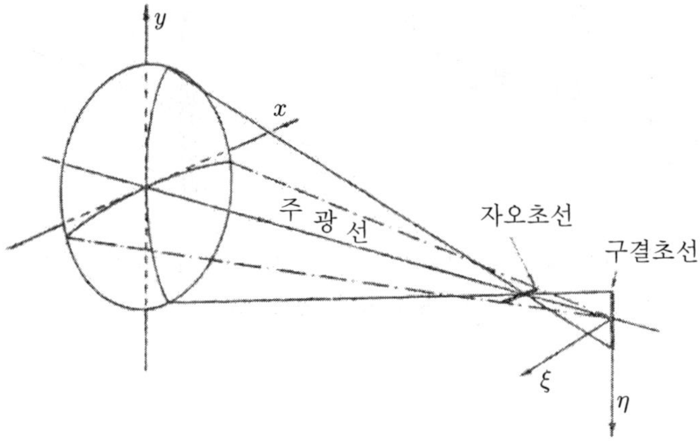

그림 4.11 ▶ 비점초선

자오면은 $\phi=0$인 단면이고 구결면은 $\phi=\frac{\pi}{2}$인 단면이다.

광선 유형은 그림 4.12와 같으며 파면의 모든 광선은 굵게 그린 두 직선을 지난다. 이들 직선을 **비점수차 초선**(focal line)이라 한다. η축을 따른 선을 **구결초선**(sagittal focal line)이라 한다. 왜냐하면 파면의 구결분절로부터 오는 모든 광선은 구결초점에 모이기 때문이다. 마찬가지로 ξ축을 따르는 선이 **자오초선**(meridian 또는 tangential focal line)이다.

구결초선은 자오면 상에 있고 자오초선은 구결면 상에 있다. 자오면 상의 광선들의 상점과 구결면 상의 광선들의 상점의 차이를 비점수차라 한다. 대부분의 난시의 경우는 눈의 비점수차로 인하여 오는 것이다.

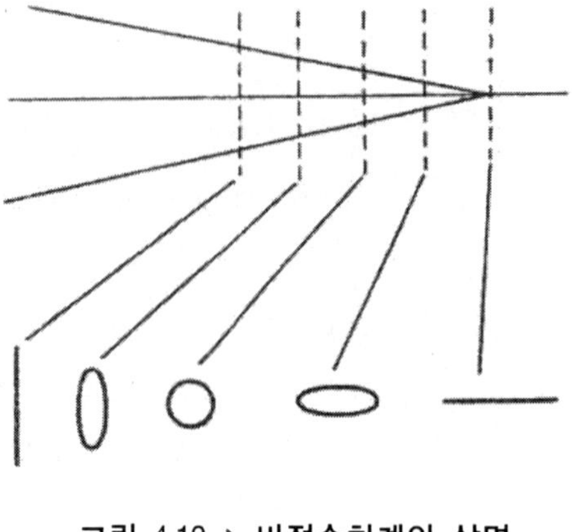

그림 4.12 ▶ 비점수차계의 상면 위치에 따른 광선들의 교점들

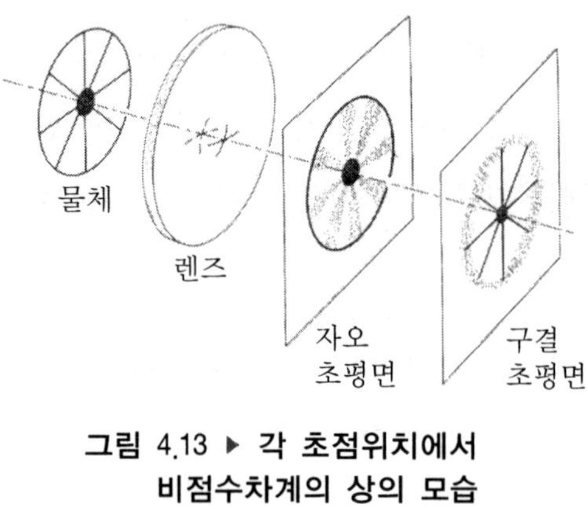

그림 4.13 ▶ 각 초점위치에서 비점수차계의 상의 모습

그림 4.12는 그림 4.11에서 자오초점과 구결초점 사이의 다른 초점에서 광선이 어떻게 모이는가를 보여주는 것으로 그 중간에서는 모든 광선이 원 안으로 들어오는 것을 볼 수 있다. 일반적으로 비점수차가 있는 경우 이때를 최적 초점으로 취하게 된다. 그림 4.13은 수레바퀴 형태의 물체가 비점수차가 있는 광학계에 의해 상을 맺을 때 자오초평면과 구결초평면 위에서 어떤 모양으로 되는가를 보여주고 있다.

6. 만곡수차

만곡수차(field curvature)란 물체 상평면 상의 물체점에 대한 물체거리가 위치에 따라 모두 다르기 때문에 상점이 모두 다르기 마련이다. 이 때문에 상면은 평면이 되지 못하고 곡면이 된다. 따라서 평면인 상평면 상에서는 번지는 상으로 나타나게 되며 이것을 만곡수차라 한다.

자오면 상의 광선들의 만곡수차를 자오만곡수차, 구결면 상의 광선들에 대한 만곡수차를 구결만곡수차라 한다.

만곡수차의 파면수차함수는

$$W(\rho,\phi,\theta) = S_{IV}\rho^2\theta^2 \tag{4.25}$$

이다.

시야 θ에서 초점이동수차와 같이 생각해 보면 광축에서 θR의 거리에 있는 시야에서 초점이동이 $2S_{IV}\theta^2R^2$이다.

그리고 그림 4.14에서 시야의 곡률반경은 $\frac{1}{4S_{IV}}$이 된다.

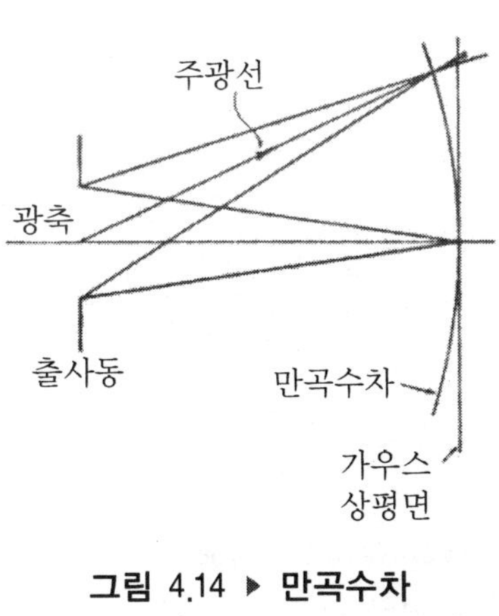

그림 4.14 ▸ 만곡수차

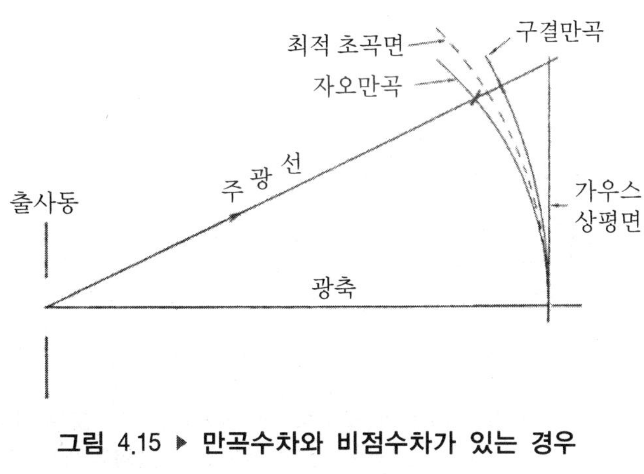

그림 4.15 ▸ 만곡수차와 비점수차가 있는 경우

만곡수차와 비점수차가 모두 있는 광학계에서는 그림 4.15와 같이 **비점초선**(astigmatic focal line)들이 두 곡면 상에 있다. 이때 가장 최적 상은 자오상면과 구결상면 사이에 존재한다. 정만곡수차(positive field curvature)가 있는 이러한 경우에는 최적 상면이 평평하게 되도록 부비점수차(negative astigmatism)를 가지는 것이 이익이다.

7. 왜곡수차

왜곡수차(distortion)의 파면수차함수는 다음 식과 같다.

$$W(\rho,\phi,\theta) = S_V \rho \theta^3 \cos\phi \tag{4.26}$$

초점이동과 같은 이유로 왜곡수차는 동경방향(radial direction)으로 상점을 $S_V R \theta^3$ 만큼 변위한 것을 의미한다. 그러나 왜곡수차는 상이 번지는 현상이 아니라, 단순히 θ^3에 비례하는 Gaussian상 배율이 잘못된 것뿐이다. 즉, 그것은 시야에 걸쳐서 상의 축척의 변화가 일어난 것이다.

그림 4.16에서 보는 바와 같이 (a)의 정방형의 물체를 결상할 때 (b)처럼 정확한 가우스 상점에 비해 동경방향의 밖으로 변위된 것을 **부**(negative) 또는 **바늘방석**(pin cushion) **왜곡수차**라 하며, 반대로 (c)처럼 동경방향의 안쪽으로 변위되어 술통 모양으로 상이 형성되는 것을 **정**(positive) 또는 **술통**(barrel) **왜곡수차**라 한다.

앞에서 설명한 5가지 단색수차인 구면수차, 코마, 만곡수차, 비점수차 그리고 왜곡수차 중에서 3가지, 구면수차, 코마 그리고 비점수차는 단일 상점에 영향을 주어 상이 번지는 현상을 나타내고 있고, 나머지, 만곡수차와 왜곡수차는 파면의 모양을 왜곡시키는 것이 아니고 상점의 위치가 정확한 상점으로부터 위치가 벗어나는(변위되는) 현상을 나타내는 것이다.

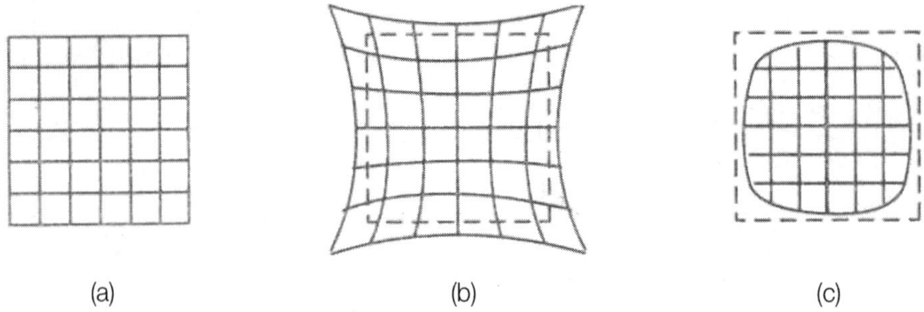

그림 4.16 ▸ 왜곡수차. (a) 물체 (b) 부 또는 바늘 방석형 왜곡수차계에 의한 상 (c) 정 또는 술통형 왜곡수차계에 의한 상

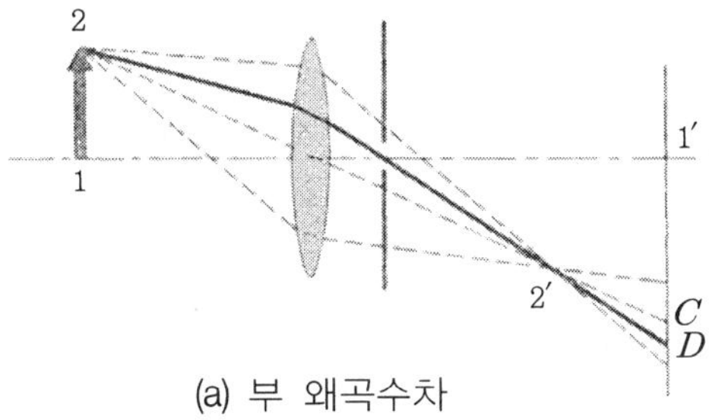

(a) 부 왜곡수차

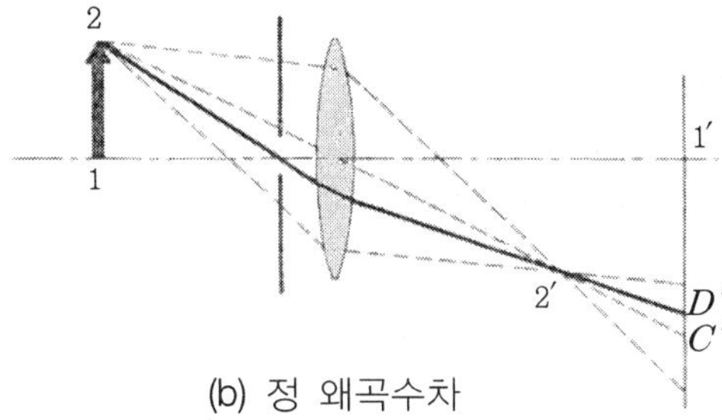

(b) 정 왜곡수차

그림 4.17 ▶ 왜곡수차를 일으키는 광선들

이상 5가지 단색수차는 식 (4.17)에서 변수 ρ와 θ의 차수를 합한 것이 4차가 되는 항들이며 이를 Seidel 제1차 수차라 하기도 한다.

광학계에서 왜곡수차에 가장 영향을 미치는 것은 스톱의 위치이다. 그림 4.17(a)에서 보는 바와 같이 스톱이 렌즈의 뒤에 떨어져 있을 때는 부의 왜곡수차가 나타나고, 그림 4.17(b)에서 보는 바와 같이 스톱이 렌즈 앞에 떨어져 위치하는 경우에는 정의 왜곡수차가 나타난다. 스톱을 중앙에 두고 스톱에 대해 대칭적인 광학계를 세우면 왜곡수차를 제거할 수 있다. 청사진용 복사기와 같이 축척의 오차가 없어야 하는 광학기기에서는 대칭형 광학계를 사용하여 왜곡수차를 최소화한다.

제4장 수차

연습문제

[1] 굴절률 1.673, 아베상수 32.1인 광학유리를 이용하여 분리된 이중 렌즈를 설계하고자 한다. 각 렌즈의 초점거리가 8.0cm, 4.0cm라면 그 간격을 얼마로 해야 하는가? 이 렌즈의 초점거리는 얼마인가?

[2] BK7과 F4를 이용하여 초점거리 25cm인 이중 렌즈를 설계하라. BK7의 $n_d = 1.5163$, $V_d = 64.1$이며 F2의 $n_d = 1.6200$, $V_d = 36.3$이다.

[3] 굴절률 1.550이고 아베상수 50.0인 크라운 계열 유리로 만든 16 프리즘 디옵터의 프리즘과 $n_F - n_C = 0.026$인 프린트 유리로 만든 −8 프리즘 디옵터의 프리즘으로 색지움 프리즘을 만들었다. 색지움 프리즘의 굴절능과 프린트 유리의 굴절률 및 아베상수를 구하라.

[4] 517642 유리로 만든 프리즘의 굴절능이 12 프리즘 디옵터였다. 색수차를 구하라.

[5] 단색수차의 종류를 아는 대로 열거하라.

Chapter

05 광학기기

제1절 확 대 경

광학기기에는 무수히 많은 종류와 응용이 있지만 여기서는 대표적인 몇 가지만 살펴보기로 한다.

작은 물체나 작은 글씨를 읽을 때 확대하여 볼 필요가 있다. 대부분의 확대경은 눈에 밀착시켜 안경처럼 사용하는데 보다 더 정밀하게 관찰하기 위해서는 복합 확대경으로 생각할 수 있는 현미경을 사용한다. 물체의 크기를 우리 눈이 감지하는 것은 실제의 크기보다는 시야각으로 판단한다. 겉보기 크기는 시야각에 의해 좌우되므로 확대경이나 현미경은 시야각을 확대하여 크게 보는 것이다. 사람의 눈이 물체를 바라보는 각 θ를 **시야각**(field angle) 혹은 **시야**(FOV : Field Of View)라 한다.

$\tan\theta$은 물체의 크기 y를 눈의 절점으로부터 물체까지의 거리 l로 나누어 준 값으로 정의한다. 즉,

$$\tan\theta = \frac{y}{l} \tag{5.1}$$

이 된다.

단순한 확대경의 원리를 살펴보기로 하자. y_0의 크기를 가지는 물체를 확대해 보기 위해서 확대경 렌즈를 사용한다. 확대경을 사용하지 않았을 경우 그림 5.2(a)와 같이 사람의 눈의 명시거리에 놓으면 시야 $\tan\theta_0 = \frac{y_0}{l_0}$에서 $l_0 = 25\text{cm}$이다. 그러나 겉보기 시야를 크게 하려고 물체를 확대경으로부터 s되는 거리 앞에 놓으면 이때 시야 $\tan\theta = \frac{y_0}{s}$가 된다. 확대경의 **각배율**은

$$M_A = \frac{\tan\theta}{\tan\theta_0} = \frac{y_0/s}{y_0/l_0} = \frac{l_0}{s} \tag{5.2}$$

가 된다. 만약 거리 s가 확대경의 초점거리 f라면 각배율은 $M_A = \frac{l_0}{s} = \frac{25\text{cm}}{f}$이다.

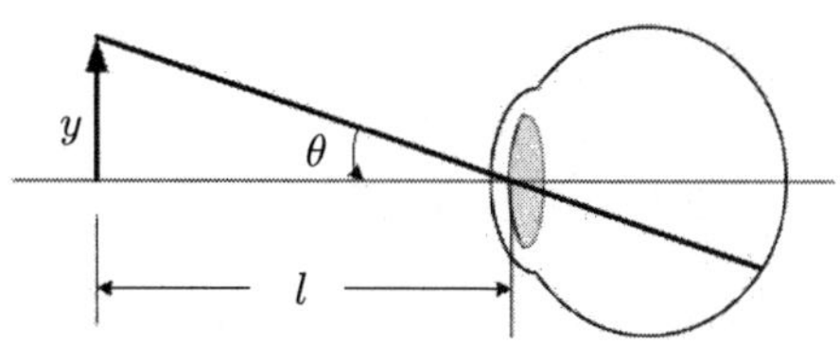

그림 5.1 ▸ 겉보기 크기와 시야각

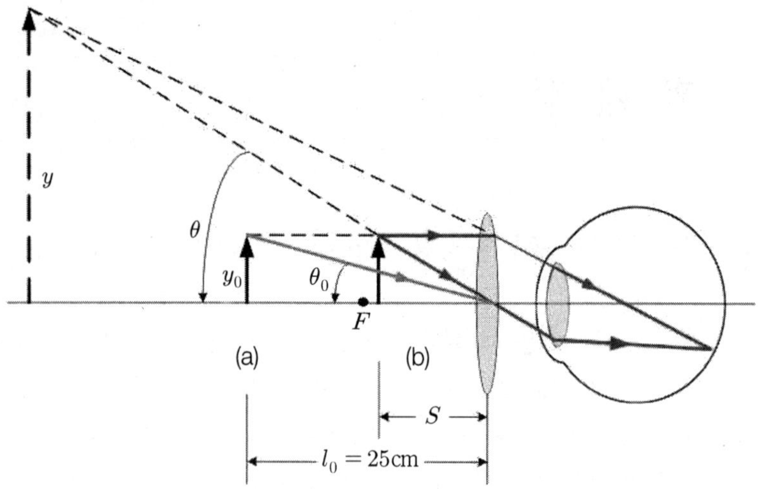

그림 5.2 ▸ 확대경의 원리

사람이 선명하게 볼 수 있는 가장 가까운 거리를 명시거리, 또는 **근점**(near point)이라 하고, 선명하게 볼 수 있는 가장 먼 거리를 **원점**(far point)이라 한다.

그러나 물체거리가 초점 근처이고 허상의 위치가 사람의 눈의 근점인 명시거리라고 하면 $s' = -25$cm 이며 얇은 렌즈의 굴절방정식 $\frac{1}{s'} - \frac{1}{s} = \frac{1}{f'}$ 로부터 $s = \frac{s'f}{f' - s'}$ 를 얻는다. **근점**이란 사람이 선명하게 관찰할 수 있는 가장 가까운 거리를 말한다. 앞에서 구한 s의 값을 식 (5.2)에 대입하면

$$M_A = \frac{-25}{-25f/(25+f')} = \frac{25+f'}{f'} = 1 + \frac{25}{f'}$$

가 된다. 여기서 확대경의 제 1초점거리는 음수이고 제 2초점거리는 양수이므로 확대경의 각배율 M_A는

$$M_A = \frac{25\text{cm}}{f'} + 1 \tag{5.3}$$

로 된다.

예제 5.1

초점거리 27.5mm인 확대경의 각배율을 구하라.

풀이 $M_A = \frac{25\text{cm}}{f'} + 1 = \frac{250\text{mm}}{27.5\text{mm}} + 1.0 = 10.09$

제 2 절 망 원 경

1. 굴절망원경

망원경은 좁은 시야에 대해 멀리 있는 물체를 가까이 상을 맺어 크게 보는 광학계이다. 대물렌즈를 이용하여 물체의 상을 접안렌즈 초점 근처에 상을 맺게 하고, 접안렌즈는 이를 확대하여 눈의 명시거리에 상을 맺게 하여 눈이 편안하게 물체의 상을 볼 수 있도록 한다. 그러나 실제 설계를 할 때는 무한초점계로 가정하여 설계한다. 대물렌즈에 의한 상을 접안렌즈의 초점에 오게 하여 접안경은 무한 거리에 상을 맺는 광학계 즉 **무초점광학계**(afocal optical system)로 생각한다.

두 개의 렌즈로 구성된 무초점광학계의 굴절능을 K라 한다면 무초점광학계의 굴절능은 0이므로

$$K = K_1 + K_2 - dK_1K_2 = 0 \tag{5.4}$$

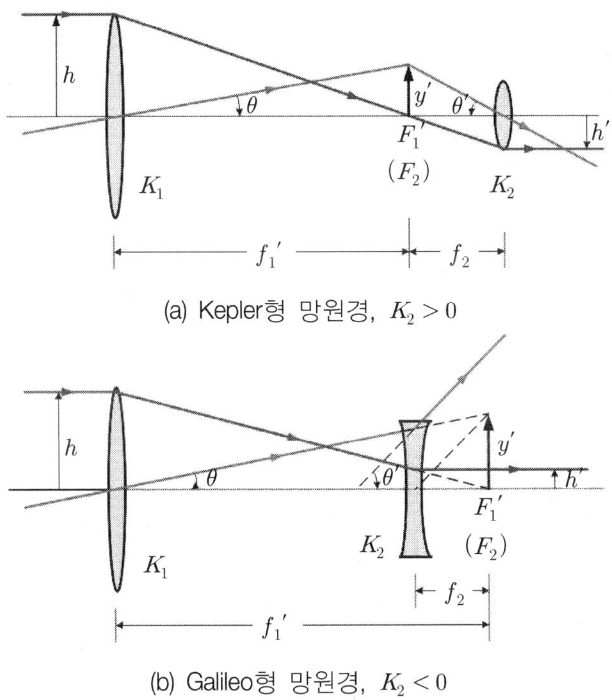

그림 5.3 ▸ 굴절망원경

이고 공기 중에 두 렌즈가 공기 중에 놓여 있으므로 초점거리로 나타내면

$$\frac{1}{f'}=\frac{1}{f_1'}+\frac{1}{f_2'}-\frac{d}{f_1'f_2'}=0$$

이 된다. 따라서 $d=f_1'+f_2'$이 되며 $K_1, K_2>0$, 즉 두 렌즈가 모두 정(+)의 굴절능을 가진 굴절망원경을 **Kepler형 망원경** 또는 **천문망원경**(astronomical telescope)이라 하며 $K_1>0, K_2<0$, 즉 대물렌즈는 정의 굴절능을 가지고 접안렌즈는 부(−)의 굴절능을 가진 굴절망원경을 **Galileo형** 또는 **Dutch 망원경**이라 한다.

경통길이인 d가 Kepler형은 길고 거꾸로 된 상을 보게 되며 Galileo형은 경통길이가 짧고 바로 된 상을 보게 된다. Galileo형 망원경은 중간 실상을 맺지 않기 때문에 망선 사용이 불가능하다. 출사동을 눈의 동공으로 하고 눈은 접안렌즈에 밀착시키는 것으로 고려한다. 따라서 눈의 동공의 허상이 입사동이 된다.

대물렌즈의 시야각을 증가시키려면 대물렌즈의 직경이 커져야만 한다. 대체로 Galileo형 망원경은 시야가 작은 편이다. 오페라 쌍안경은 Galileo형 망원경을 광축에 나란하게 두 개를 사용하여 쌍안경으로 구성한다. 프리즘 대신에 유리와 공기의 반사를 이용하여 밝기를 유지한다.

망원경은 횡배율로 물체를 크게 확대하는 것이 아니라 멀리 있는 물체를 가까이 가져와 각배율로 확대하여 크게 보는 원리이다. **각배율**은 정의에 의해

$$M_A=\frac{\tan\theta'}{\tan\theta}\cong\frac{\theta'}{\theta} \tag{5.5}$$

이다. 그림 5.3에서 보는 바와 같이 대물렌즈에 의한 상의 크기가 η'이며

$$\eta'=f_1'\tan\theta=f_2\tan\theta'$$

이다. 따라서

$$M_A=\frac{\tan\theta'}{\tan\theta}=\frac{f_1'}{f_2}=\frac{f_o}{f_e} \tag{5.6}$$

이 된다. 이와 같은 무초점계는 그 응용으로 광속확대기와 광속축소기가 있다. 광속확대비나 축소비는 모두 $\frac{f_2}{f_1'}$으로 된다.

그림 5.3에서 입사동의 직경을 $D_{en}=2h$, 출사동의 직경을 $D_{ex}=2h'$이고

$$\frac{h}{f_0}=\frac{h'}{f_e} \tag{5.7}$$

이므로 식 (5.7)을 식 (5.6)에 대입하면 식 (5.8)과 같이 된다.

$$M_A = \frac{-f_o}{f_e} = \frac{D_{en}}{D_{ex}} \tag{5.8}$$

Kepler형 망원경에 relay 렌즈를 삽입하여 상을 바로 보게 하는 망원경을 **지구의 망원경**(terrestrial telescope)이라 한다.

예제 5.2

경통길이가 24cm이고 각배율이 5배인 Kepler형 망원경이 있다. 다음을 구하라.
(a) 접안렌즈의 초점거리, (b) 대물렌즈의 초점거리, (c) 만약 경통의 내경이 2.0cm라면 입사동과 출사동의 직경, (d) 입사창과 출사창의 직경, (e) 50% vignetting에서 총시야각의 실제 크기와 겉보기 크기

풀이 (a) $5f_e + f_e = 24.0\text{cm}$, $f_e = 4.0\text{cm}$ (b) $f_o = 20.0\text{cm}$

(c) $M_a = \frac{D_{en}}{D_{ex}}$, 입사동의 직경 $D_{en} = 2.0\text{cm}$, 출사동의 직경 $D_{ex} = \frac{2.0}{5} = 0.4\text{cm} = 4.0\text{mm}$

(d) 출사창의 직경이 2.0cm, 입사창의 직경은 그것의 5배이므로 10.0cm

(e) $\theta = \tan^{-1}\left(\frac{h}{f_o' + f_e'}\right) = \tan^{-1}\left(\frac{2.0}{20.0+4.0}\right)$, $\theta = 4.76°$

$$\theta' = \tan^{-1}\left(\frac{h'}{f_o' + f_e'}\right) = \tan^{-1}\left(-\frac{hf_o'}{f_e'(f_o' + f_e')}\right) = \tan^{-1}\left(-\frac{2.0(20)}{4.0(20.0+4.0)}\right) = 22.62°$$

예제 5.3

경통길이가 16.0cm이고 각배율이 5배인 Galiean형 망원경에서 만약 경통의 내경이 2.0cm이라면 50% vignetting에서 총시야각의 실제 크기와 겉보기 크기는 얼마인가?

풀이 $\theta = \tan^{-1}\left(\frac{2.0}{20.0-4.0}\right) = 7.13°$, $\theta' = \tan^{-1}\left(-\frac{2.0(20)}{4.0(20.0-4.0)}\right) = 32.0°$

쌍안경은 Kepler형의 망원경 두 개를 두 눈으로 각각 보게 되어 있으며 **포로 프리즘**(Porro prism)으로 상을 아래, 위 그리고 왼쪽과 오른쪽을 바꾸어 바로 된 상으로 볼 수 있도록 되어 있다. 군용 쌍안경은 망선(reticle)을 넣어 거리를 판단할 수 있도록 되어 있다. 쌍안경의 상대적 밝기는 대물렌즈의 직경의 제곱에 비례하고 각배율의 제곱에 반비례한다. **직접시력단안망원경**(direct vision monocular)은 Kepler형 망원경 사이에 **지붕-슈미트**(roof-Schmidt) 또는 **지붕-페칸**(roof-Pechan) 프리즘을 삽입하여 경통길이를 줄이고 바로 본 상을 관측한다.

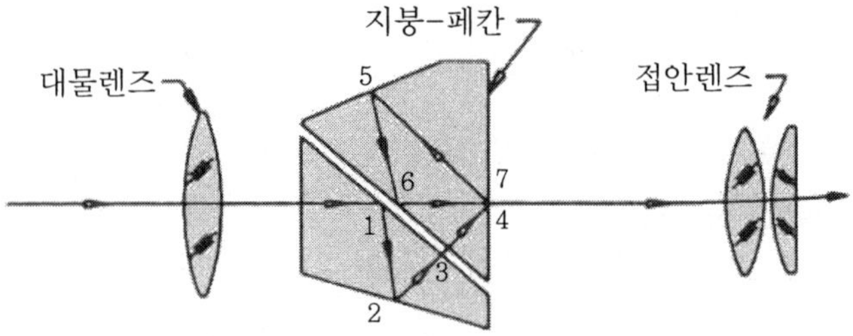

그림 5.4 ▶ 지붕-페칸 또는 슈미트 프리즘을 이용한 직접시력단안망원경

프리즘은 3번의 전반사와 두 번의 반사를 이용한다. 그림 5.4에서 1,4 그리고 6번 지점에서는 전반사를 하고 2와 6번 지점에서는 일반적인 반사를 한다. 정상적인 페칸(Pechan) 프리즘에서는 단지 5번의 반사를 하여 왼쪽으로 돌아간(left-handed) 상을 얻게 되는데 6번의 반사를 하기 위해 5번 면을 지붕형으로 만들어서 상을 바로 세운다. 그래서 지붕-페칸 프리즘이라고 하였다.

쌍안경을 통하여 입체로 볼 수 있는 거리영역을 연장할 수 있다. 그림 5.5(a)는 사람의 눈이 입체적으로 볼 수 있는 거리영역을 보여주고 있다. 적어도 사이각 θ가 30″이상이 되어야 입체로 볼 수 있다.

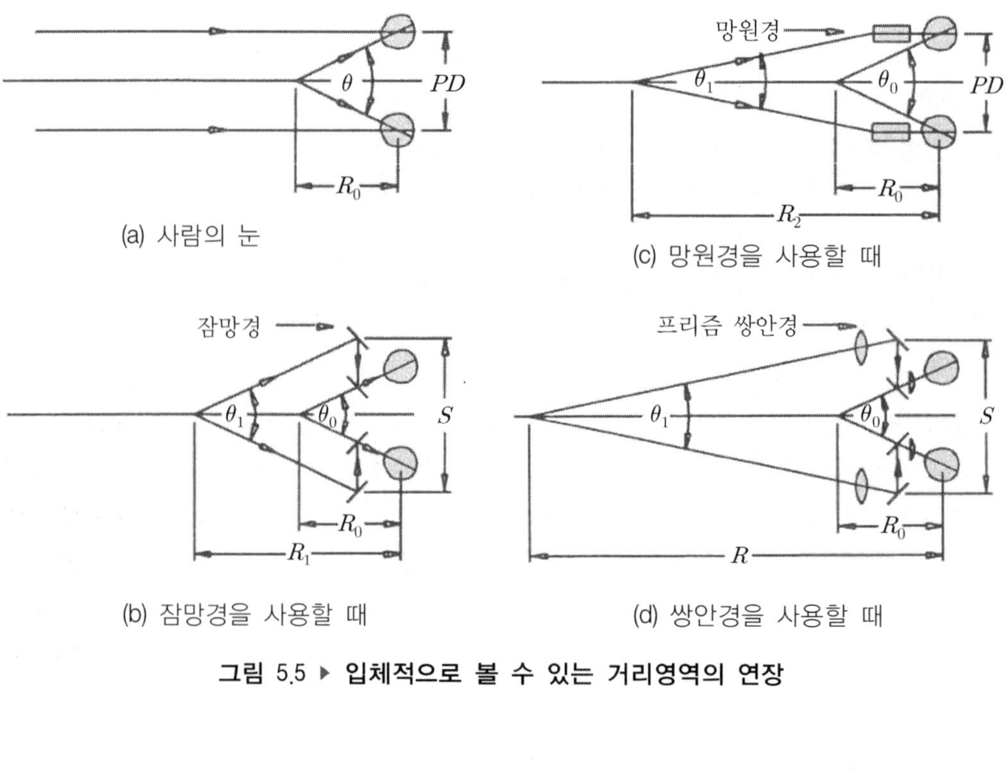

그림 5.5 ▶ 입체적으로 볼 수 있는 거리영역의 연장

그림 5.5에서 보는 바와 같이 건강한 사람의 눈으로 입체적인 인식을 할 수 있는 거리영역, **입체시거리** R_0는

$$R_0 = \frac{\overline{PD}}{\theta_0} \tag{5.9}$$

가 되어야 한다. 여기서 PD는 눈과 눈 사이의 거리, θ_0는 사람의 동공 사이의 수평각이다. 그러나 그림 5.6(b)와 같이 잠망경(periscope)을 이용하면 같은 사이각 θ_0이라도 실제적인 간격을 S로 확대할 수가 있어서 새로운 입체시거리

$$R_1 = \frac{S}{\theta_0}$$

가 된다. 망원경을 사용하면 그림 5.6(c)와 같이 각배율의 영향으로

$$R_2 = \frac{\overline{PD}}{\theta_1}$$

으로 되며 각배율

$$M_A = \frac{\theta_0}{\theta_1}$$

이므로

$$R_2 = M_A \times \frac{\overline{PD}}{\theta_0}$$

가 된다. 쌍안경은 프리즘을 이용하기 때문에 입체시거리

$$R = M_A \times \frac{S}{\theta_0} \tag{5.10}$$

로 연장된다.

예제 5.4

사람의 눈의 경우 평균적으로 눈 사이의 간격 $\overline{PD} = 65\text{mm}$이고 입체시 분해능은 $\theta_0 = 30''$ 정도이다. 각배율 6×이고 대물렌즈 간격, $S = 130\text{cm}$인 쌍안경과 입체시거리를 비교해 보라.

풀이 사람의 눈의 평균적 입체시거리는

$R_0 = 65\text{mm}/\tan 30'' = 4.47 \times 10^4\text{cm} = 447\text{m} \approx 500\,\text{yards}$이다.

쌍안경을 사용하면 입체시거리 $R = 6 \times 130\text{cm}/\tan 30'' \approx 6{,}000\,\text{yards}$

쌍안경을 사용하면 사람의 눈보다 약 12배로 확장된다.

망원경이나 쌍안경은 물체를 횡배율로 확대하여 보는 것이 아니라 각배율로 확대하여 보는 것이다. 먼 곳의 물체를 눈 가까이 상을 맺게 하여 시야각이 크게 되므로 사람이 보기에 크게 보이는 것으로 느껴진다. 그리고 앞에서 살펴본 바와 같이 각배율이 입사동과 출사동의 직경의 비로 나타낼 수가 있다.

쌍안경이나 굴절망원경의 광학적 특성을 나타내는 표기방법으로 각배율과 대물렌즈의 구경을 밀리미터(millimeter : mm) 단위로 표시한다. 예를 들어 7×30으로 표기된 쌍안경은 각배율 7배, 입사동의 직경 즉 대물렌즈의 직경이 30mm을 의미한다. 각배율을 숫자로 나타내고 배율을 의미하는 ×을 붙이며 뒤에 숫자는 대물렌즈의 직경을 밀리미터 단위로 표시한 것이다.

2. 반사망원경

천체망원경이나 야간 감시장비(observation device)의 경우 빛의 세기가 낮은 저조도(low level)의 조명으로 관측하기 때문에 구경이 커질 수밖에 없다. 구경이 500mm 이상이 되면 굴절광학계는 무게가 무거워질 뿐만 아니라 광학소자의 제한이 많아진다. 따라서 대구경광학계는 반사경을 많이 사용하고 있다. 반사경은 굴절렌즈보다 같은 곡률을 가지고도 약 4배의 굴절능을 가질 수가 있고, 색수차가 없는 것이 장점이지만 구면수차, 코마수차를 비롯한 다른 단색수차를 제거하는 데 어려움이 있다.

반사망원경계의 대표적인 유형으로는 세 가지, **Cassegrainian형**, **Gregorian형** 그리고 **Newtonian형**이 있다. Newtonian 망원경은 포물경을 대물경으로 하고 빛을 집속하여 평면경을 부경으로 하며 광통의 측면에 구멍을 내어 빛을 접안경으로 보내주고 있다. 포물경(parabolic mirror)은 구면수차를 없앨 수가 있으나 비축수차는 피할 수가 없다.

Gregorian 망원경은 포물경을 주경으로 하고 타원체면을 부경으로 하는 구조로 되어 있으며 주경에 구멍을 뚫고 접안경으로 연결된다. 주경과 부경이 초점을 공유하고 있으며 상이 바로 보인다.

구면수차는 없앨 수 있으나 비축수차는 피할 수가 없다. Cassegrainian 망원경은 포물면을 주경으로 하고 쌍곡면을 부경으로 하는 구조로 되어 있으며, 주경에 구멍을 내어 빛을 접안경으로 보내주고 있다. 상이 거꾸로 보이며 구면수차는 없앨 수 있다. 그러나 비축수차는 남게 된다.

Hubble 우주망원경(space telescope)은 Ritchy-Chretien 설계로 알려진 Cassegrainian 망원경이나 주경과 부경 모두 쌍곡면으로 되어 있어서 코마수차가 없다. 전통적인 것보다 넓은 시야를 가질 수 있다.

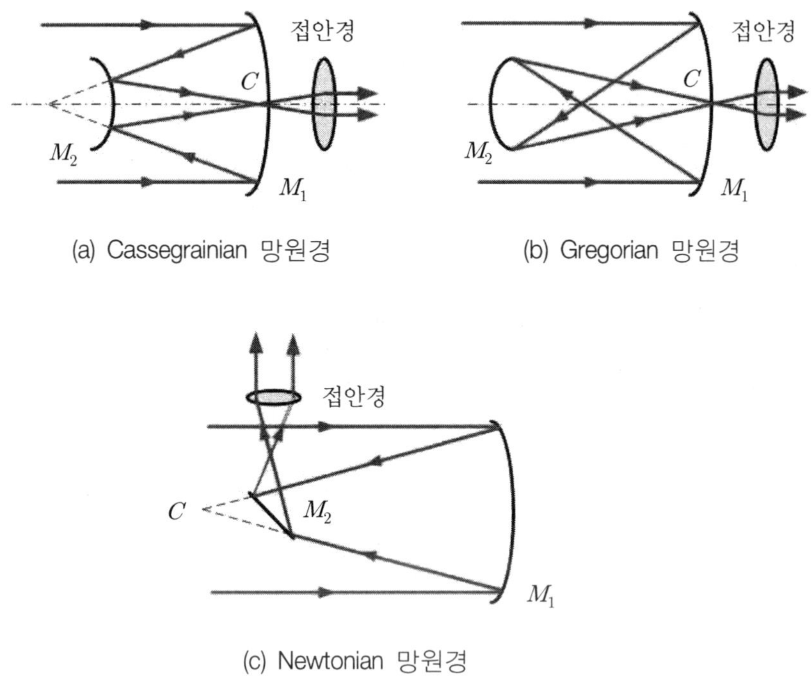

그림 5.6 ▸ 전형적인 반사망원경

제 3 절 현 미 경

복합현미경은 두 단계로 생각할 수 있다. 첫 단계에서는 대물경에 의해 횡배율로 물체를 확대하여 실상을 맺게 하고, 그 실상을 접안경에 의해 확대경으로 사용하여 각배율을 높이고 있다. 대물경에 의해 물체 PQ을 거꾸로 된 실상 $P'Q'$으로 M_o배의 횡배율로 확대한다.

첫 번째 상점은 접안경의 초점 근처에 맺게 하고, 이를 접안경으로 확대하여 바로 선 허상을 얻으며 실제로 상의 위치는 눈의 명시거리가 된다. 그러나 첫 번째 상의 위치를 접안경의 초점으로 하고 각배율로 확대하는 것으로 근사하여도 큰 문제가 없다. 그림 5.7에서 OTL은 Optical Tube Length의 약자로서 광통길이로 근사한 것이다. 왜냐하면 대물렌즈나 접안렌즈의 초점거리가 매우 짧기 때문에 대물렌즈의 제 2초점으로부터 접안렌즈의 제 1초점까지의 거리를 광통 전체의 길이로 생각하는 것이다. 사람의 눈의 위치를 그림 5.7의 출사동 위치가 되게 하면 모든 시야각에 대해 잘 관측할 수 있다.

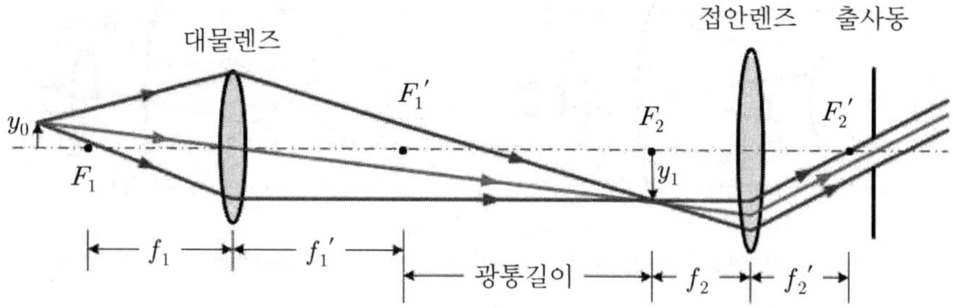

그림 5.7 ▸ 복합현미경

복합현미경의 배율을 생각하면 대물렌즈의 배율과 접안렌즈의 배율을 곱한 것이 되며

$$M = M_o \times M_e \cong \frac{OTL}{f_1} \times \frac{25\text{cm}}{f_2} \tag{5.11}$$

로 된다.

예제 5.5

광통길이를 10cm로 하고 접안렌즈의 초점거리를 25mm로 현미경을 확대율 100배가 되도록 구성하여 사용하고자 한다. 대물렌즈의 초점거리를 결정하라.

풀이 $\frac{10\text{cm}}{f_o'} \times \frac{250\text{mm}}{25\text{mm}} = 100$, $f_o' = 1\text{cm} = 10\text{mm}$

예제 5.6

대물렌즈의 초점거리가 8.0mm, 대안렌즈의 초점거리가 12.5mm이고 대물렌즈와 대안렌즈 사이 간격이 180.5mm인 복합현미경이 있다. (a) 대물렌즈의 배율, (b) 대안렌즈의 배율, (c) 현미경 전체의 배율, (d) 대물렌즈로부터 표본물체까지의 거리를 구하라.

풀이 (a) $M_o = \frac{\text{OTL}}{f_0'} = \frac{180.5 - 8.0 - 12.5}{8.0} = 20.0$

(b) $M_e = \frac{250.0}{f_e'} = \frac{250.0}{12.5} = 20.0$

(c) $M_T = M_o \times M_e = 20.0 \times 20.0 = 400.0$

(d) $l_1' = 180.5 + f_e = 180.5 - 12.5 = 160.0\text{mm}$

$l_1 = \frac{l_1' f_o'}{f_o' - l_1'} = \frac{160.0 \times 8.0}{8.0 - 160.0} = -8.42\text{mm}$

현미경의 조리개수와 분해능

현미경의 대물경 쪽의 조리개수(NA : Numerical Aperture)는 0.071부터 1.6 사이가 된다. 조리개수를 1보다 더 크게 하려면 대물경의 첫 번째 렌즈와 덮개유리(cover glass) 사이에 기름을 채워야 한다. 대부분 사용되는 기름은 덮개유리의 굴절률과 가급적 동일한 것을 사용하는 것이 좋다. 공기 중에서는 덮개 유리의 굴절률이 n_g라면 현미경 대물경의 조리개수가 NA$= n_g \sin\theta_a = \theta_a{}'$가 되고 θ_a는 임계각 θ_c보다 작은 값을 가지게 되지만 기름을 채워주면 기름의 굴절률이 $n_o = n_g = n$이라 할 때 조리개수는 NA$= n\sin\theta_o$로서 훨씬 큰 값을 가질 수가 있다.

아베(Abbe)는 세밀한 격자선이나 매우 미세한 물체를 현미경으로 분해할 수 있는 능력을 측정하였다. 분해능은 회절효과에 관련된다. 현미경 slide glass 위의 물체가 떨어져 있다는 것을 구별하는 최소 거리의 한계 s는 조명 빛의 파장이 λ라고 할 때 레일리 기준(Rayleigh criterion)에 의해

$$s = \frac{1.22\lambda}{2\text{NA}} \tag{5.12}$$

로 주어진다. 그러나 실제로는 분자의 1.22가 아니라 1로

$$s = \frac{\lambda}{2\text{NA}} \tag{5.13}$$

이 사용되고 있다.

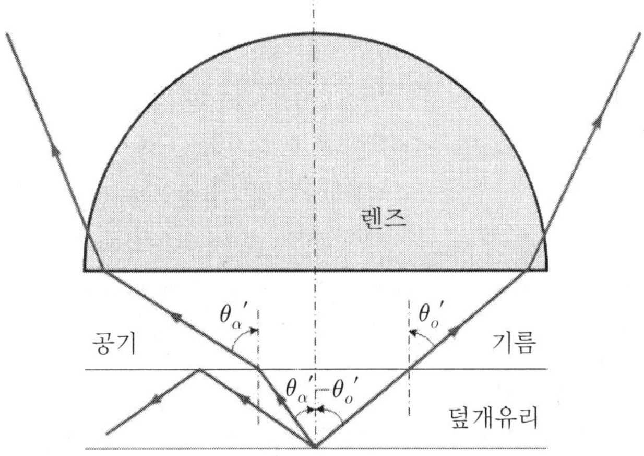

그림 5.8 ▶ 기름과 조리개 수

분해능 R은 $R=\frac{1}{s}$이다. 만약 s의 단위가 mm이라면 분해능의 단위는 line pairs/mm ≡lps/mm가 된다. 따라서 현미경의 분해능은

$$R=\frac{2\mathrm{NA}}{\lambda} \tag{5.14}$$

이다. 만약 현미경 대물경의 NA = 0.5이고 파장 $\lambda=500\mathrm{nm}$이라면 분해능은

$$R=\frac{2(0.5)}{500\times10^{-6}}=2{,}000(\mathrm{lps/mm})$$

가 될 것이다.

그런데 사람의 눈이 분해할 수 있는 최소 시야각은 $\theta'=0.0003(\mathrm{radian})$ 정도이다.

그렇다면 현미경의 최대 배율은 $M_A=\frac{\theta'}{\theta}$이고 대물경의 첫 번째 렌즈가 물체와 250mm 떨어져 있다면 최대 배율은 어떻게 될까 생각해 보자. $\theta=\frac{s}{250}$이고 식 (5.13)을 이용하면 $\theta=\frac{\lambda}{500\mathrm{NA}}$가 된다. 그리고 최대 각배율은

$$M_{A_{\max}}=\frac{0.15\mathrm{NA}}{\lambda} \tag{5.15}$$

가 됨을 알 수 있다. 여기서 만약 파장이 500nm라면 각배율은 300NA가 된다. NA가 1.6이라면 최대 각배율은 480배까지 가능하다는 결론이다.

제4절 사 진 기

카메라 렌즈는 초기 단일 렌즈로부터 색지움 이중 렌즈, 3중 렌즈, Tessar형 렌즈, 이중 가우스(double Gauss)형 렌즈, Petzval 렌즈, 항공사진촬영용 렌즈, 망원사진(Telephoto) 렌즈, 대칭형 렌즈, Retro-focussing 렌즈 등등 그 사용목적에 따라 다양하게 발전하였고 요즘은 초점거리를 연속적으로 변하게 할 수 있는 줌렌즈(zoom lens)가 있다. 색지움 이중 렌즈는 쌍안경 대물경으로 많이 사용되고 있고 영국의 Cook이 발견한 3중 렌즈가 카메라의 가장 기본형으로 되었다.

Tessar형 렌즈는 3중 렌즈의 응용으로 생각할 수 있다. 대칭형 렌즈는 왜곡수차를 잘 보정할 수 있어서 복사용 렌즈 특히 청사진 복사기 렌즈로 적합하다.

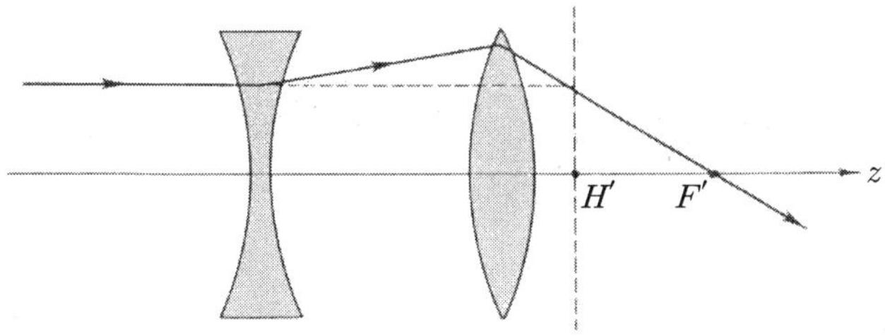

그림 5.9 ▸ Retro-focussing 렌즈

Petzval 렌즈는 오스트리아의 Petzval이 발견한 것으로 대칭형 렌즈를 변형하여 약간 비대칭이 되도록 하였다. 항공사진 촬영용 카메라는 매우 넓은 시야를 갖는 것으로 왜곡수차를 잘 조정한 것이다.

Retro-focussing 렌즈는 초점거리는 짧고 후초점거리(back focal length)가 긴 것이다. 초점거리가 짧아도 필요한 일하는 거리(**작업거리** ; working distance)를 확보하기 위한 광학계이다.

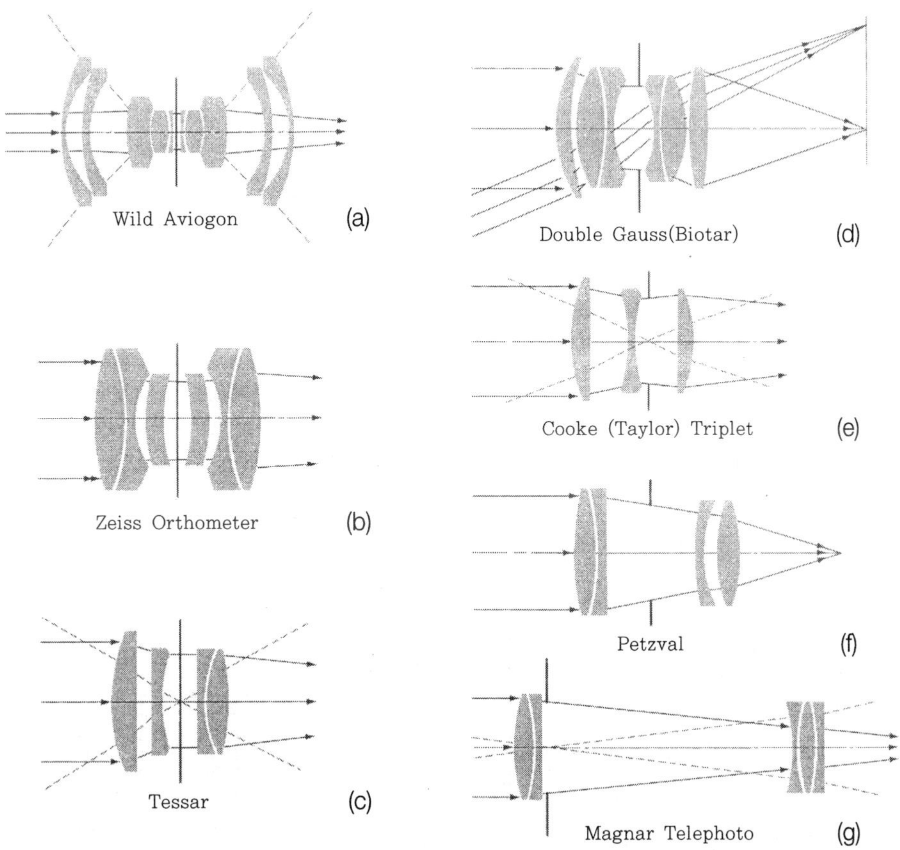

그림 5.10 ▸ 카메라 렌즈의 대표적인 예

제5절 현미경 조명계 및 광학적 투사기

1. 현미경 조명계

현미경 조명계로는 Abbe 조명계 또는 중요조명계(critical illumination system)와 Köhler 조명계가 있다. 위상 현미경에는 Köhler 조명계를 응용하고 있다. Abbe 조명계 또는 중요조명계는 표본 위에 광원의 상이 생기며 빛을 집속하여 표본을 조명하는 계통이며 Köhler 조명계는 광원의 빛을 넓게 확대하여 가능하면 표본 전체를 골고루 밝게 조명하는 것이다(그림 5.11).

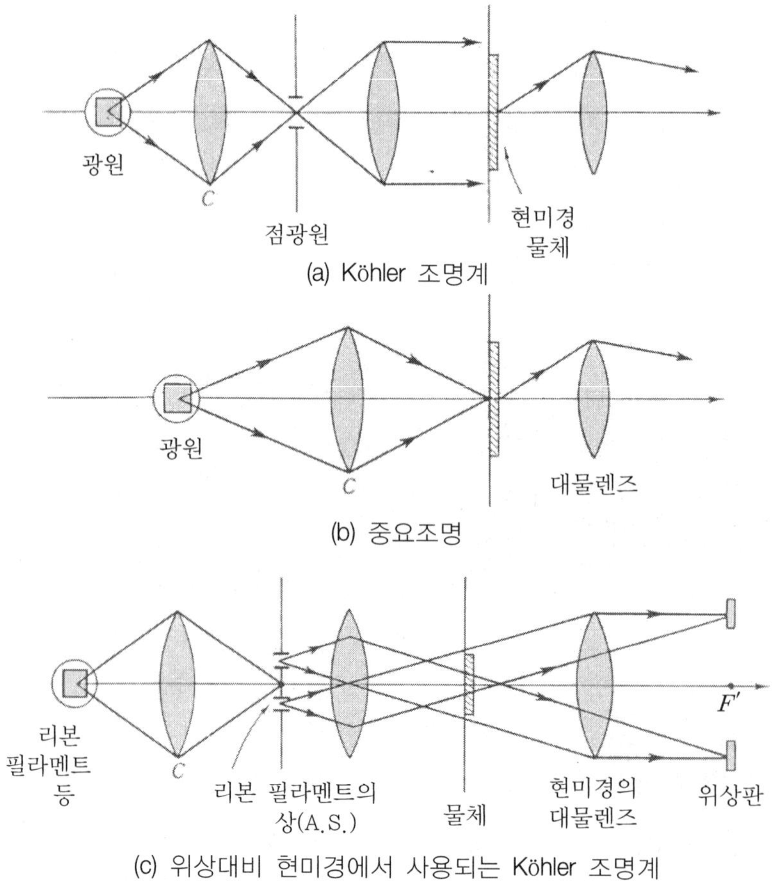

그림 5.11 ▸ 현미경의 조명계

2. 광학적 투사기

광학적 투사기(optical projector)는 투명지에 기록된 넓은 정보를 스크린에 비추어 볼 수 있도록 하는 것으로 회의할 때에 많이 사용된다. 이제는 레이저 투사기로 발전하여 PC나 노트북의 화면을 스크린에 투사하여 보는 것이 주가 된다. 그림 5.12는 Köhler 조명계를 사용한 투사기이며 필라멘트로 된 광원을 사용하여 집속렌즈로 **시준광**(collimated light)을 만들어 투명지를 조명한다. 투명지의 정보가 물체로 되어 투사렌즈에 의해 스크린 위에 상이 맺어진다. 그리고 광원의 빛은 뒤의 반사경에 의해 더 많은 빛을 집속시켜 스크린 위에서 골고루 조명되도록 하였다.

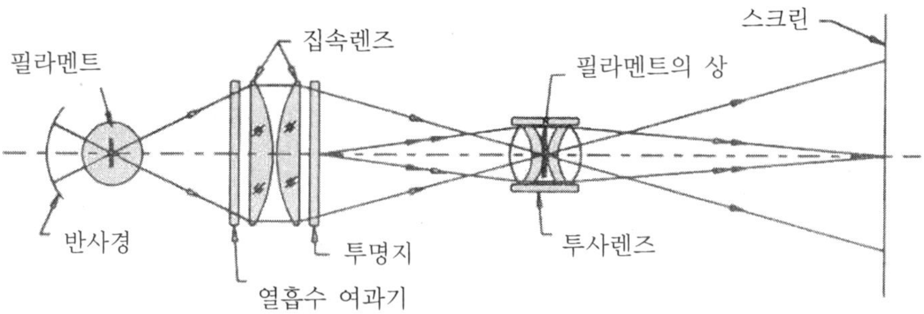

그림 5.12 ▸ 슬라이드 투사기와 Köhler 조명

활동사진의 투사는 Abbe 조명계를 이용한다. 통상적으로 아크등을 광원으로 사용하며 집속렌즈에 의해 투명지나 필름 위에 상이 생긴다. 또한 이 투명지나 필름판(film plate)의 정보가 물체가 되며 투사렌즈에 의해 스크린 위에 상이 맺어지고 청중들이 볼 수 있게 되어 있다. 만약 필름운반기가 문제를 일으켜 고장이 생기거나 움직이지 않게 되면 필름이 녹거나 타게 될 염려가 있다. Abbe 조명계가 골고루 균일하게 잘 조명이 되면 스크린의 밝기도 균일하게 될 것이다.

기구제작자들이 많이 이용하고 있는 광학적 비교측정기(optical comparator)는 톱니바퀴와 같은 기계부품의 확대된 그림자를 반투명한 투사 스크린 위에 투사한다. 확대된 윤곽이나 측면도가 공차 한계를 가진 원본 설계도와 비교될 수 있다. 광원의 빛은 집속렌즈에 의해 시준광(collimated light)으로 된다. 시험하고자 하는 제작품의 주위를 통과한 주광선들은 투사렌즈에 의해 제 2초점에 있는 떨어져 있는 조리개를 통과하여 굴절된다. 스크린 위의 그림자는 제작품의 위치 안에서 작은 변화가 있어도 일정하다.

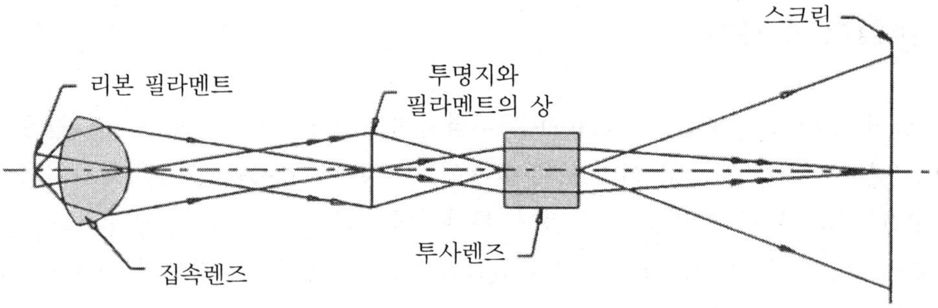

그림 5.13 ▶ **Abbe 조명계를 이용한 활동사진 투사기**

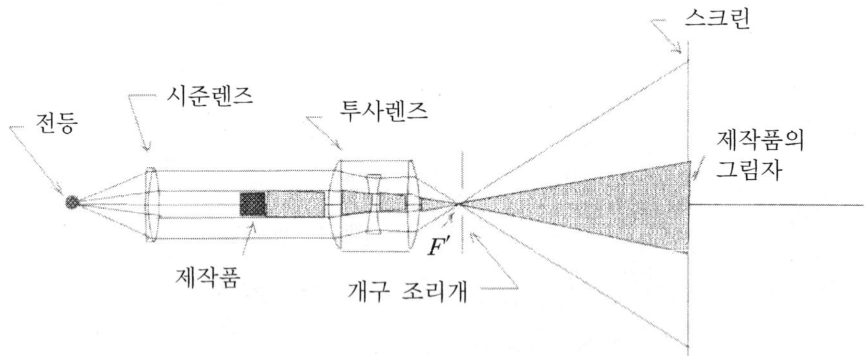

그림 5.14 ▶ **광학적 비교기 또는 윤곽투사기**

제5장 광학기기

연습문제

[1] 망원경의 대물렌즈가 구경이 40mm이고 초점거리가 32cm이다. 무한대에 있는 물체가 초점을 맺을 때 출사동의 직경이 2.0mm이라면 다음은 얼마인가?
(a) 망원경의 배율, (b) 대안렌즈의 초점거리

[2] 배율이 3×인 쌍안경의 대안렌즈가 −25디옵터이다. 조절작용 없이 무한대에 있는 물체를 초점 맺을 때 두 렌즈 사이의 거리는 얼마인가?

[3] 대물렌즈의 초점거리가 10mm이고 경통길이가 15cm인 현미경의 대안렌즈에는 5×라고 표기되어 있다. 이 현미경의 배율은 얼마인가?

[4] 기름에 잠긴 현미경의 대물렌즈에 1.6mm, 1.25NA라고 표기되어 있다. 10×라고 표기된 대안렌즈와 함께 경통길이가 16cm일 때 사용한다. 기름의 굴절률이 1.5라면 사용 가능한 범위 내에서 현미경의 전체 배율을 구하라.

[5] $R_1 = -40\mathrm{cm}$, $R_2 = -8\mathrm{cm}$, 그리고 두 거울 사이의 간격이 $d = 16\mathrm{cm}$인 카세그레인 망원경으로 무한대에 있는 물체를 관측할 때 상 거리는 얼마인가?

[6] 쌍안경의 대물경의 초점거리 24cm, 직경이 40mm이며 접안렌즈의 초점거리가 3cm, 직경은 10mm이다. 다음을 구하라.
(a) 각배율, (b) 출사동의 직경, (c) eye-relief의 위치

[7] 어떤 건강한 사람의 두 눈 사이의 거리가 62mm라 한다면 이 사람의 입체시 거리는 얼마인가? S=150mm, 각배율 $M_A = 8\times$의 쌍안경을 사용한다면 입체시는 얼마로 되는가?

[8] 초점거리 −100mm인 오목렌즈와 초점거리 40mm인 볼록렌즈를 간격 20mm로 결합하여 Retro-focussing 렌즈를 구성하였다. 초점거리와 후초점거리를 구하라.

[9] 초점거리 40mm 볼록렌즈와 초점거리 −80mm인 오목렌즈를 간격 16mm로 하여 telephoto 렌즈를 구성하였다. 초점거리와 후초점거리를 구하라.

Chapter

06 간 섭

제1절 서 론

결맞음이란 단색광의 위상 사이에 상관관계를 설명하는 용어이다. 우리가 사용하는 대부분의 조명용 빛은 위상관계가 제멋대로 변하기 때문에 결맞음이 없는 백색광이다. 이들은 간섭을 일으키지 못한다. 반면에 간섭을 일으키는 광원은 위상이 규칙적인 관계를 유지하든가 위상 관계가 일정한 것으로 이러한 것을 **결맞음**이라 한다.

결맞음에는 광원의 스펙트럼의 순수성에 관계되는 **시간결맞음**(temporal coherence)과 광원의 크기와 관련되는 **공간결맞음**(spatial coherence)으로 분류된다. 그러나 자연 속에는 완전무결한 결맞음도 없고 완전무결하게 결맞음이 아닌 것도 없다. 결맞음과 결맞음이 아닌 것이 혼합되어 있는 것을 **부분적 결맞음**(partial coherence)이라 하고, 결맞음의 정도를 **결맞음도**(degree of coherence)라 한다. 결맞음도가 어떠하냐에 따라서 결맞음이 좋은 정도를 판단한다.

두 개의 파가 중첩될 때 중첩파는 더 선명하게 파의 증폭을 일으키는 현상이 나타날 때도 있지만 서로 상쇄되어 파의 현상이 희미해지는 경우도 있다. 서로 보강이 되어 파동의 현상이 현저하게 나타나는 경우를 **보강간섭**(constructive interference)이라 하고, 서로 상쇄되어 파동의 현상이 사라지는 것을 **소멸간섭**(destructive interference)이라 한다.

제2절 두 빛살다발의 간섭

그림 6.1과 같이 S_1과 S_2에서 같은 진동수를 가지는 두 광파 $\vec{E}_1$과 $\vec{E}_2$을 생각해 보자.

$$\vec{E}_1 = \vec{E}_{01}\cos(kr_1 - \omega t + \phi_1) \tag{6.1}$$

$$\vec{E}_2 = \vec{E}_{02}\cos(kr_2 - \omega t + \phi_2) \tag{6.2}$$

이라 할 때 이 두 파가 중첩이 되면 중첩파의 전장은 $\vec{E} = \vec{E}_1 + \vec{E}_2$가 된다.

광파는 진동수가 매우 높아서 $10^{14} \sim 10^{15}$Hz 정도이다. 사람의 눈은 이렇게 빠르게 진동하는 변화는 감지할 수 없다. 사람이 관찰하는 것은 시간 평균으로 나타나는 현상

이다. 또한 진폭(amplitude)은 복소수 함수로 나타나며 위상을 관측할 수 없다. 사람이 관측하는 것은 세기분포인 복사조도(irradiance), $I = \epsilon_0 c|\vec{E}|^2$의 시간평균값이다. 여기서 ϵ_0는 진공 중에서의 전기유전율이며 c는 진공 중에서의 빛의 속도이다.

임의의 어떤 지점 $P(x, y, z)$에서 복사조도(irradiance) I는

$$I = I_1 + I_2 + I_{12} \tag{6.3}$$

이다. 여기서 각각의 위상을

$$\alpha = kr_1 + \phi_1, \quad \beta = kr_2 + \phi_2 \tag{6.4}$$

로 놓으면 두 파의 위상차

$$\delta = \alpha - \beta = k(r_1 - r_2) + (\phi_1 - \phi_2) \tag{6.5}$$

로 놓을 수 있고

$$I_1 = \frac{1}{2}\epsilon_0 c E_{01}^2 \tag{6.6}$$

이며

$$I_2 = \frac{1}{2}\epsilon_0 c E_{02}^2 \tag{6.7}$$

이 된다. 간섭항 I_{12}는 다음 식과 같다.

$$I_{12} = \epsilon_0 c \vec{E}_{01} \cdot \vec{E}_{02} \cos\delta = 2\sqrt{I_1 I_2}\cos\delta \tag{6.8}$$

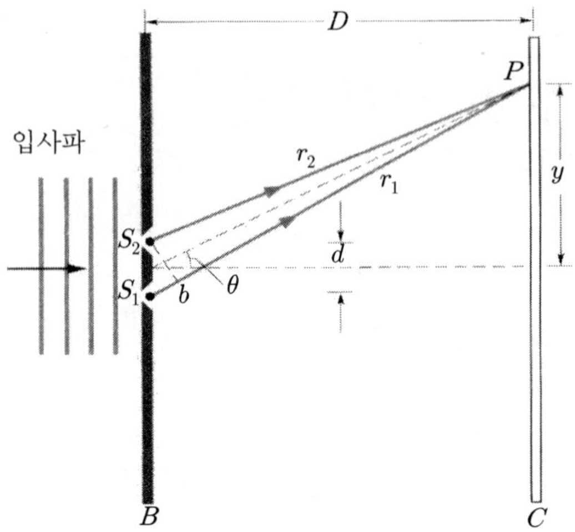

그림 6.1 ▸ 두 평면파의 중첩

또한 이를 이용하면

$$I_{12} = 2\sqrt{I_1 I_2}\cos\delta \tag{6.9}$$

로 쓸 수 있고

$$I = I_1 + I_2 + 2\sqrt{I_1 I_2}\cos\delta \tag{6.10}$$

이 된다.

제 3 절 이중 슬릿에 의한 간섭

슬릿 S_1과 슬릿 S_2에서 발생하는 광파가 P점에서 중첩될 경우 앞에서 설명한 바와 같이

$$I = I_1 + I_2 + 2\sqrt{I_1 I_2}\cos\delta \tag{6.11}$$

로 나타난다. 이때 같은 광원 S에서 출발하여 $\overline{SS_1} = \overline{SS_2}$라면 $\phi_1 = \phi_2$가 되어

$$\delta = k(r_1 - r_2) \tag{6.12}$$

로 된다. 즉 위상차는 광로정차와 전파수를 곱한 것이 된다.

광로정(OPL : Optical Path Length)이란 광학적인 거리를 의미하며, 기하적인 거리 L과 빛이 진행하는 매질의 굴절률 n을 곱한 것이다.

$$\mathrm{OPL} = Ln \tag{6.13}$$

공기 중에서는 기하적인 거리와 광학적인 거리가 같지만 일반적으로는 다르다.

식 (6.12)에서 $m = 0, \pm 1, \pm 2, \cdots$의 정수라면 $\delta = 2m\pi$일 때는 $I = I_1 + I_2 + 2\sqrt{I_1 I_2}$가 되어 최대가 되므로 두 파의 중첩은 현저한 파동현상을 나타내는 보강이 되고, $\delta = (2m+1)\pi$가 되면 $I = I_1 + I_2 - 2\sqrt{I_1 I_2}$이 되므로 최소가 되며 두 파의 중첩은 파동현상을 약하게 또는 소멸시킬 것이다.

간섭무늬의 **선명도**(visibility), V을 **대비**(contrast)라고도 하며

$$V = \frac{I_{\max} - I_{\min}}{I_{\max} + I_{\min}} \tag{6.14}$$

로 정의한다.

광파의 파장이 λ라 할 때 식 (6.12)에서부터

$$(r_1 - r_2) = \Delta r = m\lambda \tag{6.15a}$$

이면 보강간섭이 되어 밝은 무늬가 나타날 것이고

$$(r_1 - r_2) = \Delta r = \left(m + \frac{1}{2}\right)\lambda \tag{6.15b}$$

이면 소멸간섭이 되어 어두운 무늬가 나타난다. 만약 $I_1 = I_2 = I_0$이라면 식 (6.11)은

$$I = 2I_0 + 2I_0\cos\delta = 2I_0(1 + \cos\delta) = 4I_0\cos^2\left(\frac{\delta}{2}\right) \tag{6.16}$$

이 된다. 그리고 무늬의 선명도는 최대가 된다. 그래서 간섭실험을 할 때에는 가능하면 두 광파의 세기분포가 같도록 조정하는 것이 좋다.

그림 6.2에서 슬릿 사이의 간격이 a이라 할 때 **광로정차**(OPD : Optical Path Difference)는 $\Delta r = |r_1 - r_2| \cong a\sin\theta$로 근사할 수 있다.

광로정차

$$a\sin\theta \cong a\frac{y_m}{D} = m\lambda \tag{6.17}$$

일 때 보강간섭을 일으키며 이러한 조건을 만족하는 위치 y_m에서는 m차 밝은 무늬가 나타난다. 그리고

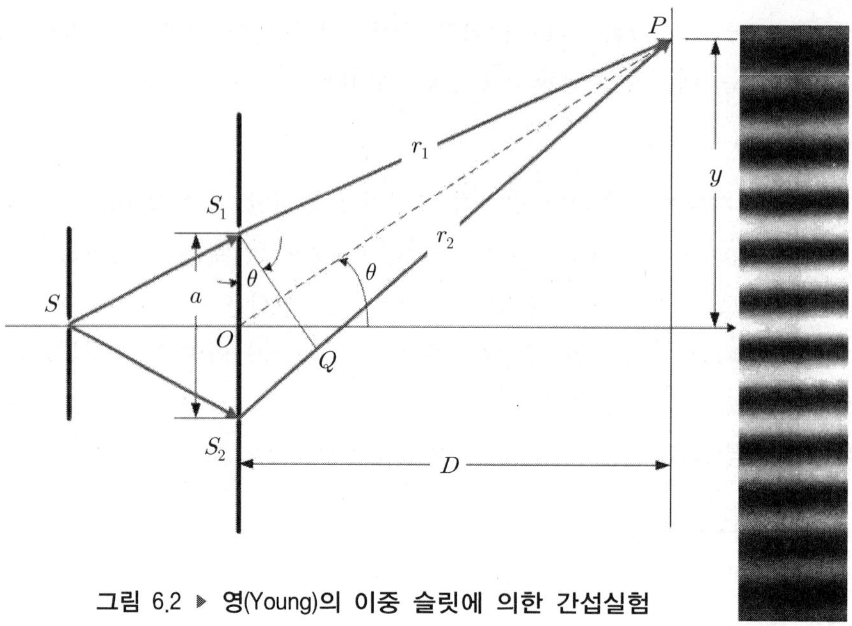

그림 6.2 ▸ 영(Young)의 이중 슬릿에 의한 간섭실험

$$a\sin\theta = a\frac{y_m}{D} = \left(m \pm \frac{1}{2}\right)\lambda \tag{6.18}$$

일 때는 소멸간섭을 일으키며 이러한 조건을 만족하는 위치 y_m에서는 어두운 선이 나타난다. 즉, m번째 밝은 무늬가 나타나는 위치 y_m은

$$y_m = \frac{m\lambda D}{a}, \quad m = 0,\ \pm 1,\ \pm 2,\ \cdots \tag{6.19}$$

이다. 무늬의 간격은

$$\Delta y = y_{m+1} - y_m = \frac{\lambda D}{a} \tag{6.20}$$

이 된다.

예제 6.1

슬릿의 간격이 0.6mm인 이중 슬릿에 파장이 632.8nm인 평행 단색광을 비추었더니 1.2m 떨어져 있는 스크린 상에 간섭무늬가 나타났다. (a) 중앙의 밝은 무늬로부터 제 2차 어두운 무늬까지의 간격은 얼마이며, (b) 제 3차 밝은 무늬까지의 간격은 얼마인가?

풀이 (a) 그림 6.2에서 제 2차 어두운 무늬는

$$a\sin\theta \cong a\frac{y_m}{D} = \left(m - \frac{1}{2}\right)\lambda$$

에서 $m = 2$일 때

$$y_2 = \frac{D}{a}\left(2 - \frac{1}{2}\right)\lambda = \frac{3(1.2\text{m})(632.8\text{nm})}{2(0.6\text{mm})} = (3\times 10^3)(6.328\times 10^{-4}\text{mm}) = 1.90\text{mm}$$

(b) $y_3 = \dfrac{D}{a}(m\lambda) = \dfrac{3(1.2\times 10^3\text{mm})(6.328\times 10^{-4}\text{mm})}{0.6\text{mm}} = 3.80\text{mm}$

이중 슬릿을 대신하여 반사경을 이용하는 경우가 있다. 프레넬의 이중 거울은 두 개의 거울을 약간 기울여서 마치 두 개의 슬릿 광원에서 나오는 빛살다발 간섭계와 같은 역할을 한다. 프레넬의 이중 프리즘을 이용한 것도 비슷한 원리이다. 반사경 하나만으로도 이중 슬릿에 의한 간섭과 같은 효과를 얻을 수 있으며, 로이드(Lloyd)의 거울이 그것이다. 이들 간섭은 모두 이중 슬릿에 의한 간섭의 응용으로서 간섭무늬 해석은 이중 슬릿에 의한 간섭과 같은 이론과 방법으로 이루어진다.

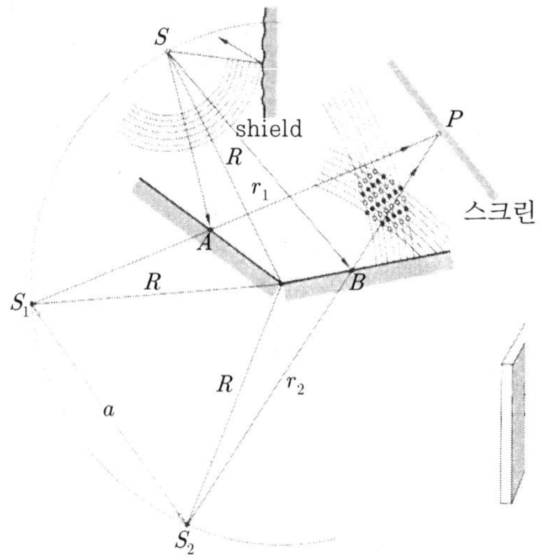

(a) 프레넬의 이중 거울

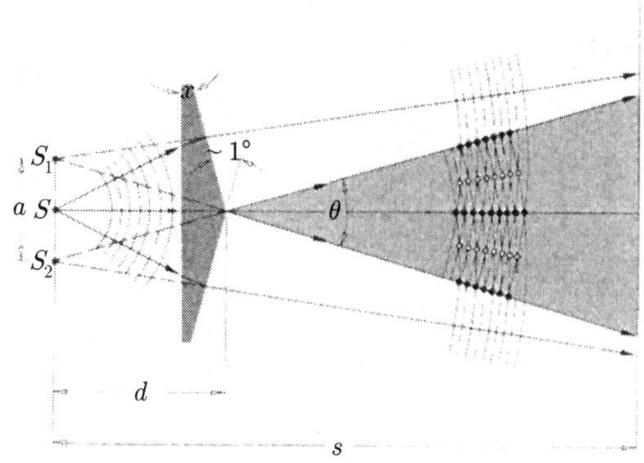

(b) 프레넬의 이중 프리즘

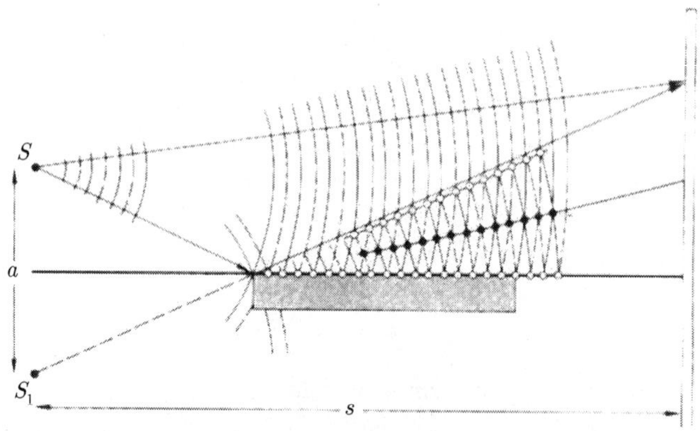

(c) 로이드의 거울

그림 6.3 ▶ 이중 슬릿과 비슷한 여러 종류의 간섭

제4절 얇은 막에 의한 간섭

기름막 위에서나 비눗방울 위에 아름다운 무늬를 볼 수 있을 때가 있다. 유리창을 닦을 때 유기물질이 묻어 얼룩진 것들이 잘 지워지지 않아서 세제를 사용하는 경우가 있을 것이다. 아주 맑게 잘 닦아진 것 같은데 햇빛이 비추어서 옆으로 바라보면 여러 색깔의 아름다운 무늬가 나타난다. 이러한 것들은 각 파장에 따라 얇은 막에 의해 간섭무늬가 형성된 것이다. 평면 유리에 얇은 막이 입혀져 있을 때나 지면에 있는 물 위에 얇은 기름막이 형성될 때도 같은 현상을 볼 수 있다.

얇은 막이 평면으로 이루어지고 빛이 임의의 입사각으로 들어올 때 간섭현상을 살펴보기로 하자. 그림 6.4와 같이 굴절률 n_0의 공기 중에서 입사각 θ_i로 입사하여 A 지점에서 굴절률이 n_f인 얇은 막으로 θ_t의 굴절각을 가지고 굴절하였다가 밑면 B에서 반사하고 다시 C에서 굴절하여 공기 중으로 나가는 경우를 생각해 보자.

윗면에서 반사한 광선의 광로정이 $[AD]=n_0\overline{AD}$이며 굴절, 반사, 굴절해 가는 광선의 광로정은 $[ABC]=n_f(\overline{AB}+\overline{BC})$이다. $\measuredangle ADC$는 파면의 정의에 의해 직각이다. $\triangle ACD$에서 $\overline{AD}=\overline{AC}\sin\theta_i$이다. 반사의 법칙으로부터 $\triangle ABC$는 이등변 삼각형임을 알 수 있다. 그러므로

$$\overline{AE}=\overline{EC}=\frac{1}{2}\overline{AC}$$

이다. $\triangle ABE$와 $\triangle CBE$는 직각삼각형으로 서로 합동이며 $\overline{AB}=\overline{BC}$이고, 이들 직각삼각형에서 $\overline{AE}=\overline{EC}$이다. $\overline{AC}=2\overline{AE}=2d\tan\theta_t$가 되며 $d=\overline{AB}\cos\theta_t=\overline{BC}\cos\theta_t$이다. Snell의 법칙에서 $n_0\sin\theta_i=n_f\sin\theta_t$을 이용하면 광로정차는

$$\Gamma=[ABC]-[AD]=2n_f\overline{AB}-n_0\overline{AD}=2n_f\overline{AB}-2n_0\overline{AE}\sin\theta_i$$

으로 된다. 위에서 살펴본 바를 이용하면

$$\Gamma=2n_f\frac{d}{\cos\theta_t}-2n_f\sin\theta_t d\tan\theta_t=2n_f d\left(\frac{1-\sin^2\theta_t}{\cos\theta_t}\right)=2n_f d\cos\theta_t \qquad (6.21)$$

으로 정리가 된다.

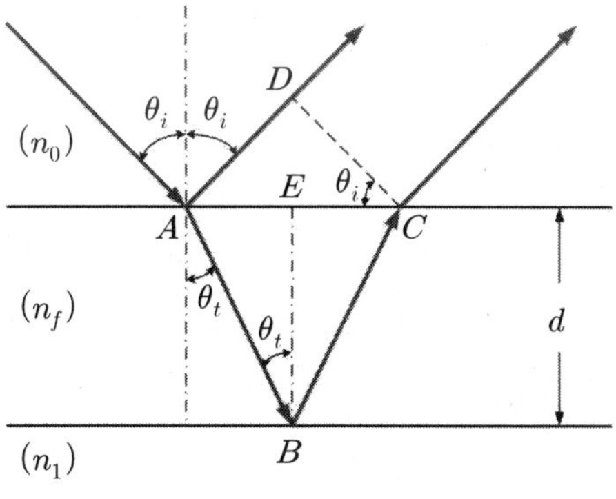

그림 6.4 ▶ 얇은 막에 의한 간섭

빛이 경계면에서 반사할 때 굴절률 관계에 따라서 위상의 지연이 나타난다. 굴절률이 낮은 매질에서 높은 곳으로 입사하여 반사하면 π만큼의 위상지연이 발생하며 이는 광로정의 $\lambda/2$의 차이와 같은 효과이다. 윗면과 밑면에서 각각 어떤 조건으로 반사하느냐에 따라서 보강간섭 및 소멸간섭이 일어나는 조건이 달라진다. 따라서 광로정차와 반사에 의한 위상차를 고려하여야 한다. 광로정차를 Γ_p, 반사에 의한 위상차를 광로정차로 환산한 것을 Γ_r이라 하면

$$\Gamma_p + \Gamma_r = m\lambda \tag{6.22}$$

이면 보강간섭이 일어나고

$$\Gamma_p + \Gamma_r = \left(m + \frac{1}{2}\right)\lambda \tag{6.23}$$

이면 소멸간섭이 일어난다.

식 (6.21)을 살펴보면 광로정 차이가 박막의 굴절률과 두께 그리고 빛의 파장과 굴절각의 함수이다. 같은 두께와 굴절률의 박막에서는 빛의 파장에 따라 광로정 차이가 있으므로 기름이나 비눗방울 박막에서 여러 가지 색깔의 무늬가 나타는 것을 볼 수 있다.

또한 같은 파장에서는 빛살다발이 큰 경우에 굴절각에 따라서 무늬가 형성되므로 입사각의 크기에 관계된다. 즉 빛살다발의 기울기에 따라 무늬가 형성된다. 이렇게 큰 빛살다발의 경우, 경사를 따라 무늬가 형성된 것을 **하이딩거 무늬**(Haidinger fringe) 또는 **등경사무늬**(fringe of equal inclination)라 한다.

그림 6.4에서 형성되는 무늬의 위치는 무한대에서 형성되며 국지화되지 않은 무늬(non-localized fringe)라 한다.

예제 6.2

두께가 1.0mm이고 굴절률이 1.52인 평행평면 유리판 위에 두께가 200nm이고 굴절률이 1.38인 유전체로 박막을 입혀서 입사각 30°로 파장 632.8nm의 레이저 빛살다발을 비출 때에 유리판의 윗면에서 반사된 빛과 아래 면에서 반사된 빛이 소멸간섭을 일으키려면 최소 박막의 두께가 얼마가 되어야 하는가?

풀이 윗면에서 반사될 때 $\frac{\lambda}{2}$파장에 해당하는 위상지연이 일어나고 아래 면에서도 마찬가지로 $\frac{\lambda}{2}$파장에 해당하는 위상지연이 일어난다. 따라서

$$\Gamma_p + \Gamma_r = \left(m + \frac{1}{2}\right)\lambda = 2nd\cos\theta = \frac{1}{2}\lambda$$

가 되어야 최소 두께의 박막으로 소멸간섭을 일으킨다.

$$d_{\min} = \frac{\lambda}{4n\cos\theta} = \frac{632.8\text{nm}}{4(1.38)(\cos 30°)} = 132.4\text{nm}$$

최소 두께가 132.4nm가 되어야 한다.

제 5 절 동일한 두께의 간섭무늬

그림 6.5에서 보는 바와 같이 점광원에 의해 쐐기형의 박막에서 간섭무늬가 생기는 경우, 간섭무늬의 위치가 정해지는 것을 볼 수 있다. 이와 같이 간섭무늬의 위치가 일정한 영역에서만 형성되는 경우, 정해진 영역을 **국지화 영역**(region of localization)이라 하며 그 무늬를 **국지화된 무늬**(localized fringe)라 한다.

그중에서도 그림의 왼쪽은 실제 광선이 진행하는 방향에서 무늬가 생기므로 **실무늬**(real fringe)라 하며, 오른쪽은 실제 광선은 발산되며 그 연장선이 만나는 위치에 무늬가 생기므로 **허무늬**(virtual fringe)라 한다. 간섭무늬의 종류는 실무늬와 허무늬로 구분하거나 국지화된 무늬와 국지화되지 않은 무늬로 구분하기도 한다.

그림 6.5나 그림 6.6과 같이 박막의 두께가 다른 경우 입사각이 90° 즉 경계면에 수직으로 입사하면 식 (6.21)에서 광로정차 $\Gamma = 2n_f d$가 되고 식 (6.20)에서

$$2n_f d + \Gamma_r = \begin{cases} m\lambda & \text{밝은 무늬} \\ \left(m + \dfrac{1}{2}\right)\lambda & \text{어두운 무늬} \end{cases} \tag{6.24}$$

로 나타난다. 이때는 두께가 같은 지점을 따라 무늬가 생기며 이러한 무늬를 **동일 두께 무늬**(fringe of equal thickness) 또는 **피조 무늬**(Fizeau fringe)라 한다.

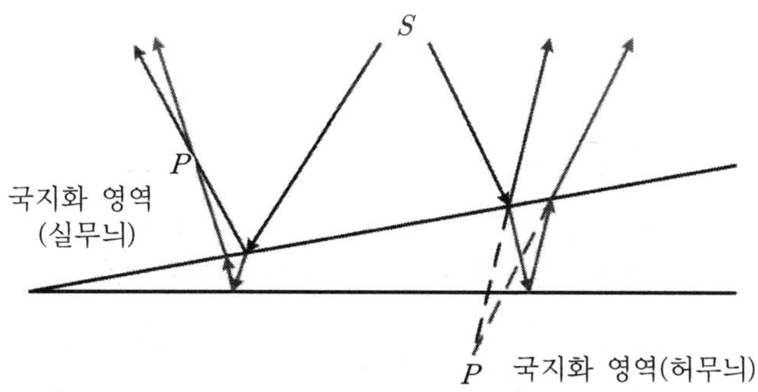

그림 6.5 ▸ 쐐기형 박막에 의한 무늬 형태

예제 6.3

그림 6.6에서 길이 $L = 50.0\text{mm}$인 슬라이드 글라스에 두께 $d = 0.1\text{mm}$인 면도날을 이용하여 쐐기형으로 만들었다. $x = 1.20\text{cm}$에서 86번째 밝은 무늬를 얻으려면 파장이 얼마나 되는 가시광선을 사용해야 하는가?

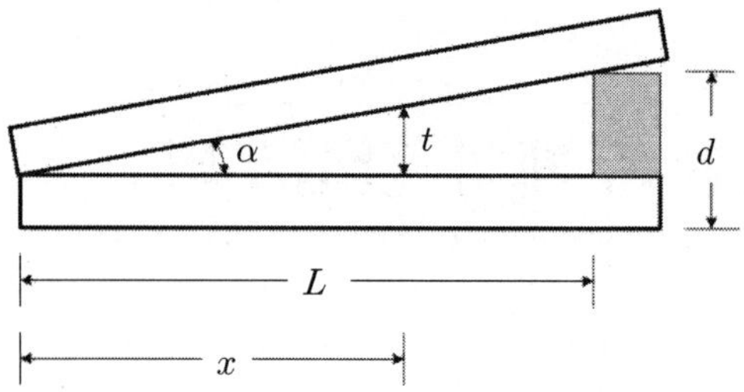

그림 6.6 ▶ 두 개의 평면판으로 이루어진 쐐기형의 공기층

풀이 $2t = 2x\alpha = 2.0(1.20\text{cm})(0.10\text{mm})/(5.0\text{cm}) = \left(m + \frac{1}{2}\right)\lambda,$

$$\lambda = \frac{4.8 \times 10^4 \text{nm}}{(86.5)} = 554.9\text{nm}$$

1. 뉴턴 링(Newton's ring)

그림 6.7과 같이 위에서 평행광선이 들어와 구면에서 반사하는 광파와 바탕의 윗면에서 반사하는 광파가 간섭을 일으킨다. 광로정 차이는 공기의 간격 d의 2배가 될 것이다. 그러므로

$$2d_m + \Gamma_r = \begin{cases} m\lambda & : \text{밝은 무늬} \\ \left(m + \frac{1}{2}\right)\lambda & : \text{어두운 무늬} \end{cases} \tag{6.25}$$

가 될 것이다. 그림에서 $(R-d)^2 = R^2 - x^2$이 성립한다. 이 식을 정리하면 $x^2 = 2Rd - d^2$이 된다. 구의 곡률반경은

$$R = \frac{x^2 + d^2}{2d} \tag{6.26}$$

이다. 만약 $R \gg d$이라면 m차 어두운 무늬의 위치를 나타내는

$$x_m \cong \sqrt{2Rd} = \sqrt{mR\lambda} \tag{6.27}$$

로 근사할 수 있다.

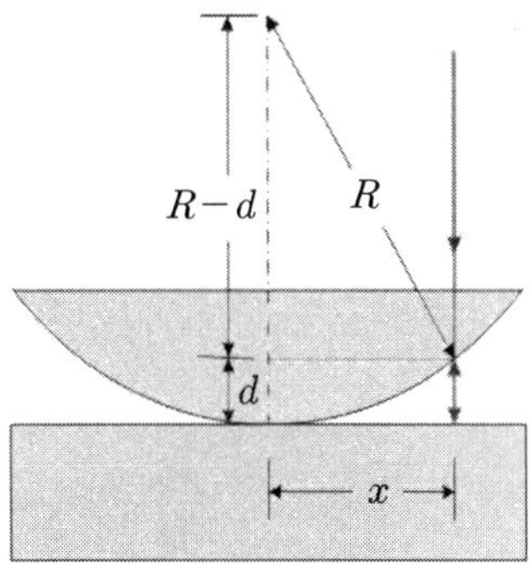

그림 6.7 ▸ 뉴턴 링 무늬의 해석

예제 6.4

546nm의 파장을 가진 빛으로 중앙으로부터 12mm에 12차 어두운 뉴턴 링(Newton ring)을 얻었다면 구면의 곡률반경은 얼마인가?

풀이 $R = \dfrac{x^2}{12\lambda} = \dfrac{(1.2\text{cm})^2}{12(5.46\times10^{-5}\text{cm})} = 2.20\times10^3\text{cm} = 22.0\text{m}$

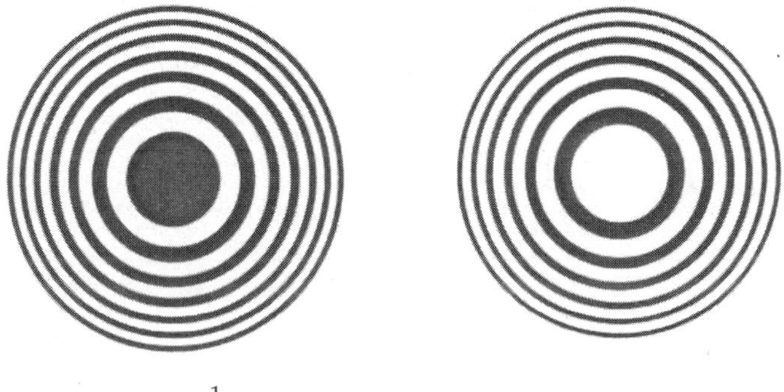

(a) $\Gamma_r = \frac{1}{2}\lambda$ (b) $\Gamma_r = 0$

그림 6.8 ▸ Γ_r에 따른 뉴턴 링

2. 간섭에 의한 박막두께 측정

Twyman-Green 간섭계를 이용하여 Fizeau 간섭무늬를 얻으면 박막의 두께에 따라서 무늬의 어긋남이 일어난다.

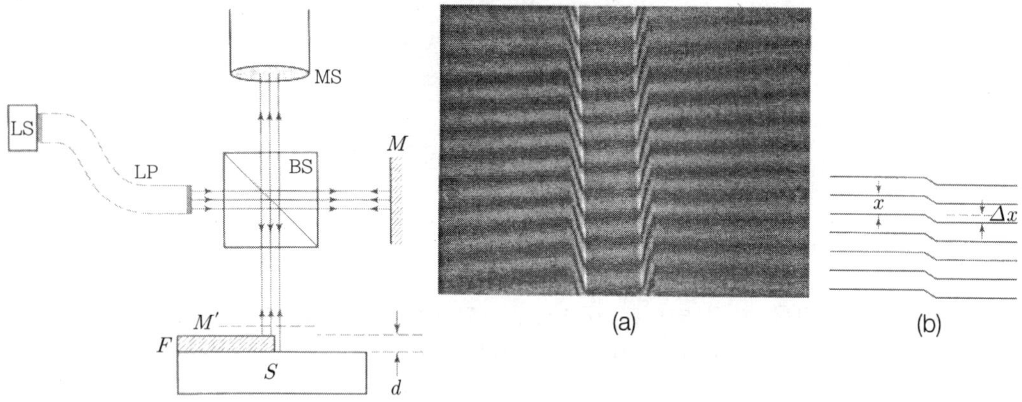

그림 6.9 ▶ 박막의 두께 측정

무늬의 간격을 x라 하고 박막두께로 인한 무늬가 어긋날 때 그 이동양이 Δx이라면 박막의 두께 d는 공기 중에서 두께차를 얻었으므로 $2d+\Gamma_r = m\lambda$에서 박막의 두께차는 $2d=(\Delta m)\lambda$로 나타날 것이고 무늬 사이 간격은 $\Delta m = \Delta x/x$이다.

따라서 박막의 두께

$$d=(\Delta x/x)(\lambda/2) \tag{6.28}$$

로 구할 수 있다.

예제 6.5

박막의 두께를 측정하기 위해 546nm의 파장을 가진 단색광으로 Twyman-Green 간섭계를 이용하여 Fizeau 간섭무늬를 얻은 결과 간섭무늬의 간격은 5.0mm이었으며 무늬가 계단에 의해 2.4mm만큼 이동되었다. 박막의 두께는 얼마인가?

풀이 $d=(\Delta x/x)(\lambda/2)=(2.4\text{mm}/5.0\text{mm})(546\text{nm}/2)=131\text{nm}$

제 6 절 평행평면 내에서 여러 개 빛살다발의 간섭

1. Stokes의 관계

물질 1로부터 입사하여 반사 및 굴절이 일어날 때 입사파의 전장의 진폭을 E_i, 반사파의 전장의 진폭을 E_r 그리고 투과파의 전장의 진폭을 E_t라고 할 때 입사파와 반사파의 진폭비를 **반사계수**(reflection coefficient) $r=\dfrac{E_r}{E_i}$라 하고, 입사파와 투과파의 진폭비를 **투과계수**(transmission coefficient) $t=\dfrac{E_t}{E_i}$라 한다. 따라서 반사파의 진폭은 $E_r=rE_i$이며, 투과파의 진폭은 $E_t=tE_i$가 된다.

물질 2에서 입사하여 반사 및 투과를 할 때에는 반사계수를 r', 투과계수를 t'이라고 정의하자.

$$tt'=1-r^2 \tag{6.29}$$

$$r=-r' \tag{6.30}$$

이 성립한다. 이 두 관계식을 Stokes의 **관계**라 한다. 식 (6.30)은 $r=e^{i\pi}r'$으로 표현할 수가 있다. 굴절률이 큰 매질에서 작은 매질로 입사할 때 반사파는 π만큼의 위상이 지연됨을 의미한다.

2. 평행판 내에서의 여러 개 빛살다발의 간섭

그림 6.10에서 보는 바와 같이 평행판에 의해 반사 및 투과를 여러 번 반복한 광파의 간섭을 살펴보자. 얇은 박막에 의한 간섭에서 살펴본 바와 같이 두께 t의 박막에 의한 위상차는 $\delta=k(\Gamma_p+\Gamma_r)$이다. 박막두께에 의해 광로정차는 $\Gamma_p=2n_f t\cos\theta_t$임을 살펴보았다.

그림 6.10에서 보는 바와 같이 입사하는 광파의 진폭이 $E_i=E_0e^{i\omega t}$이라면 첫 번째 반사한 광파의 진폭은 $E_1=(rE_0)e^{i\omega t}$가 될 것이고, 두 번째 반사해 나오는 광파는 투과 및 제 2면에서 반사하고 1면으로 투과한 것이기 때문에 $E_2=(tr't'E_0)e^{i(\omega t-\delta)}$가 되며 세 번째 반사해 나오는 파의 진폭은 1면에서 투과하고 평행판 안에서 3번 반사하고 면

1에서 투과하기 때문에 $E_3 = (tr'^3 t' E_0)e^{i(\omega t - 2\delta)}$가 된다. 이와 같이 하여 N번째 광파의 진폭 E_N은, $E_N = (tr^{(2N-3)} t' E_0)e^{i[\omega t - (N-1)\delta]}$가 된다. 이들을 모두 합하면

$$E_r = \sum_{n=1}^{\infty} E_i = rE_0 e^{i\omega t} + \sum_{n=2}^{\infty} tt' E_0 e^{-i\omega t} r'^{(2n-3)} e^{-(n-2)i\delta}$$

$$= E_0 e^{i\omega t}\left[r + tt' e^{i\delta} \sum_{n=2}^{\infty} r'^{(2n-3)} e^{-(n-1)i\delta}\right]$$

이 된다. 여기서 $x = r'^2 e^{-i\delta}$로 놓으면 $\sum$항은 등비급수가 되어

$$\sum_{n=2}^{\infty} x^{n-2} = 1 + x + x^2 + \cdots\cdots$$

가 된다. 그런데 $|x| < 1$이므로 위의 등비급수는 수렴이 되고 그 총합은

$$\sum_{n=2}^{\infty} x^{n-2} = \frac{1}{(1-x)}$$

가 된다. 이와 같이 하여

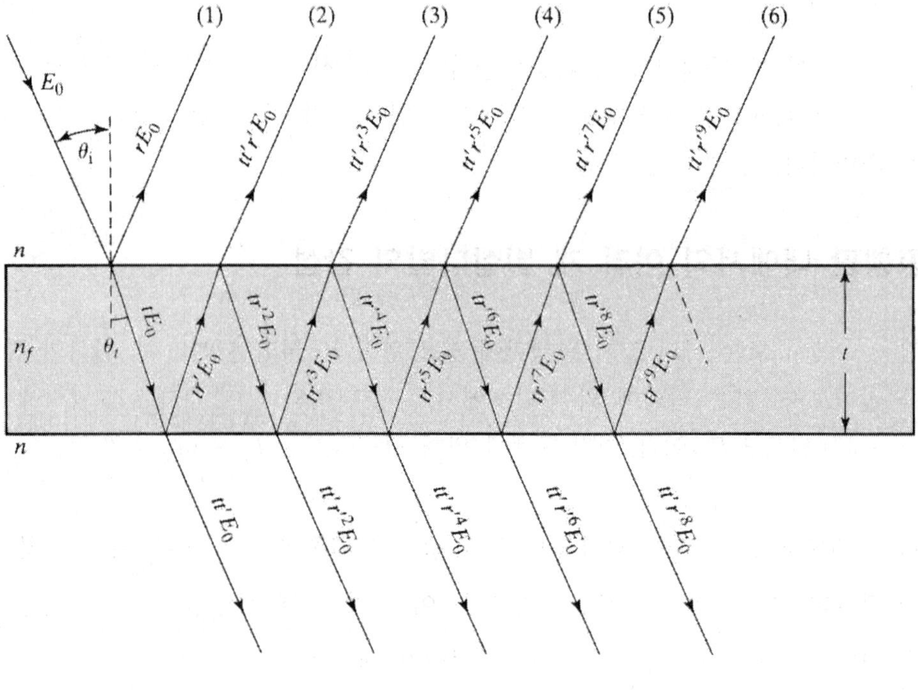

그림 6.10 ▶ 평행평면판 내의 여러 번 반사 및 투과된 빛살다발의 중첩

$$E_r = E_0 e^{i\omega t}\left(r + \frac{tt'r'e^{-i\delta}}{1 - r'^2 e^{-i\delta}}\right)$$

을 얻을 수 있다. 식 (6.29)와 식 (6.30)을 이용하면

$$E_r = E_0 e^{i\omega t}\left[\frac{r(1 - e^{-i\delta})}{1 - r^2 e^{-i\delta}}\right]$$

가 된다. 즉 반사계수는

$$\frac{E_r}{E_i} = \frac{r(1 - e^{-i\delta})}{1 - r^2 e^{-i\delta}} \tag{6.31}$$

로 된다.

반사율은 반사파와 입사파의 복사조도의 비이다.

$$R = \frac{I_r}{I_i} = \frac{\epsilon_0 c E_r E_r^*}{\epsilon_0 c E_i E_i^*} = rr^*$$

이므로, **반사율**

$$R = \left[\frac{r(1 - e^{-i\delta})}{1 - r^2 e^{-i\delta}}\right]\left[\frac{r(1 - e^{i\delta})}{1 - r^2 e^{i\delta}}\right] = \frac{r^2[2 - (e^{i\delta} + e^{-i\delta})]}{1 + r^4 - r^2(e^{i\delta} + e^{-i\delta})}$$

이다. $\cos\delta = \dfrac{e^{i\delta} + e^{-i\delta}}{2}$ 을 이용하면

$$R = \frac{2r^2(1 - \cos\delta)}{1 + r^4 - 2r^2\cos\delta} \tag{6.32}$$

를 얻는다.

비슷한 방법으로 투과광은

$$E_t = tt'E_0 e^{i\omega t}\sum_{n=1}^{\infty} r'^{2(n-1)} e^{-i(n-1)\delta}$$

이다. 여기서도 $x = r'^2 e^{-i\delta}$로 놓으면

$$E_t = tt'E_0 e^{i\omega t}(1 + x + x^2 + \cdots) = \frac{tt'E_0 e^{i\omega t}}{1 - r^2 e^{-i\delta}}$$

이다. Stokes 관계식을 적용하면

$$E_t = E_0 e^{i\omega t}\left[\frac{1 - r^2}{1 - r^2 e^{-i\delta}}\right]$$

가 된다. 따라서 투과계수는

$$t = \frac{E_t}{E_i} = \frac{1 - r^2}{1 - r^2 e^{-i\delta}} \tag{6.33}$$

이 되고 **투과율**은

$$T = tt^* = \frac{(1 - r^2)^2}{1 + r^4 - 2r^2 \cos\delta} \tag{6.34}$$

가 된다. 투과율과 반사율을 합하면

$$R + T = \frac{2r^2(1 - \cos\delta) + (1 - r^2)^2}{1 + r^4 - 2r^2 e^{-i\delta}} = 1.0$$

이 됨을 알 수 있다. 흡수를 무시한다면 반사율과 투과율의 합이 1이 되어 에너지가 보존되는 것을 의미한다.

제6장 간섭

연습문제

[1] 간격이 0.8mm인 이중 슬릿에 1.0m 떨어진 스크린 위에서 두 개의 밝은 무늬 간의 거리가 2.0mm일 때 빛의 파장은 얼마인가?

[2] 파장이 633nm인 빛이 이중 슬릿을 통과하여 1.2m 떨어진 스크린 상에서 간섭을 일으킨 결과 0차 밝은 무늬와 3차 어두운 무늬 간의 거리는 얼마인가? 단 슬릿 간의 간격은 0.2mm이다.

[3] 굴절률 1.42이고 두께가 320nm인 박막에서 $\theta = 0°$에서 간섭무늬의 차수는 얼마인가? 단, 입사하는 빛의 파장은 550nm이다.

[4] 뉴턴 링(Newton ring)을 포함한 실험에서 파장 580nm의 단색광을 가지고 다섯 번째 밝은 무늬의 직경이 2.3mm, 15번째 밝은 무늬의 직경은 4.12mm로 측정되었다. 볼록 유리면의 곡률반경을 구하라.

[5] 그림 6.6에서 길이 $L = 50.0\text{mm}$인 슬라이드 글라스에 두께 $d = 0.1\text{mm}$인 면도날을 이용하여 쐐기형으로 만들었다. $x = 1.20\text{cm}$에서 100번째 밝은 무늬를 얻으려면 파장이 얼마나 되는 가시광선을 사용해야 하는가?

[6] 두께가 1.0mm이고 굴절률이 1.52인 평행평면 유리판 위에 두께가 200nm이고 굴절률이 1.38인 유전체로 박막을 입혀서 입사각 30°로 파장 546.1nm의 레이저 빛살다발을 비출 때에 박막의 윗면에서 반사된 빛과 아랫면에서 반사된 빛이 소멸간섭을 일으키려면 최소 박막의 두께가 얼마가 되어야 하는가?

[7] 546nm의 파장을 가진 빛으로 중앙으로부터 12.0mm에 120차 어두운 Newton ring을 얻었다면 구면의 곡률반경은 얼마인가?

[8] 박막의 두께를 측정하기 위해 546nm의 파장을 가진 단색광으로 Twyman-Green 간섭계를 이용하여 Fizeau 간섭무늬를 얻은 결과 간섭무늬의 간격은 2.0mm이었으며 무늬가 계단에 의해 1.2mm만큼 이동되었다. 박막의 두께는 얼마인가?

[9] 박막의 두께를 측정하기 위해 633nm의 파장을 가진 단색광으로 Twyman-Green 간섭계를 이용하여 Fizeau 간섭무늬를 얻은 결과 간섭무늬의 간격은 2.5mm이었으며 무늬가 계단에 의해 4.45mm만큼 이동되었다. 박막의 두께는 얼마인가?

[10] 박막의 두께를 측정하기 위해 633nm의 파장을 가진 단색광으로 Twyman-Green 간섭계를 이용하여 Fizeau 간섭무늬를 얻은 결과 간섭무늬의 간격은 2.23mm이었으며 무늬가 계단에 의해 1.45mm만큼 이동되었다. 박막의 두께는 얼마인가?

Chapter

07 간 섭 계

제1절 서 론

여러 가지 방법으로 빛이 간섭을 하여 광로차에 의해 무늬를 만드는 장치를 광학적 간섭계(optical interferometer)라 한다. 이러한 응용은 음파나 라디오파까지도 확산되고 있다. 결맞는(coherence) 빛살다발(light beam)의 간섭이 이루어지기 위해서는 간섭계가 빛을 2개 또는 그 이상의 부분으로 나누었다가 다시 하나로 중첩되면서 간섭무늬를 얻게 된다.

대체로 간섭계는 최초의 빛살다발을 분리하는 방법으로 분류를 한다. 간섭계는 결맞는 빛살다발의 동일한 파면을 분리하여 간섭을 일으키는 **파면분리형 간섭계**와 같은 빛살다발의 파면에서 진폭을 분리하여 간섭을 일으키는 **진폭분리형 간섭계**로 분류된다.

파면분리형의 대표적인 간섭은 영(Young)의 이중 슬릿에 의한 간섭이 있으며 그 응용으로 로이드의 거울이나 프레넬의 이중 프리즘(Fresnel's biprism) 간섭계가 있다. 진폭 분리형은 빛살다발 가르개(beam splitter)에 의해 빛살다발을 나누어 간섭을 일으키는 마이켈슨(Michelson) 간섭계와 그 응용인 Twyman-Green 간섭계, Mach-Zehnder 간섭계, Sagnac 간섭계 등이 있고 여러 개 빛살다발을 이용하는 Fabre-Perot 간섭계가 있다. 영의 이중 슬릿에 의한 간섭과 Newton ring은 앞에서 설명되었기 때문에 여기서는 주로 마이켈슨 간섭계와 Fabre-Perot 간섭계 그리고 중력장 간섭계에 대해서만 설명한다.

제2절 마이켈슨 간섭계

마이켈슨 간섭계는 1881년 Albert Michelson에 의해 소개되었다. 그는 이 간섭계를 이용하여 당시에 거의 모든 학자들이 믿고 있었던 **에테르(ether)**의 존재를 부정하게 되었고 그것은 상대성 이론을 정립하는 데 큰 실험적 기초를 마련하게 되었다.

마이켈슨은 간섭계를 이용하여 빛의 파장을 측정하는 등 많은 업적을 남겨 노벨 물리학상을 받았다.

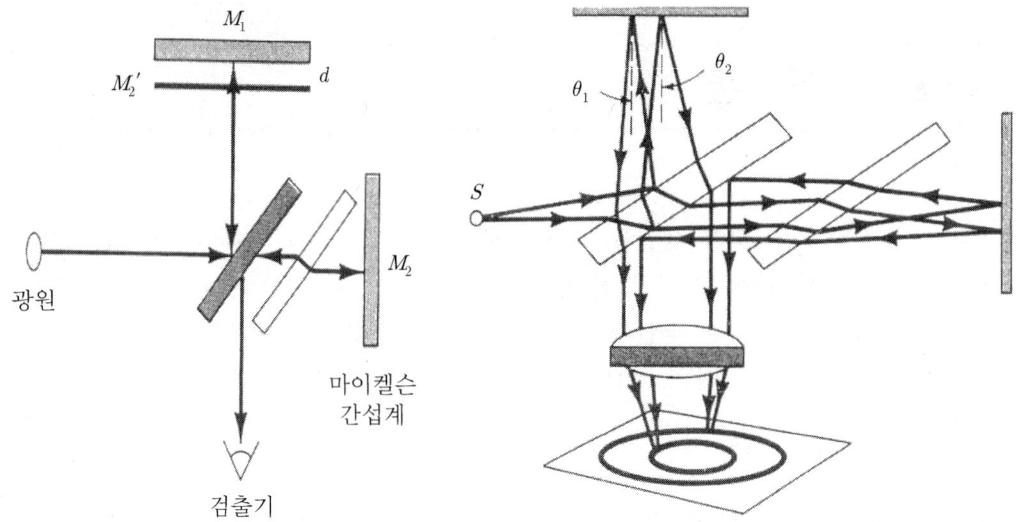

(a) 마이켈슨 간섭계

(b) 마이켈슨 간섭계의 하이딩거 무늬의 형성

그림 7.1 ▶ 마이켈슨 간섭계와 간섭무늬 형성

마이켈슨 간섭계는 그림 7.1(a)에서 보는 바와 같이 큰 광원을 사용하여 빛살다발 가르개로 진폭을 수직으로 나누어 하나는 빛살다발 가르개에서 반사하여 수직으로 올라가 반사경 M_1에 의해 반사되어 빛살다발 가르개를 다시 투과하며, 다른 하나는 빛살다발 가르개를 투과하여 반사경 M_2에 의해 반사되어 빛살다발 가르개에서 다시 반사한다. 이 두 반사경은 서로 수직하며 광로정차가 있다. 그러나 그 광로정차도 또한 광원의 크기 때문에 그림 7.1(b)에서 보는 바와 같이 광축으로부터의 거리에 따라서 경사각에 의해 차이가 생긴다. 이로 인하여 광원의 같은 경사를 따라서 동심원으로 나타나는 하이딩거 무늬가 형성된다.

그림 7.2(a)에서 보는 바와 같이 반사경 M_2을 반사경 M_1 쪽으로 접어서 M_2'이라고 하고, 두 반사경에 의해 반사된 빛살의 광로정차를 살펴보면 그림 7.2(b)와 같다. 광원이 광축으로부터 벗어난 점을 생각하면 광축과 θ의 각을 이루고 있을 때, 두 반사경의 거리 차이가 d라면 반사광이 왕복하기 때문에 광로정차 $\Gamma_p = 2d\cos\theta$가 된다. 이때 광로정차는 광원의 결맞음 거리보다 짧아야 한다.

빛살다발 가르개(beam splitter)가 유리라면 두 빛살의 반사파 사이에는 부가적인 위상차이가 π이다. 즉 $\Gamma_r = \frac{1}{2}\lambda$이다. 따라서 광로정차 Γ가

$$\Gamma = \Gamma_p + \Gamma_r = m\lambda,\ m = 0, 1, 2, \cdots \tag{7.1}$$

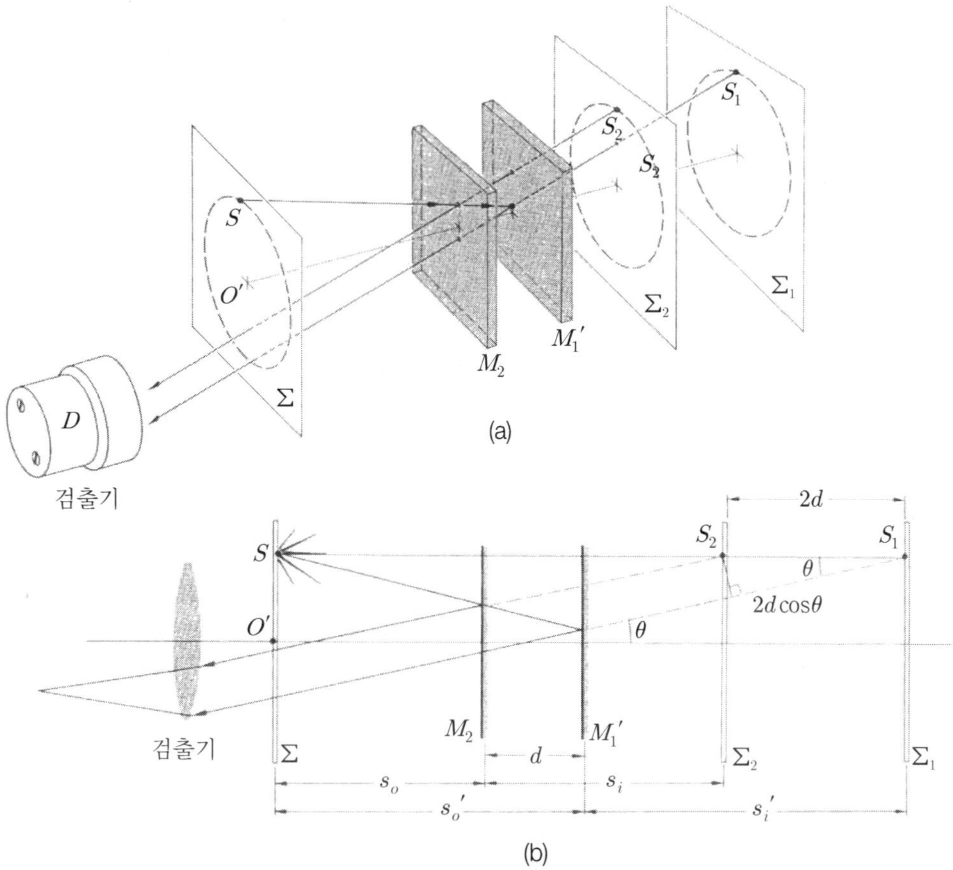

그림 7.2 ▸ 마이켈슨 간섭계에서의 광로정차

이면 보강간섭이 일어나 밝은 무늬가 생기고

$$\Gamma = \Gamma_p + \Gamma_r = \left(m \pm \frac{1}{2}\right)\lambda,\ \ m = 0,\ 1,\ 2,\ \cdots \tag{7.2}$$

이면 소멸간섭이 일어나 어두운 무늬가 생긴다. 간단히 말하면 m차 어두운 무늬가 생기는 조건은

$$2d\cos\theta = m\lambda,\ \ m = 0,\ 1,\ 2,\ \cdots \tag{7.3}$$

이다. 광축을 따라 들어오는 광선을 생각하면 $\theta = 0$이므로 $\cos\theta = 1.0$으로 최대가 되어 중심부의 어두운 무늬가 되려면

$$2d = m_0\lambda \tag{7.4}$$

로 되어야 한다.

주어진 d에 대해 그 이웃하고 있는 어두운 무늬들을 살펴보자. 중심으로부터 p번째 어두운 무늬가 되는 조건은

$$2d\cos\theta_p = (m_0 - p)\lambda, \quad p = 1, 2, 3, \cdots \tag{7.5}$$

가 되어야 한다.

식 (7.4)에서 식 (7.5)를 빼주면

$$2d(1 - \cos\theta_p) = p\lambda \tag{7.6}$$

이 되며 p번째 어두운 무늬의 각도 위치를 나타낸다. 여기서

$$p = m_0 - m = \frac{2d}{\lambda} - m \tag{7.7}$$

의 관계가 된다. 예를 들면 $m_0 = 400$이라면 첫 번째 어두운 무늬 위치에서는 $m = 399$이고 $p = 1$이며 두 번째 어두운 무늬 위치에서는 $m = 398$, $p = 2$이다. 광로차를 위상으로 나타내면 $\delta = k\Gamma = \left(\frac{2\pi}{\lambda}\right)\Gamma$이고 만약 두 빛살다발(beam)의 진폭이 같다면 간섭파의 복사 조도(irradiance) I는

$$I = 4I_0\cos^2\left(\frac{\delta}{2}\right) \tag{7.8}$$

이다. 그리고 각도가 매우 작으면 $1 - \cos\theta_p = \frac{\theta_p^2}{2}$이므로 식 (7.6)으로부터

$$\theta_p = \sqrt{\frac{p\lambda}{d}} \tag{7.9}$$

를 얻을 수 있고 이것은 p번째 어두운 무늬의 각도 반경이다.

파장을 측정하기 위해서 두 반사경 사이의 거리를 움직여 고정된 한 위치에서 무늬가 몇 개 이동되었는가를 측정한다. 만약 Δd만큼 거울의 위치를 이동하였을 때 한 위치에서 무늬가 N개 이동하였다면 $\Delta d = N(\lambda/2)$가 되므로 측정하고자 하는 파장은

$$\lambda = \frac{2\Delta d}{N} \tag{7.10}$$

예제 7.1

마이켈슨 간섭계로 단색광의 간섭무늬를 관찰하였더니 0.072mm를 움직일 때 300개의 무늬가 이동하였다. (a) 그 빛의 파장은 얼마인가? (b) 간섭계의 한쪽 경로에 굴절률이 1.516이고 두께가 0.004mm인 얇은 유리조각을 위치할 때 발생되는 광로정차와 이로 인하여 이동되는 무늬의 수를 구하라.

풀이 (a) $\lambda = \dfrac{2\Delta d}{\Delta m} = \dfrac{2(0.072\ \text{mm})}{300} = 4.8\times 10^{-4}\text{mm} = 480\text{nm}$

(b) $\Delta d = (n_g - 1.0)t = (1.516 - 1.0)(0.004\text{mm}) = 2.064\times 10^{-3}\text{mm}$

$\Delta m = \dfrac{2\Delta d}{\lambda} = \dfrac{2(2.064\times 10^{-3}\text{mm})}{4.8\times 10^{-4}\text{mm}} = 8.6$개의 무늬가 이동한다.

제 3 절 마이켈슨 간섭계의 응용

반사거울의 배치에 따라 다음과 같이 Mach-Zehnder 간섭계나 Sagnac 간섭계를 구성할 수 있다.

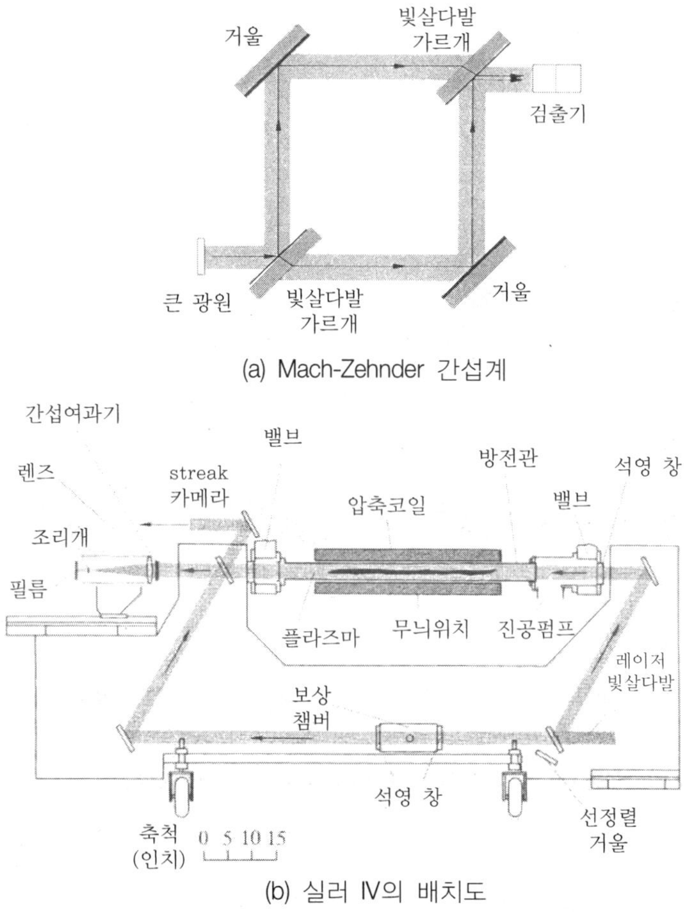

그림 7.3 ▸ Mach-Zehnder 간섭계와 그 응용

Mach-Zehnder 간섭계(그림 7.3)는 반사경 두 개를 사용하되 빛살다발 가르개 2개를 사용하여 진폭을 분리하여, 하나는 빛살다발 가르개에서 반사되어 거울에 반사하고 제 2의 빛살다발 가르개를 통과하고, 다른 하나는 빛살다발 가르개를 투과하여 거울에 반사하고 제 2 빛살다발 가르개에서 또 다시 반사하여 검출기에로 모인다. 두 거울의 광로정차는 제 2의 빛살다발 가르개를 약간 치우쳐 놓음으로 해서 얻을 수 있다.

Mach-Zehnder 간섭계의 원리를 이용해서 열핵반응과정을 연구하는 실러 IV를 제작하였다. 이 장치를 이용하여 플라즈마의 상태를 관찰할 수가 있다.

Mach-Zehnder 간섭계와 비슷한 구조를 가진 **Sagnac 간섭계**(그림 7.4)가 있다. 이 간섭계는 두 빛살다발이 밀폐된 경로를 따라서 서로 반대방향으로 진행한 후에 다시 만나서 간섭을 하여 무늬를 얻고 이 장치는 정렬이 매우 쉬우며 안정된 장치이다. 그래서 광 자이로스코프의 구성에 응용되고 있다. 한쪽 거울의 각도를 약간 다르게 하여 광로정차를 얻을 수 있다.

마이켈슨 간섭계와 모양이 동일하고 광원을 점광원으로 하는 것이 **Twyman-Green 간섭계**(그림 7.5)이다. 광원이 점광원이므로 광원크기에 따르는 경사가 없고 다만 반사거울을 경사지게 약간 틀어서 두 분리된 빛살다발의 파면이 서로 약간 기울어져 동일두께에 의한 간섭을 일으키는 것이다. 이것은 주로 광학소자의 성능평가 혹은 투명매질의 균질도(homogeneity) 등을 측정하는 데 응용되고 있다.

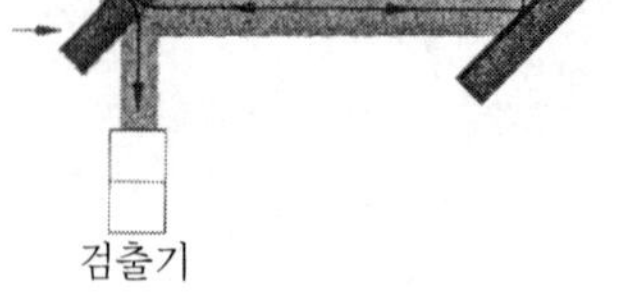

(a) Sagnac 간섭계

(b) Sagnac 간섭계의 변형

그림 7.4 ▸ Sagnac 간섭계와 그의 변형된 형태

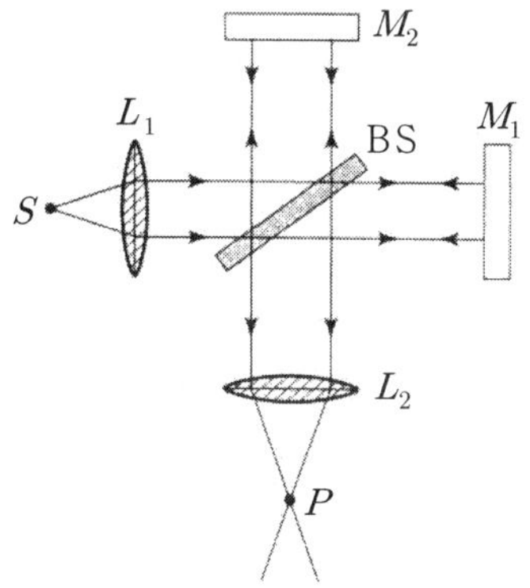

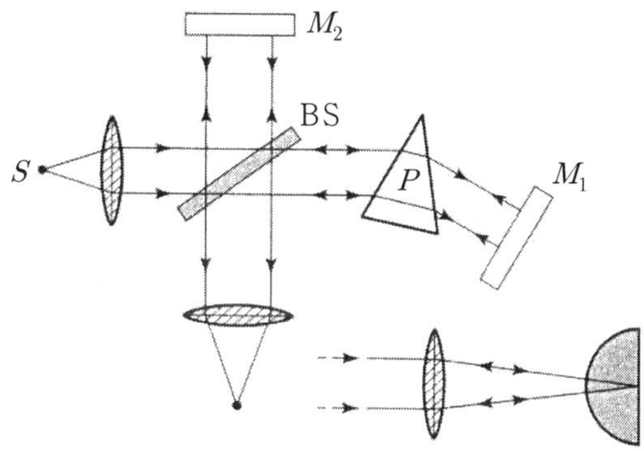

그림 7.5 ▶ Twyman-Green 간섭계와 그 응용

제 4 절 Fabre-Perot 간섭계

그림 7.6에서 보는 바와 같이 Fabre-Perot 간섭계는 두 평행평면거울에 의한 여러 번 투과에 의한 간섭이다. 제6장에서 평행평면거울 내에서의 여러 번 투과에 의한 간섭에서 투과율은

$$T = tt^* = \frac{(1-r^2)^2}{1+r^4-2r^2\cos\delta} \tag{7.11}$$

로 주어지는 것을 살펴보았다.

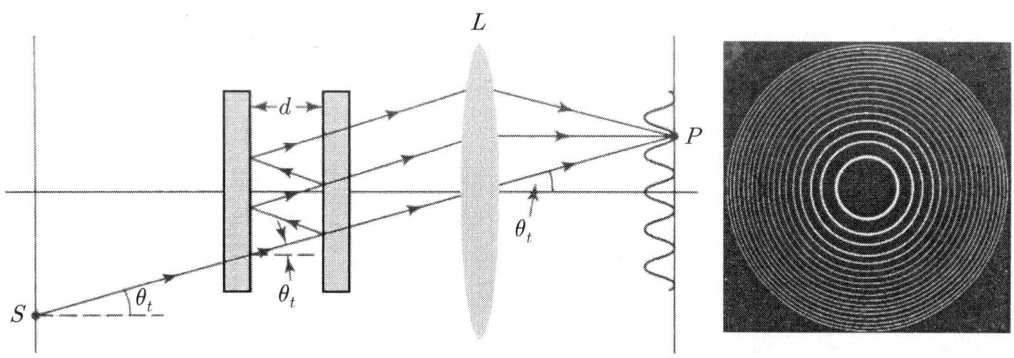

그림 7.6 ▶ Fabre-Perot 간섭계와 그 간섭무늬

삼각함수에서

$$\cos\delta = 1 - 2\sin^2\left(\frac{\delta}{2}\right)$$

을 이용하면 식 (7.11)의 분모는

$$1 + r^4 - 2r^2\left[1 - 2\sin^2\left(\frac{\delta}{2}\right)\right] = (1 - r^2)^2 + 4r^2\sin^2\left(\frac{\delta}{2}\right)$$

가 된다. 분모 분자를 모두 $(1-r^2)^2$으로 나누어 주면 식 (7.11)은

$$T = \frac{1}{1 + [4r^2/(1-r^2)^2]\sin^2(\delta/2)} \tag{7.12}$$

로 된다. 여기서

$$F = \frac{4r^2}{(1-r^2)^2} = \left(\frac{2r}{1-r^2}\right)^2 \tag{7.13}$$

로 놓고 이를 **예리도 계수**(coefficient of finesse)라 한다. 그러면 식 (7.12)는 간단한 형태로 되어

$$T = \frac{1}{1 + F\sin^2(\delta/2)} \tag{7.14}$$

가 된다.

예리도 계수(coefficient of finesse) F는 반사계수 r에 민감한 함수로서 r이 0에서부터 1까지 변화함에 따라서 F는 0에서부터 무한대까지 변화한다. 특정하게 선택된 반사계수 r에 대하여 투과율을 왕복 위상차에 대응하여 그린 것이 그림 7.7에 나타나 있다. 반사율이 높을수록 무늬는 더 날카롭게 나타난다. 그림에서 점선으로 나타낸 곡선은 마이켈슨 간섭계로부터 얻는 하이딩거 무늬의 조도(irradiance)이다.

그림에서 Fabre-Perot 무늬에서 $r = 0.5$일 경우에는 마이켈슨 간섭계의 무늬가 더 날카롭게 나타나지만 $r = 0.9$인 경우에는 Fabre-Perot 무늬가 훨씬 더 날카롭다.

$$A(\theta) \equiv \frac{1}{1 + F\sin^2(\delta/2)} \tag{7.15}$$

를 **에어리 함수**(Airy function)라고 정의한다. 그리고 **예리도**(finesse) ψ는

$$\psi = \frac{\pi\sqrt{F}}{2} = \frac{\pi r}{1-r^2} \tag{7.16}$$

로 정의한다.

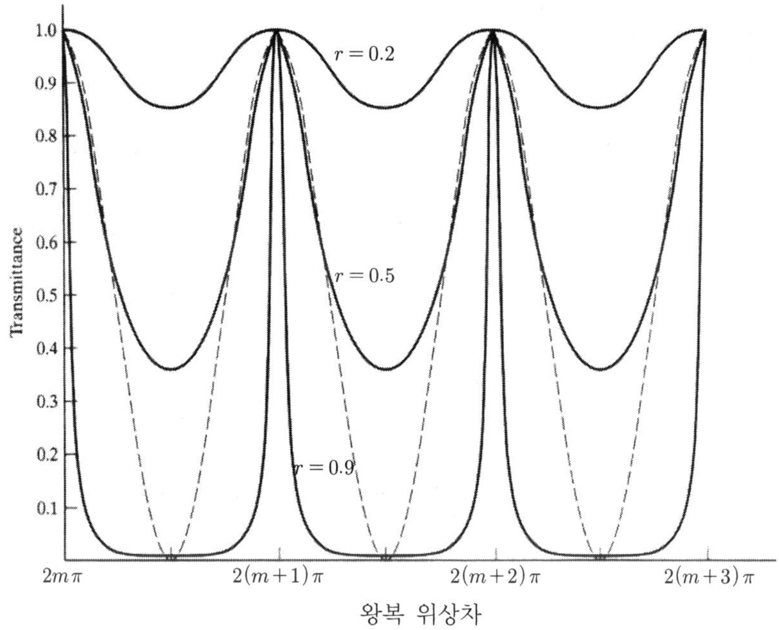

그림 7.7 ▸ Fabre-Perot 간섭무늬의 윤곽

그러면 투과율 T는

$$T=\frac{1}{1+(4\psi^2/\pi^2)\sin^2(\delta/2)} \tag{7.17}$$

로 고쳐 쓸 수 있다.

투과율의 이웃하고 있는 첨두(peak) 사이의 위상 간격을 공동(cavity)의 **자유스펙트럼거리**(FSR : Free Spectral Range)라 하며 δ_{fsr}로 표시한다. 이와 같이 하여

$$\delta_{fsr}=\delta_{m+1}-\delta_m=(m+1)2\pi-(m)2\pi=2\pi$$

이다.

투과율 peak의 **반치폭**(HWHM : Half-Width at Half-Maximum)은 식 (7.17)로부터 $T=\frac{1}{2}$이 되는 때를 보여줌으로써 찾을 수 있으며 $1+(4\psi^2/\pi^2)\sin^2(\delta/2)=2$가 되어야 한다(그림 7.8 참조). 즉

$$\sin^2(\delta/2)=\frac{\pi^2}{4\psi^2} \tag{7.18}$$

이 되어야 한다. 여기서 $\delta=2m\pi+\delta_{1/2}$이다.

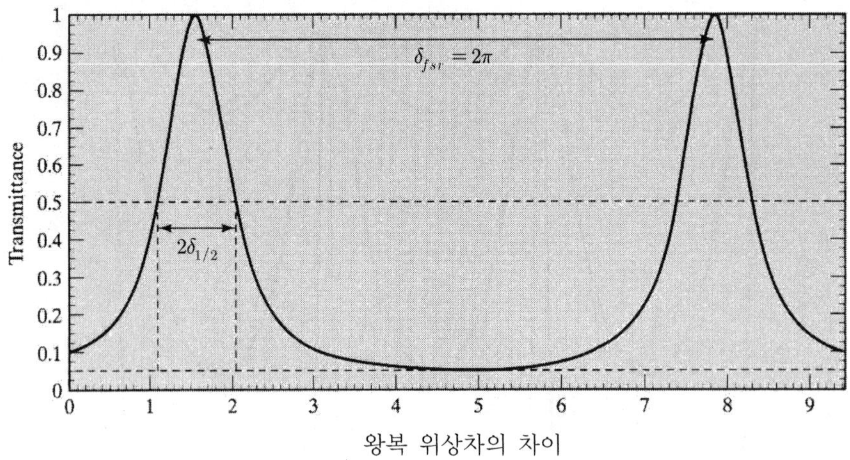

그림 7.8 ▶ 주기적 위상변위 δ의 함수로서 투과율 T

삼각함수의 성질에서

$$\sin^2(\delta/2) = \sin^2(m\pi + \delta_{1/2}/2) = \sin^2\left(\frac{\delta_{1/2}}{2}\right) \cong \left(\frac{\delta_{1/2}}{2}\right)^2 \tag{7.19}$$

이다. 식 (7.18)과 식 (7.19)로부터

$$\sin^2\left(\frac{\delta}{2}\right) = \left(\frac{\delta_{1/2}}{2}\right)^2 = \left(\frac{\pi}{2\psi}\right)^2$$

이 되는 것을 알 수 있고 이로부터 반치폭(HWHM) $\delta_{1/2}$은

$$\delta_{1/2} = \frac{\pi}{\psi} \tag{7.20}$$

이 되는 것을 확인할 수 있다. 그러므로 Fabre-Perot 간섭계의 분해능 P는

$$P = \frac{\lambda}{\Delta\lambda_{\min}} = 2d\psi/\lambda = m\psi \tag{7.21}$$

이다. 여기서 $m = \dfrac{2d}{\lambda}$는 명목상의 파장 λ와 명목상의 공동길이 d이며 $\Delta\lambda_{\min}$은 최소 분해 파장 간격이다.

예제 7.2

그림 7.8에 보인 투과율 곡선을 가진 Fabre-Perot 공동에 대한 예리도 계수와 예리도 그리고 반사경의 반사계수를 평가해 보라.

풀이 그림 7.8에서 최소 투과율은 $T_{\min} = 0.05$이다.

예리도 계수　$F = \frac{T_{max} - T_{min}}{T_{min}} \approx \frac{1.0 - 0.05}{0.05} = 19.0$

예리도　$\psi = \frac{\delta_{fsr}}{\text{FWHM}} \approx \frac{2\pi}{2.03 - 1.11} = 6.83$

$6.83r^2 + \pi r - 6.83 = 0, \quad r \approx 0.796$ 또는 $\psi = \frac{\pi\sqrt{F}}{2} \approx \frac{\pi\sqrt{19.0}}{2} = 6.85$

거울의 반사계수 $\psi = \frac{\pi r}{(1 - r^2)}$ 로부터 $6.85r^2 + \pi r - 6.85 = 0, \quad r \approx 0.797$

제 5 절　얇은 박막의 이용

박막을 한번 횡단한 빛에 관련하여 광로정차 $\Delta_1 = n_1 t$에 대한 반사율을 그래프로 그린 것이 그림 7.9에 보여주는 바와 같다. 여기서 횡좌표는 박막 내의 파장 $\lambda = \lambda_0 / n_1$을 가지고 Δ_1 / λ의 비율로서 눈금을 맞춘 것이다. 각 곡선은 다른 박막의 굴절률에 대한 것이지만 유리기판 굴절률은 모두 $n_s = 1.52$로 선택된 것이다.

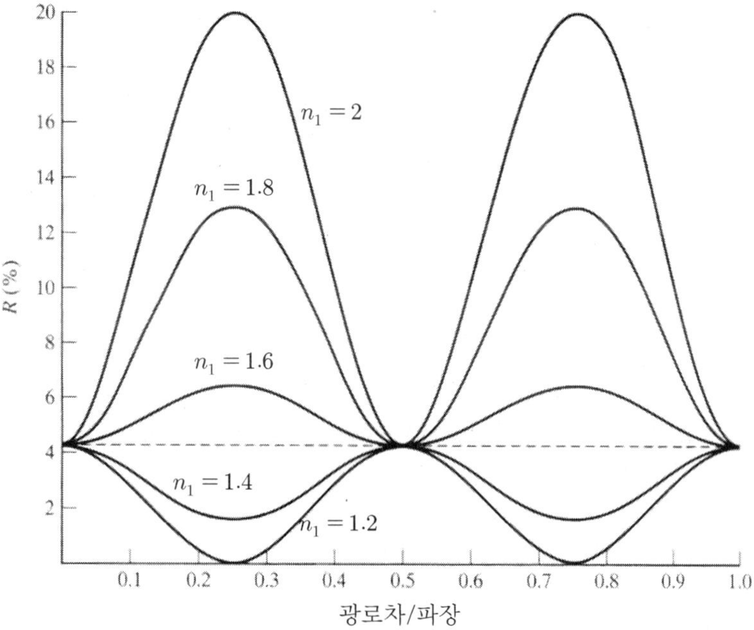

그림 7.9 ▶ 규격화된 광로정차에 대한 굴절률 n_1인 단층 박막의 반사율

분명히 박막의 굴절률의 크기가 박막을 입히지 않은 유리보다 더 반사율이 증진되거나($n_1 > n_s$) 감소되는($n_1 < n_s$)가를 결정한다.

곡선은 1/4파장 두께 혹은 홀수층 박막으로부터 반사율의 최적의 증진(높은 반사 박막) 또는 최대 감소(무반사 박막)를 보여주고 있다. 반사율의 이들 최소 및 최대 점들은 박막두께의 선택을 통하여 Δ_1 변화에 의해 여러 가지 파장에서 일어나도록 만들어질 수가 있다.

$\Delta_1 = \lambda/2$이거나 $\lambda/4$의 임의 짝수배 층에 대해서는 반사율이 박막을 입히지 않았을 때의 반사율과 같다는 것에 주목하라.

$n_1 < n_s$인 단층 무반사 박막은 어떠한 파장에 대해서도 결코 박막을 입히지 않았을 경우보다 더 많이 반사하지 않는다. Δ_1에 대한 반사율 R의 주기적인 변화는 박막두께에 비례하고 박막을 입히는 과정에서 박막두께를 모니터링(monitoring)하는 실용적인 방법을 제공한다.

$\lambda/4$ 박막두께의 중요한 경우는 $t = \dfrac{\lambda}{4} = \dfrac{\lambda_0}{4n_1}$의 위상차를 만들고, $\delta = 2\pi n_1 t/\lambda_0 = \pi/2$로 된다. 그래서 $\cos\delta = 0$와 $\sin\delta = 1.0$을 만드는 것이다. 이 경우에 수직입사 $\lambda/4$ 두께의 반사율에 대하여 다음 식으로 된다.

$$R = \left(\frac{n_0 n_s - n_1^2}{n_0 n_s + n_1^2}\right)^2 \tag{7.22}$$

식 (7.22)로부터 완전한 **무반사 박막**은 $\lambda/4$ 두께와 굴절률 $n_1 = \sqrt{n_0 n_s}$이 되는 박막으로 제작될 수 있다. 만약 기판이 굴절률 $n_s = 1.52$인 유리라면 주위의 굴절률을 $n_0 = 1.0$로 가정할 때 이상적인 무반사 박막의 굴절률은 $n_1 = 1.23$이다.

이용 가능한 물질 가운데 절충안으로 선택한다면 $n_1 = 1.38$인 MgF_2의 박막이 가장 적당하다. 이 박막에 대해서 식 (7.22)는 가시영역에서 1.3%의 반사율을 예측할 수 있고 박막을 입히지 않은 유리에 대해서는 약 4.3%가 될 것이다. 이러한 차이는 여러 면을 가지는 광학계에서는 현저하게 빛에너지가 절약된다는 것을 나타낸다.

예를 들어 단지 6개의 면 또는 일련의 부품 중에서 3개의 부품에서 반사한 후에 박막을 입히지 않은 유리의 경우 입사광의 77%에 비해서 MgF_2 박막을 입히면 93%의 에너지가 투과한다.

제 6 절 간섭거르개

특정한 파장만 투과하거나 반사하도록 하여 특정한 파장만 걸러내는 것을 거르개(여과기 또는 필터; filter)라 한다. 흡수나 간섭을 이용하는 **색거르개**(color filter)가 있다. 이들의 특성은 세 가지 변수로 나타낸다. **첨두파장**(peak wavelength) λ_{max}에서의 투과율인 **첨두투과율**(peak transmittance), T_{max} 또는 효율, 그리고 반치폭(Full Width at Half Maximum : FWHM)이라 하는 최대 투과의 중간 위치에서의 **대역폭(띠폭)**이다(그림 7.10).

두 반사박막 사이에 얇고 투명한 간격 층으로 구성한 투과형 **간섭거르개**(interference filter)가 있다. 대역거르개의 박막은 이전에는 금속박막을 많이 사용하였으나, 오늘날에는 보다 효율적인 비금속 부도체인 유전체 박막을 많이 사용하고 있다. 이 박막들과 간격 층은 유리판 위에 진공 증착을 시킨다. 그런 후에 박막을 보호하기 위해 다른 평행평판을 위에 접합시킨다(그림 7.11).

일반적으로는 두 반사박막들은 그 사이에 있는 간격 층보다 높은 굴절률을 가진다. 그래서 두 번의 π만큼 위상변위가 일어나고, 수직 입사에 대하여 다음과 같이 극대 투과파장을 구할 수 있다.

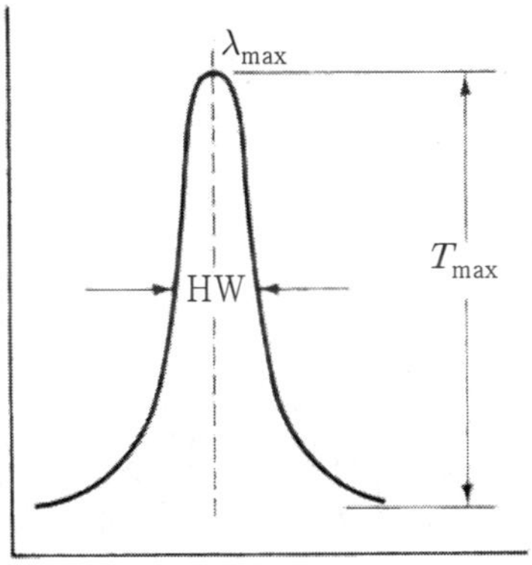

그림 7.10 ▸ 색거르개

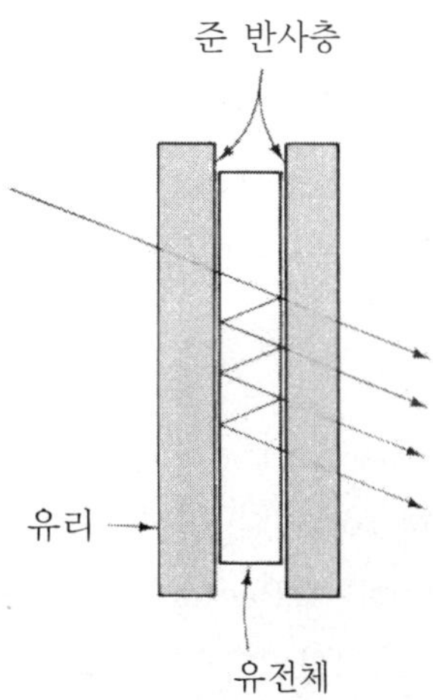

그림 7.11 ▸ 간섭거르개

$$\lambda_{max} = \frac{2n_f d}{m} \tag{7.23}$$

간섭거르개는 원하는 파장에 대하여 다른 거르개보다 더 바람직한 특성을 가지도록 만들 수 있다. 전형적인 간섭거르개로는 $T_{max} = 90\%$, FWHM = 0.1nm이고 가격은 1990년대 가격으로 약 US$ 250이다. **흡수거르개**로는 $T_{max} = 30\%$, FWHM = 50nm이고 1990년대 가격은 US$10 정도이다.

예제 7.3

(a) 파장 546.1(nm)인 빛을 분리시키기 위하여 설계된 간섭거르개의 간격 층의 최소 두께를 구하라. 단 박막은 $MgF_2(n = 1.38)$이다.

(b) 만약 거르개가 7° 기울어져 있다면 최대 투과는 얼마가 되겠는가?

풀이 (a) 식 (7.23)으로부터

$$d_{min} = \frac{\lambda}{2n_f \cos\theta_f} = \frac{546.1}{(2)(1.38)(1.0)} = 197.86\text{nm} \cong 198\text{nm}$$

(b) 경사각은 입사각 θ_i에 영향을 준다. 간격 층 내부에서의 굴절각 θ_f는 Snell의 법칙으로부터

$$n_i \sin\theta_i = n_f \sin\theta_f,\ \ \theta_f = \sin^{-1}\left(\frac{(1)(\sin 7°)}{1.38}\right) = 5.07°$$

이것을 식 (7.23)에 대입하여 파장을 구하면

$$\lambda_{max} = (2)(1.38)(198)\cos(5.07°) = 544.3\text{nm}$$

따라서

$$\Delta\lambda = 546.1 - 544.3 = 1.8\text{nm}$$

여기서 주목할 것은 간섭거르개가 기울어졌을 때 최대로 투과하는 파장은 더 짧은 파장 쪽으로 이동된다는 것이다.

간섭거르개도 반사를 목적으로 만들어 사용할 수 있다. 이러한 거르개를 **이색성 거울**(dichroic mirror)이라 하며, 어떤 파장들은 반사시키고 나머지 파장들은 투과시킨다.

열반사경(heat reflector) 또는 **뜨거운 거울**(hot mirror)은 적외선은 반사시키고(흡수된 빛은 열로 전환된다) 가시광선은 투과시킨다.

영사기, 클리그 전등(klieg light)에서 사용되는 **차가운 거울**(cold mirror)은 반대로 적외선은 투과시키고 가시광선은 반사시킨다.

쐐기형 간섭거르개에서는 거르개를 통과하는 간격들이 변화한다. 거르개의 한쪽 끝

에서 다른 쪽에 걸쳐 파란색부터 빨간색까지 투과하는 전체 스펙트럼을 얻는다. 파장을 선택할 수 있도록 슬릿과 결합하면 하나의 가격이 저렴한 **단색기**(monochromator)가 된다. 거부(rejection) 또는 부거르개(minus filter)는 스펙트럼에서 파장의 일부 영역을 차단하는데 이들은 레이저 보안용 안경 등에 사용된다.

보통 거르개의 이름으로 주어지는 색은 투과하는 빛의 색깔이다. 예를 들면 녹색거르개(여과기)는 주로 녹색만 투과시키고 나머지 빛은 거의 투과를 억제시킨다. 다른 예로서는 UV-거르개(여과기)는 자외선만 투과시키고 나머지 빛은 투과를 억제시킨다. 거르개가 자외선 투과를 억제시킬 때 UV-거부(UV-rejection) 혹은 UV-억제(UV-blocking) **거르개(여과기)**라 한다.

제7장 간섭계

연습문제

[1] 마이켈슨 간섭계로 관찰한 간섭무늬가 한쪽 거울을 0.12mm 이동하였을 때 500개의 무늬가 이동하였다. 빛의 파장을 구하라.

[2] 굴절률이 1.620인 얇은 유리판을 마이켈슨 간섭계의 한쪽 경로에 넣었더니 간섭무늬가 300개 이동하였다. 이때 사용한 빛의 파장이 587nm이다. 이 얇은 유리판의 두께는 얼마인가?

[3] 마이켈슨 간섭계의 무늬를 관찰하는데 한쪽 거울이 다른 쪽보다 2.0mm 더 길다. 빛의 파장이 500nm일 때 다음을 결정하라.
(a) 가운데 무늬의 차수, (b) 중심으로부터 6번째 어두운 무늬의 차수

[4] 기체의 굴절률을 측정하기 위해 마이켈슨 간섭계를 사용한다. 빛의 파장이 λ일 때 한쪽 경로에 길이 L의 기체 포자(cell)를 위치시켜 기체를 흐르게 한다.
(a) 만약 진공으로부터 대기압에 이르기까지 포자의 압력이 가해지면 N개의 무늬가 이동한다면 그 기체의 굴절률 n을 N, λ, L의 함수로 나타내어 보라.
(b) 만약에 포자의 길이가 $L = 10.0\text{cm}$이고 기체는 굴절률 $n = 1.0005$의 CO_2라면 587nm의 빛으로 무늬를 볼 때 몇 개의 무늬가 이동하겠는가?

[5] 파장 632.8nm인 He-Ne laser를 이용하는 마이켈슨 간섭계에서 경로차를 $25\mu m$로 조정하였다. (a) 첫 번째 관찰된 밝은 무늬의 각지름(angular radius)과 (b) 10번째 밝은 무늬의 각지름을 구하라.

[6] Twyman-Green 간섭계로 연마된 거울을 검사한 결과 무늬가 무늬 간격의 1/4 이하로 왜곡되었다. 이 거울의 표면의 결함은 최대 얼마나 되는가? 단 파장은 632.8nm이다.

[7] Fabre−Perot 간섭계의 공동으로 사용된 반사경의 반사계수가 0.990이다. 다음을 구하라.

(a) 예리도 계수, (b) 예리도, (c) 반치폭(HWHM)을 분리하기 위한 공동 거울의 간격

[8] Fabre−Perot 반사경 간격이 1.2mm이고 반사경의 반사계수 $r = 0.96$이다. 파장이 546nm일 때 다음을 구하라.

(a) 모드의 수, (b) 예리도, (c) 최소 분해 파장 간격, (d) 분해능

Chapter

08 프라운호퍼 회절

제1절 서 론

시냇물이 흐르는 곳을 막고 한 부분만 좁은 수로를 열어 놓았을 때 물이 좁은 수로의 폭으로 직진하지 않고 수로를 지나자마자 옆으로 퍼져서 수로의 폭보다 넓게 흐르는 것을 본 일이 있을 것이다. 이와 마찬가지로 빛이 진행하는 동안 장애물을 만나면 장애물의 모서리에 부딪혀서 똑바로 가던 빛이 직선 경로를 벗어나 굽어져서 진행하는 현상을 **회절**이라 한다.

간섭과 회절은 파의 중첩의 원리를 이용하여 설명하는 것은 동일하지만 간섭은 둘 이상의 몇 개의 파와 파가 중첩되면서 일어나는 현상이고, 회절은 빛이 진행하는 도중 장애물에 부딪혀서 산란된 빛들이 중첩되면서 일어나는 현상이다. 다른 말로 하면 간섭은 몇 개의 파가 중첩이 되는 경우를 말하며, 회절은 장애물에 의해 산란된 대단히 많은 수의 파가 중첩되는 경우라고 생각할 수 있다.

호이겐스의 원리에 의하면 파면 상의 모든 점은 새로운 파원이 되고 이 파원으로부터 생기는 2차 구면파의 포락면은 새로운 파면을 형성하며 빛이 진행한다. 즉 **주어진 파면의 모든 점은 새로운 2차 구면파의 파원으로 생각할 수 있다**는 것이다. 이에 부가해서 **프레넬**은 **파면을 지난 임의의 지점에서 실제적인 파의 진폭은 이들 2차 파의 진폭과 위상을 고려한 중첩으로 주어진다**는 것이다. 이 모든 것을 포함하는 원리를 **호이겐스-프레넬 원리**라 한다.

회절현상에서 빛살다발의 간섭은 연속적인 분포의 광원에서 유래되는 데 반해 간섭현상에서 빛살다발은 불연속적인 분포의 광원에서 유래되는 것이다. 그러나 이것은 기본적인 물리적 구분이라고는 볼 수 없다.

회절현상은 파장과 장애물의 상대적 크기에 의존된다. 음파의 경우 사람의 입이나 확성기는 **점음원**으로 고려될 수 있다. 왜냐하면 사람의 입이나 확성기 하나의 크기는 음파의 파장에 비해 매우 작기 때문이다. 그러나 가시영역의 광파에서는 웬만한 바늘구멍도 광파의 파장보다 더 넓을 수가 있어서 매우 작은 바늘 구멍만 **점광원**으로 고려할 수 있다. 광파의 파장이 바늘구멍보다 크면 회절된 광파는 구멍이 있는 스크린 뒤로 매우 큰 각도에 걸쳐 굽어져서 퍼져 나간다.

터널을 지나면서 AM 방송은 들을 수가 있으나 FM 방송은 잘 들리지 않는다. 그 이유는 AM 방송은 라디오파로 전송되며 파장이 터널 입구의 크기에 비해 매우 크므로, 라디오 전파가 입구를 휘어감아 터널 속으로 회절되어 들어올 수가 있지만 FM 방송은 초단파로 전송되며 파장이 라디오파에 비해 짧고 터널 입구에 비해 그다지 길지 않으므로 터널 속으로 휘어감아 회절되어 들어오지 못하기 때문이다.

회절은 두 가지로 분류가 된다. 장애물로부터 광원과 스크린의 거리가 매우 길어서 장애물에 도달하는 광파의 파면이 평면으로 생각할 수 있으면 **프라운호퍼**(Fraunhofer) **회절**이라 하며, 광원과 스크린의 거리가 짧아서 장애물에 도달하는 파면이 구면의 일부로 되면 **프레넬**(Fresnel) **회절**이라 한다. 프라운호퍼 회절은 거리에 따라서 회절 모양이 변하지 않고 전체적인 크기만 변하지만 프레넬 회절은 거리에 따라서 회절 모양이 변하여 그 해석이 복잡해진다.

제 2 절 단일 슬릿에 의한 회절

그림 8.1에서 보는 바와 같이 단일 슬릿에 의한 프라운호퍼 회절로 인하여 스크린에 도달하는 전장에 대해 살펴보자. 슬릿의 폭은 b이고 광축으로부터 s의 높이에 ds 길이 성분에 의한 스크린 위 P점에서의 전장요소는 E_i를 가지며 짧은 위상자(phasor)들로 나타낼 수 있다.

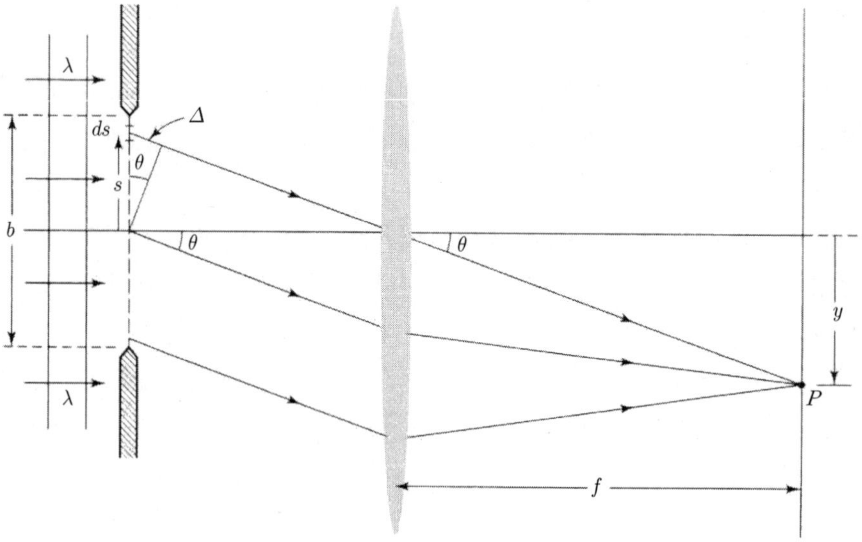

그림 8.1 ▸ 단일 슬릿에 의한 프라운호퍼 회절 해석

만약 0차 회절, 즉 회절되지 않은 빛은 각 슬릿요소들이 같은 위상으로 스크린 위에 광축과 만나는 지점에 도달하므로 합성전장의 진폭 E는 위상자들의 산술적인 합으로서 최대값을 가진다.

$$E = E_1 + E_2 + E_3 + \cdot \cdot \cdot \cdot = \sum_i E_i \tag{8.1}$$

그러나 광축과 임의의 각으로 회절되는 빛은 각각의 위상자들의 위상각 차이 때문에 서로 일정한 각을 이루게 된다.

총 위상각의 차이, 즉 처음과 마지막 위상자를 연결하였을 때 그들이 이루는 각을 δ 라고 하면

$$\sin\frac{\delta}{2} = \frac{E/2}{R}, \quad E = 2R\sin\frac{\delta}{2}$$

이고

$$\delta = \frac{\sum_i E_i}{R}$$

가 된다. 마지막 방정식을 R에 대해 풀어서 그 앞에 있는 방정식에 대입하면

$$E = 2\frac{\sum_i E_i}{\delta}\sin\frac{\delta}{2} = \sum_i E_i \frac{\sin\delta/2}{\delta/2} \tag{8.2}$$

을 얻는다. 빛의 세기는 전장 진폭의 복소수 제곱에 비례하므로, 광축으로부터 θ의 각을 이루는 임의의 점 P_θ에서의 빛의 세기는

$$I_\theta = I_0\left(\frac{\sin\delta/2}{\delta/2}\right)^2 \equiv I_0 \mathrm{sinc}^2(\delta/2) \tag{8.3}$$

으로 주어진다. 여기서 I_0은 0차 회절 최고점의 빛의 세기를 나타낸다.

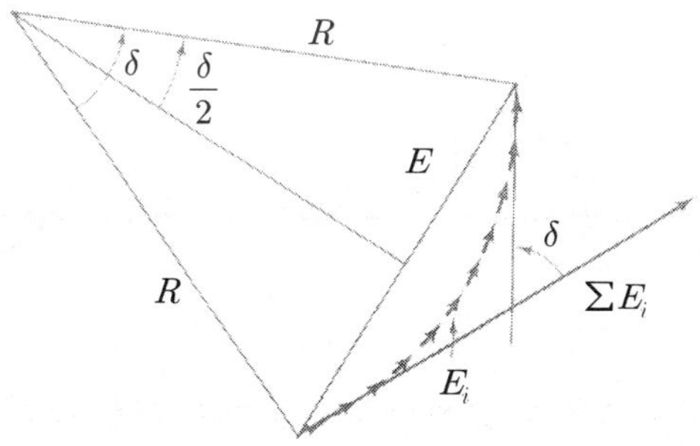

그림 8.2 ▸ 회절빛 위상자 전장의 진동곡선

sinc 함수를 해석해 보면

$$\lim_{\alpha\to 0}\text{sinc}(\alpha)=\lim_{\alpha\to 0}\left(\frac{\sin\alpha}{\alpha}\right)=1 \tag{8.4}$$

이며 그 밖에 다른 곳에서는 $\sin\alpha=0$이 되는 곳

$$\alpha=\frac{1}{2}kb\sin\theta=m\pi, \qquad m=\pm 1,\ \pm 2,\ \cdots$$

일 때 0이 된다. 식 (8.4)는 $m=0$일 때는 0으로 되는 조건에서 제외된다는 것을 의미한다. $k=\dfrac{2\pi}{\lambda}$이므로 sinc 함수(그리고 빛의 세기)가 0이 되는 조건은

$$b\sin\theta=m\lambda, \qquad m=\pm 1,\ \pm 2,\ \cdots \tag{8.5}$$

이다.

그림 8.3에서 $y\cong f\sin\theta$이고 각도가 매우 작으므로 $\sin\theta\cong\tan\theta$로 근사할 수 있다. 식 (8.5)에 의해서 빛의 세기는 $\theta=0(y=0)$에서 최대가 되고

$$y_m\cong\frac{m\lambda f}{b} \tag{8.6}$$

이 되는 위치에서 0으로 된다. 복사조도는 $y=0$에 대해서 대칭적인 유형이다.

복사조도의 중앙극대가 최대값을 가지며 다른 작은 극대값의 위치는 극소 사이의 중간이 아니고 중간보다 조금 안쪽에 위치한다. 밖으로 갈수록 더욱 안쪽으로 치우치고 있다.

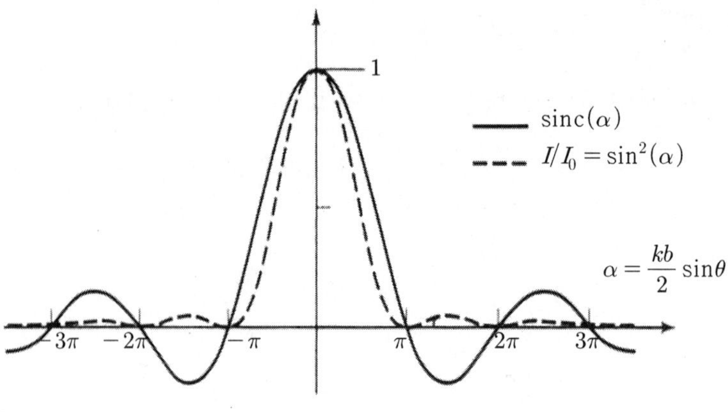

그림 8.3 ▶ α에 대한 sinc 함수의 plot. $I/I_0=\sin^2(\alpha)$

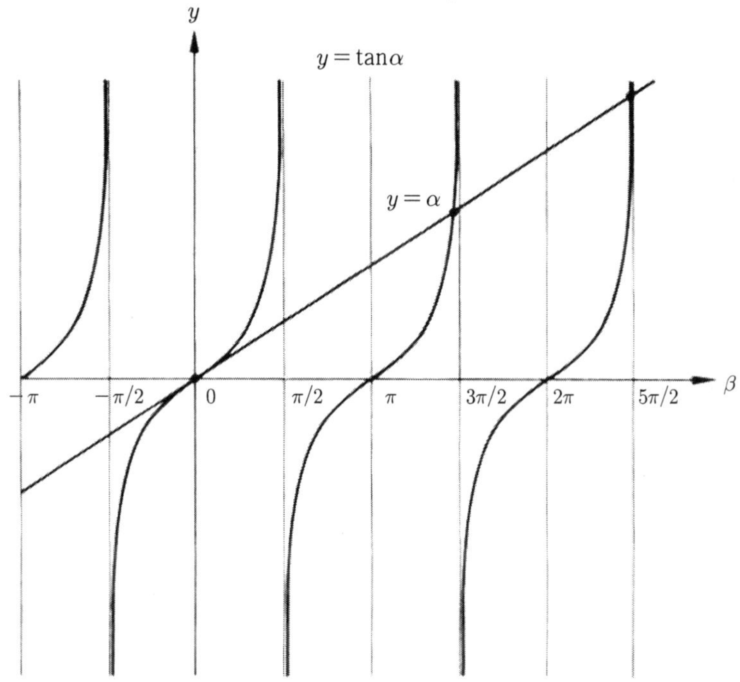

그림 8.4 ▸ $y=\alpha$**와** $y=\tan\alpha$ **곡선의 교점**(sincα**가 극대**)

극대값의 위치를 알기 위해서 sinc 함수의 극값을 가지는 조건은 $\alpha=\tan\alpha$가 되는 지점에서 극값을 가진다. 이는 $y=\alpha$와 $y=\tan\alpha$ 곡선의 교점이 되는 위치가 된다. 두 함수를 나타내는 직선과 곡선이 그림 8.4에 나타나 있다.

그림에서 보는 바와 같이 그리고 그 교점은 $\alpha=0$을 제외하고는 1.5π가 아니라 1.43π, 2.5π가 아니라 2.46π, 3.5π가 아니라 3.47π 등등에서, 중간보다 약간씩 중앙 쪽으로 치우친 곳에서 극대값을 가진다. 회절무늬에서 대부분의 빛에너지는 중앙극대에 들어오고 다른 주변은 중앙으로부터 멀어질수록 더욱 약한 에너지만 분포되고 있다. 이와 같이 가장 가까운 극대값은 중앙 최대값에 비해 불과 4.7%밖에 되지 않는다.

슬릿으로부터 떨어진 스크린 위의 중앙극대는 슬릿의 상을 대표하고 있으며 그 상의 주변에 약하지만 밝고 어두운 일련의 무늬를 보여주고 있다. 영상이 번지는 이유는 이러한 주변의 극대, 극소값으로 무늬를 이루며 복사조도가 넓게 퍼지고 있기 때문이다. 중앙극대의 각도 폭을 근사적으로 $\theta\cong\sin\theta$로 볼 수 있으므로

$$\Delta\theta=\frac{2\lambda}{b} \tag{8.7}$$

로 근사할 수 있다. 식 (8.7)에서 슬릿의 폭이 작을수록 회절무늬의 중앙극대의 폭은 넓

어지며 슬릿의 폭이 클수록 회절무늬의 중앙극대의 폭이 좁아진다. 슬릿의 길이는 폭에 비해 매우 크므로 슬릿 길이에 의한 회절무늬의 중앙극대 폭이 매우 좁아져서 무시된다. 물론 회절무늬의 크기는 역시 빛의 파장에 비례함을 알 수 있다.

예제 8.1

중앙극대와 첫 번째 극대의 세기분포의 비율을 논의해 보라.

풀이 $$\frac{I_{\beta=0}}{I_{\beta=1.43\pi}} = \frac{(\sin^2\beta/\beta^2)_{\beta=0}}{(\sin^2\beta/\beta^2)_{\beta=1.43\pi}} = \frac{1.0}{(\sin^2\beta/\beta^2)_{\beta=1.43\pi}}$$
$$= \left(\frac{\beta^2}{\sin^2\beta}\right)_{\beta=1.43\pi} = \frac{20.18}{0.952} = 21.2$$

제 1차 극대값은 중앙극대의 $100/21.2(\%) = 4.72(\%)$

제 3 절 직사각형 및 원형 개구에 의한 회절

1. 직사각형 개구에 의한 회절

가로 a, 세로 b인 직사각형 개구(aperture)에 의한 프라운호퍼 회절에 대해서 생각해 보자. 앞 절에서 단일 슬릿에 의한 회절에서는 1차원적으로 계산하였지만 직사각형은 2차원 물체이므로 2차원적으로 계산하면 될 것이다.

$$E_p = \frac{E_A ab}{r_0}\frac{\sin\alpha}{\alpha}\frac{\sin\beta}{\beta} \tag{8.8}$$

여기서 $\alpha \equiv \left(\frac{k}{2}\right)a\sin\theta$, $\beta \equiv \left(\frac{k}{2}\right)b\sin\theta$

마찬가지로 빛의 세기는

$$I_p = I_0\left(\frac{\sin\alpha}{\alpha}\right)^2\left(\frac{\sin\beta}{\beta}\right)^2 \tag{8.9}$$

가 된다.

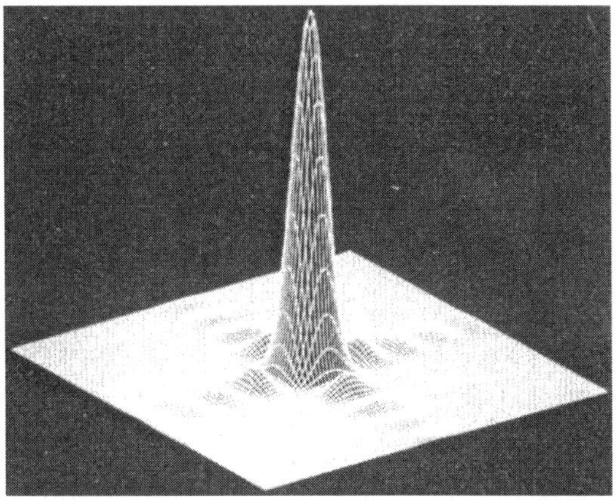

(a) $I = I_0 \mathrm{sinc}^2(\alpha)\sin^2(\beta)$ 함수의 3차원 그림

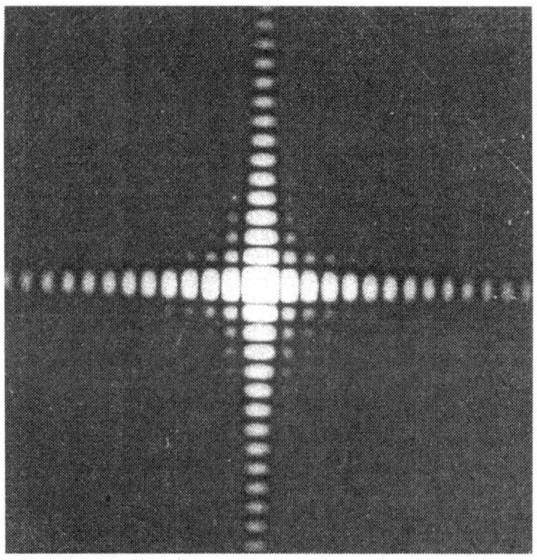

(b) 사각형에 의한 회절무늬

그림 8.5 ▶ 사각형에 의한 프라운호퍼 회절무늬의 복사조도의 함수와 무늬

2차원 프라운호퍼 회절무늬에서 x, y축 방향으로 복사조도가 0이 되는 위치는 $x_m = \dfrac{m\lambda f}{a}$, $y_n = \dfrac{n\lambda f}{b}$이다. 여기서 m, n은 0이 아닌 정수(integer)이다. 사각형에 의한 프라운호퍼 회절로 얻은 스크린 상의 전장과 복사조도를 sinc 함수로 표현하면

$$E = E_0 \mathrm{sinc}(\alpha)\mathrm{sinc}(\beta),\ I = I_0 \mathrm{sinc}^2(\alpha)\sin^2(\beta) \tag{8.10}$$

이 되고 전형적인 사각형 회절 복사조도의 함수를 3차원으로 나타내고 사진으로 얻은 무늬는 그림 8.5와 같다.

2. 원형 개구에 의한 회절

원형 개구에 의한 회절을 해석하기 위해 원개구에 대한 적분요소 dA를 생각하여 전체 개구에 대한 회절효과를 계산하면 결과적으로 직경 D인 원형 개구에 의한 프라운호퍼 회절된 빛살다발의 전장은

$$E = \frac{E_A \pi}{r_0} e^{i(kr_0 - \omega t)} \frac{2J_1(v)}{v} = E_0 \left\{ \frac{2J_1(v)}{v} \right\},\ 단\ v = \frac{1}{2} kD\sin\theta \tag{8.11}$$

이고 빛의 세기는

$$I = I_0 \left\{ \frac{2J_1(v)}{v} \right\}^2 \tag{8.12}$$

로 된다.

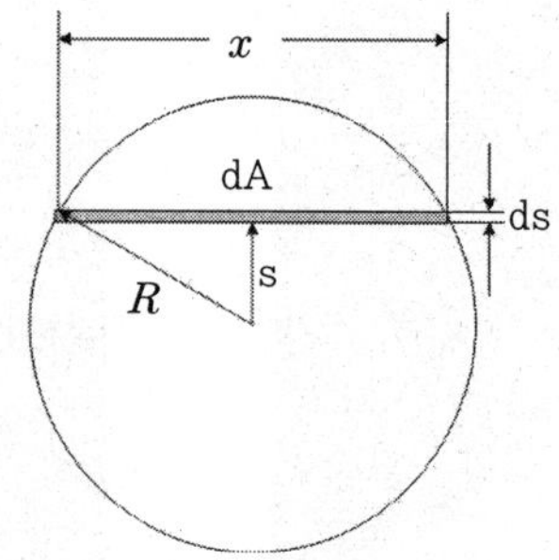

그림 8.6 ▶ 원 개구의 적분

여기서 $J_1(v)$을 제 1차 베셀(Bessel) 함수라 하며 제 1차 베셀 함수를 급수로 전개하면

$$J_1(v) = \frac{v}{2} - \frac{(v/2)^3}{1^2 \cdot 2} + \frac{(v/2)^5}{1^2 \cdot 2^2 \cdot 3} - \cdots\cdots$$

가 된다. 따라서

$$\lim_{v \to 0} \frac{J_1(v)}{v} = \frac{1}{2}$$

이다.

이들 함수와 회절무늬는 그림 8.7과 같다. 그림에서 보는 바와 같이 진폭 및 빛의 세기가 제 1차 최소 0으로 되는 위치는 $v = \frac{1}{2}kD\sin\theta = 3.832$ 또는 $D\sin\theta = 1.22\lambda$가 되는 곳이다. 가운데 중앙극대를 이루는 영역을 Airy **원반**(Airy disc)이라 한다.

표 8.1 ▶ 원형개구에 의한 프라운호퍼 회절무늬의 복사조도

극 값	$v = kD\sin\theta/2$	$I/I_0 = [2J_1(v)/v]^2$
중앙극대	0	1
1차 극소	3.832	0
2차 극대	5.136	0.0175
2차 극소	7.016	0
3차 극대	8.417	0.00416
3차 극소	10.173	0
4차 극대	11.620	0.00160
4차 극소	13.324	0

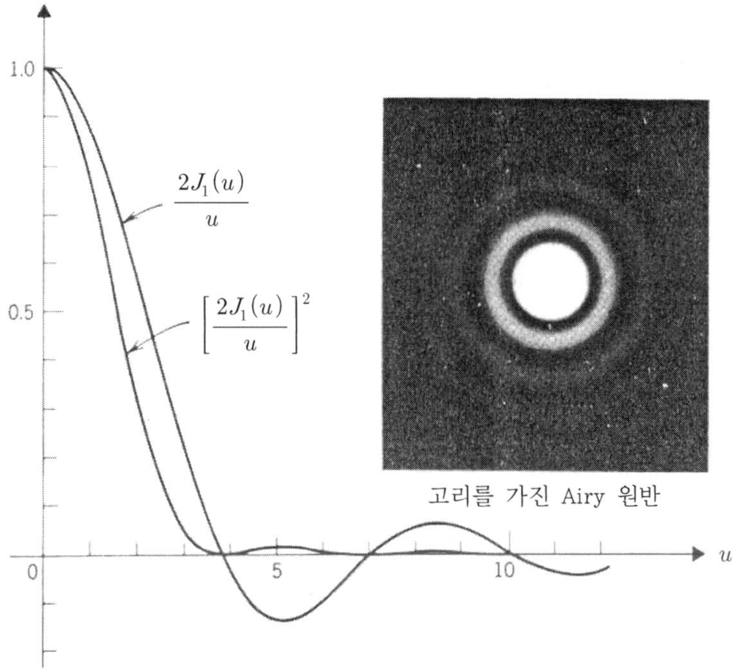

그림 8.7 ▸ 원형개구에 의한 프라운호퍼 회절무늬와 진폭 및 세기

중앙극대가 되는 중심으로부터 빛의 세기가 최초 0으로 되는 곳까지의 **각도반경**(angular radius)은

$$\Delta\theta_{1/2} = \frac{1.22\lambda}{D} \tag{8.13}$$

이다. 참고로 복사 조도(irradiance)의 극대, 극소값은 표 8.1에서 보는 바와 같다.

예제 8.2

2m 떨어진 스크린 상에 직경 0.2mm인 원형 개구의 프라운호퍼 회절무늬가 형성되었다. 파장 632.8nm의 He-Ne 레이저로 조명하였다. Airy 원반의 직경을 구하라. 그리고 0.2mm 단일 슬릿에 의한 회절의 중앙 밝은 무늬의 폭과 비교해 보라.

풀이 $\Delta\theta_{1/2} = \frac{1.22\lambda}{D} = \frac{1.22(632.8\times10^{-6}\text{mm})}{0.2\text{mm}} = 3.86\times10^{-3}\text{rad}$

$D_{\text{Airy}} = 2\times2{,}000\text{mm}\times3.86\times10^{-3} = 15.4\text{mm}$

단일 슬릿의 회절무늬의 중앙극대의 폭 $= 2\times2{,}000\times\frac{632.8\times10^{-6}}{0.2} = 12.7\text{mm}$

제4절 분해능

대부분의 광학기기, 특히 상을 맺게 하는 광학기기는 원형 개구를 가지고 있다. 예를 들어 카메라, 망원경, 현미경 등이다. 그림 8.8에서 보는 바와 같이 점광원 S_1과 이웃하고 있는 점광원 S_2가 렌즈에 의해 결상될 때 각각의 상은 물체거리가 매우 멀다면 렌즈 원형개구에 의한 프라운호퍼 회절로 인하여 복사조도가 식 (8.12)의 분포를 가지고 번질 것이다.

따라서 두 점에 대한 상이 겹쳐지면 어떻게 될 것인가? 두 점이 너무 가까우면 전혀 나누어지지 않을 것이고 멀리 떨어져 있으면 명확하게 두 점으로 나타날 것이다. 그림 8.9에는 두 점광원이 겹쳐질 때 분해할 수 있는 한계에 대한 기준을 보여주고 있다.

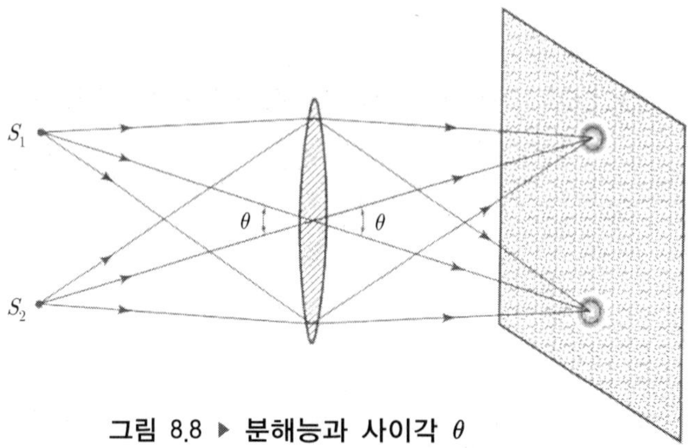

그림 8.8 ▸ 분해능과 사이각 θ

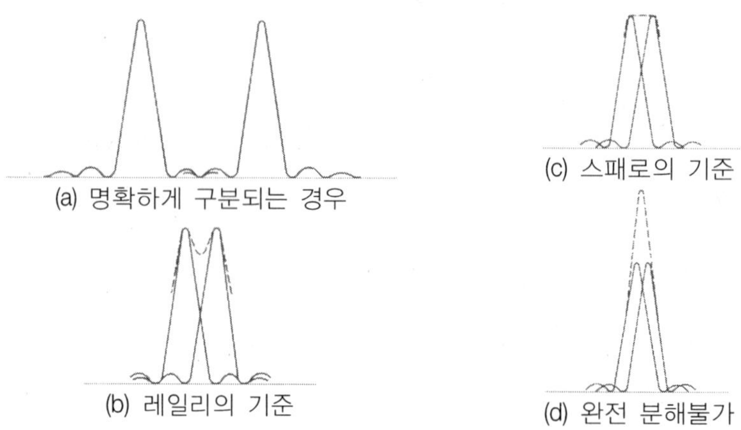

그림 8.9 ▸ 겹치는 두 점광원에 대한 분해 기준

레일리(Rayleigh)의 기준은 두 거리가 점광원에 의한 프라운호퍼 회절상의 중앙극대와 이웃하는 점광원에 의한 프라운호퍼 회절상의 제 1차 극소가 일치하는 정도를 기준으로 하였다. 스패로(Sparrow)는 두 복사조도가 합하여 극대가 서로 같으면서 이어지는 정도까지를 한계로 정의하였다. 그러나 오늘날 대부분은 레일리의 기준을 보편적으로 받아들이고 있다.

그림 8.10은 완전하게 분해된 것과 레일리의 기준으로 분해된 것을 보여주고 있다. 레일리의 기준에 의한 분해 한계는

$$(\Delta\theta)_{\min} = \frac{1.22\lambda}{D} \tag{8.14}$$

를 **각분해능(분해능)**이라 하며 식 (8.13)과 일치한다. 그 기준으로 초점거리 f의 렌즈에 의해 분해할 수 있는 초점평면 위에서의 최소 거리

$$x_{\min} = f\theta_{\min} = f\left(\frac{1.22\lambda}{D}\right)$$

이다. $F/\# = f/D$이고 개구수(numerical aperture) NA$= D/f$이므로 NA$= 1.2$인 현미경 대물경으로는 $x_{\min} \cong \lambda$가 된다. 실제로 이러한 현미경을 많이 사용하고 있다. 참고로 건강한 사람의 눈의 **분해능**은 1분(1/60도)이다(그림 8.11).

예제 8.3

쌍안경의 대물경이 각각 직경 50.0mm라고 가정하라. 쌍안경 각 대물경이 분해할 수 있는 별의 이론적인 간격은 얼마인가? 은하수 중간지대의 별이 약 30,000광년이며 별빛의 파장은 550nm라고 가정하라.

풀이 $(\Delta\theta)_{\min} = \dfrac{1.22(550\times10^{-9}\text{m})}{50\times10^{-3}\text{m}} = 1.34\times10^{-5}\text{rad}$

$s = d(\Delta\theta)_{\min} = (30{,}000)(1.34\times10^{-5}) = 0.402$광년

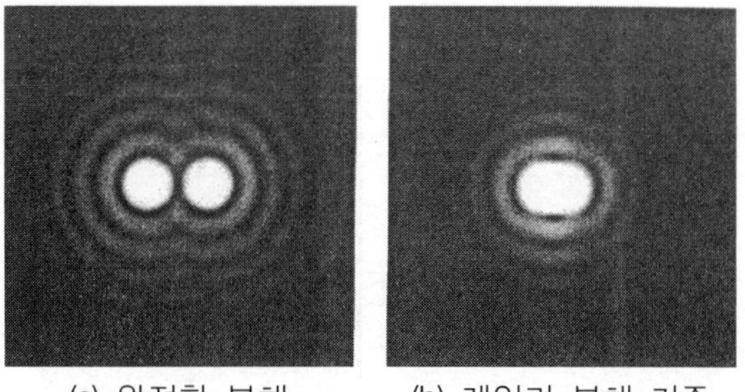

(a) 완전한 분해 (b) 레일리 분해 기준

그림 8.10 ▶ 두 겹치는 점광원의 상이 분해되는 레일리의 기준

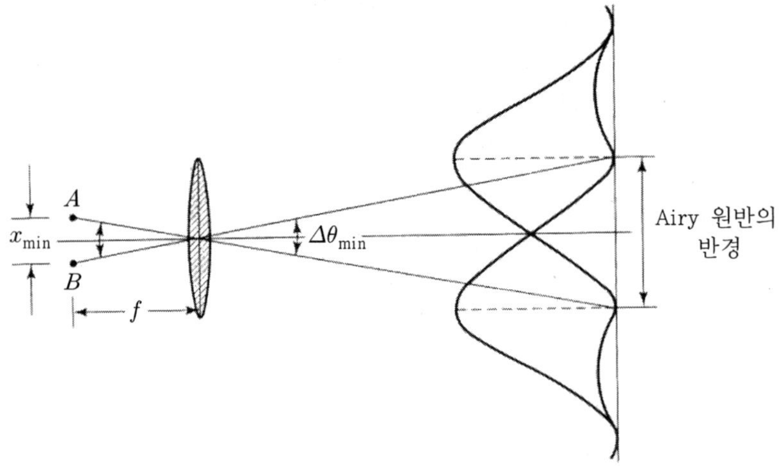

그림 8.11 ▶ 현미경의 최소 각분해

제 5 절 이중 슬릿에 의한 회절

그림 8.12와 같이 이중 슬릿은 폭 b인 슬릿 두 개가 간격 a로 떨어져 있고 이들로부터 프라운호퍼 회절을 할 때 스크린 위의 P지점에서의 전장과 빛의 세기를 생각해 보자. 이것은 단일 슬릿에 의한 회절과 두 개 슬릿에 의한 영(Young)의 간섭이 중첩된 것이다. 전장의 진폭은

$$E_0 = \frac{E_b}{r_0} \frac{2b \sin v}{v} \cos u \tag{8.15}$$

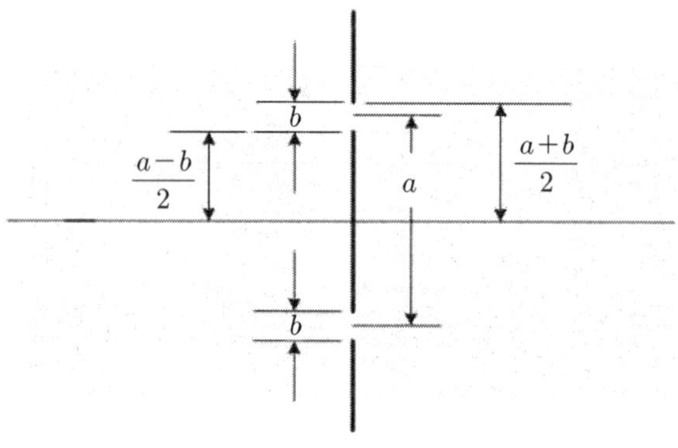

그림 8.12 ▶ 폭 b이고 간격 a인 이중 슬릿

이 되고, 빛의 세기 I는

$$I = I_0\left(\frac{\sin v}{v}\right)^2 \cos^2 u \tag{8.16}$$

이다. 식 (8.16)에서

$$I_0\left(\frac{\sin v}{v}\right)^2$$

는 단일 슬릿에 의한 회절의 복사조도에 해당하고

$$\cos^2 u = \cos^2\left[\frac{ka\sin\theta}{2}\right] = \cos^2\left[\frac{\pi a\sin\theta}{\lambda}\right]$$

으로서 영(Young)의 이중 슬릿에 의한 간섭에서 나온 간섭 항이다.

그림 8.13에는 $a = 6b$인 경우에 대한 이중 슬릿에 의한 회절무늬를 보여주고 있다. $a > b$이기 때문에 $\cos^2 u$항은 $(\sin^2 v)/v^2$항보다 더 빨리 변화한다. sine 함수와 cosine 함수의 곱은 단일 슬릿에 의한 회절에 의해 간섭무늬가 변조된 것으로 생각할 수 있다.

회절의 **포락선**(envelope)은 $v = m\pi \quad m = \pm 1, \pm 2, \cdots$일 때 0으로 되며 공간 각 θ에 대해서는

$$b\sin\theta = m\lambda \tag{8.17}$$

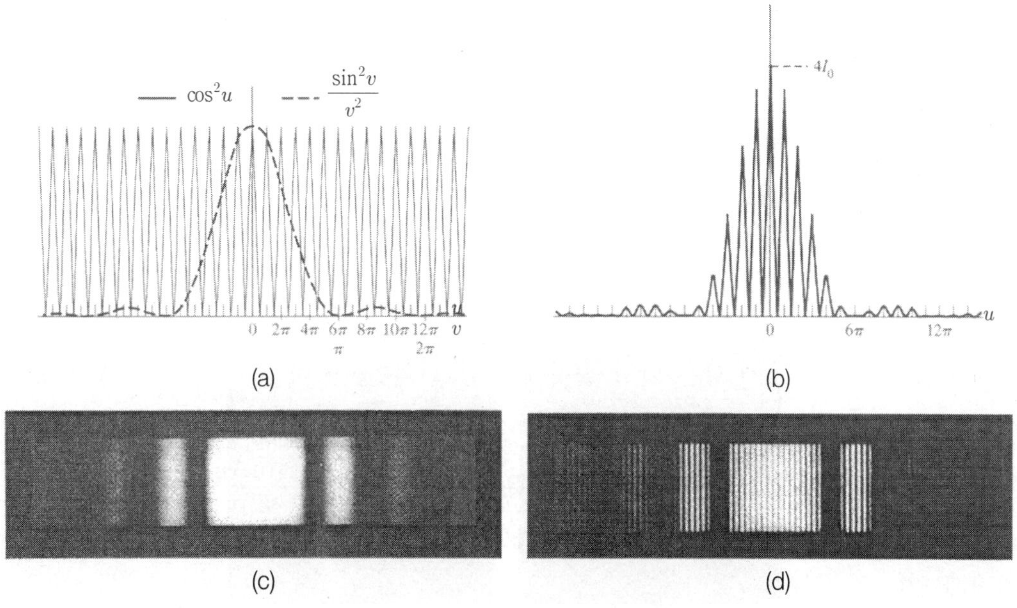

그림 8.13 ▸ 이중 슬릿에 의한 간섭과 회절에 대한 무늬 및 그들의 복사조도 해석

이 되는 것이 회절의 극소값을 가지는 조건이 된다. 이들 극소는 간섭의 최대가 될 때와 일치되는 경우도 있다. 이러한 때에는 무늬가 없어진다.

간섭이 극대를 가지려면 $u = n\pi$, $n = \pm 1, \pm 2, \cdots$ 이거나

$$a\sin\theta = n\lambda \tag{8.18}$$

일 때이다. 식 (8.17)과 식 (8.18)을 동시에 만족하는 지점에서는 무늬가 없어지는 **상실차수**(missing order)의 조건이 되는 것이다. 이를 다른 방정식으로 표현하면 위의 두 방정식을 서로 나누어 줄 때

$$a = \left(\frac{n}{m}\right)b \text{ 또는 } u = \left(\frac{n}{m}\right)v \tag{8.19}$$

가 **상실차수**의 조건식이 된다.

제 6 절 여러 개 슬릿에 의한 회절

임의의 N개의 슬릿에 의한 회절을 해석하기 위해서 그림 8.14와 식 (8.16)을 N개의 슬릿으로 연장하면 될 것이다.

$$E_p = E_0\left(\frac{\sin v}{v}\right)\left(\frac{\sin Nu}{\sin u}\right) \tag{8.20}$$

로 되고, 빛의 세기

$$I = I_0\left(\frac{\sin v}{v}\right)^2\left(\frac{\sin Nu}{\sin u}\right)^2 \tag{8.21}$$

로 된다. 여기서 I_0는 상수이다.

식 (8.21)에서 $\left(\frac{\sin v}{v}\right)^2$항은 단일 슬릿에 의한 회절인자이며 $\left(\frac{\sin Nu}{\sin u}\right)^2$은 N개 슬릿에 의한 간섭인자이다. 여기서는 짝수개의 슬릿에 대해서 전장과 복사조도를 유도하였으나 홀수의 경우에도 같은 결과 식을 유도할 수 있다. $\left(\frac{\sin Nu}{\sin u}\right)^2$은 $u = 0$에서나 $u = m\pi$일 경우에 얼핏 보면 부정으로 생각되지만 급수로 전개하여 풀어보면 극대값을 가지게 된다.

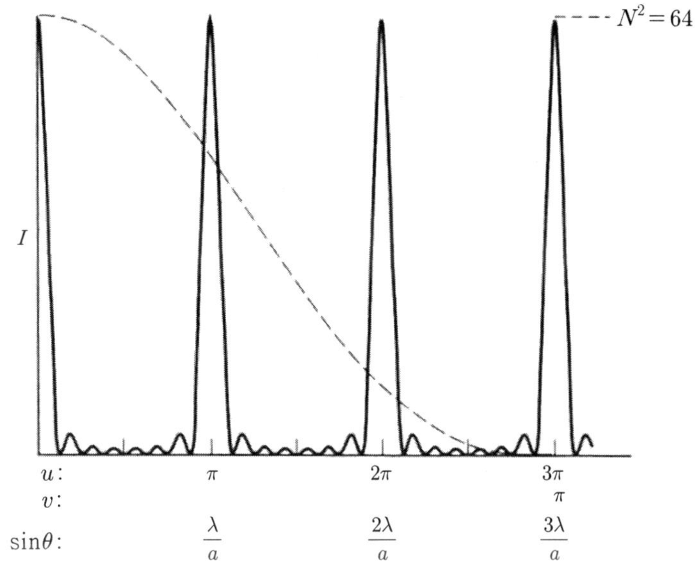

그림 8.14 ▶ 8개 슬릿에 의한 프라운호퍼 회절에서 간섭인자

L' Hopital의 **규칙**(rule)을 이용하면 $\lim_{u\to m\pi}\frac{\sin Nu}{\sin u}=\lim_{u\to m\pi}\frac{N\cos Nu}{\cos u}=\pm N$으로 된다. 이와 같이 식 (8.21)의 간섭인자는 일련의 날카로운 빛의 세기 **첨두**를 묘사하고 있다. **주극대**(principle maximum)에서 빛의 세기는 N^2에 비례하고 그 위치는 **중앙극대**를 포함하여 $u=0, \pm\pi, \pm 2\pi, \pm 3\pi, \cdots m\pi$가 된다. $N=8$의 경우에 대하여 그림 8.14에 $u=0, \pi, 2\pi, 3\pi$에서 4개의 첨두를 보여주고 있다. 첨두 사이에 $N-1=7$개의 0이 되는 지점과 $N-2=6$개의 제 2첨두(secondary peak)를 가지고 있다. $N=8$일 때 $m=0$부터 8까지 $\left(\frac{\sin Nu}{\sin u}\right)^2$은 분자가 0으로 되고 분모는 0이 아니다.

간섭인자에서

$$u=\frac{m\pi}{N}, \quad m=0,\ \pm 1,\ \pm 2,\ \cdots,\ \pm N,\ \cdots,\ \pm 2N,\ \cdots \tag{8.22}$$

에 대해서 $m=0,\ \pm N,\ \pm 2N,\ \cdots$에서는 **주극대**(principal maxima)가 되고 $m=$다른 모든 정수에서는 **제 2극대**(secondary maxima)가 일어난다. 다시 말해서 여러 개의 슬릿에 의한 프라운호퍼 회절에서 $p=\frac{m}{N}=0, \pm 1, \pm 2, \pm 3, \cdots$의 정수가 될 때 주극대가 일어난다. 회절격자는 매우 많은 수의 슬릿으로 구성되어 있다.

$$u=\frac{1}{2}ka\sin\theta=\pi a\sin\theta/\lambda=p\pi \text{일 때, 즉 } a\sin\theta=p\lambda \tag{8.23}$$

일 때 주극대가 일어나며 식 (8.23)의 오른쪽 방정식을 **회절격자방정식**(diffraction

grating equation)이라 한다. 그림에서 보는 바와 같이 N이 클수록 제 2극대는 점점 작아지고 주극대만 현저하게 첨두를 나타낸다. 격자의 슬릿 수가 많아질수록 더 밝고 더 좁은 주극대를 가진다.

그림 8.15에는 $N=8$인 슬릿의 프라운호퍼 회절의 복사조도(irradiance)를 보여주고 있다. $N=8$개의 간섭인자와 단일 슬릿에 의한 회절의 envelope를 가지고 있다. $u=3\pi$에서는 간섭항으로서는 첨두를 나타내지만 회절항에서 0으로 되기 때문에 첨두가 사라지고 나타나지 못하고 있다. 그림 8.16에는 슬릿이 2개부터 5개의 경우에 대한 프라운호퍼 회절무늬를 보여주고 있다.

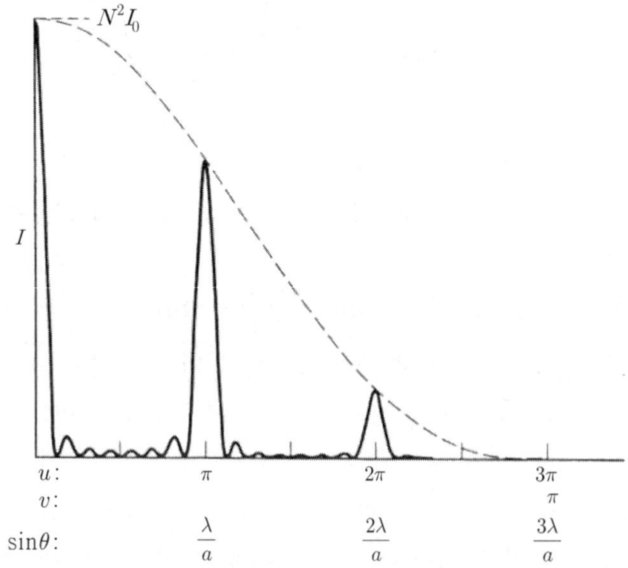

그림 8.15 ▶ 8개의 슬릿에 의한 프라운호퍼 회절의 복사조도

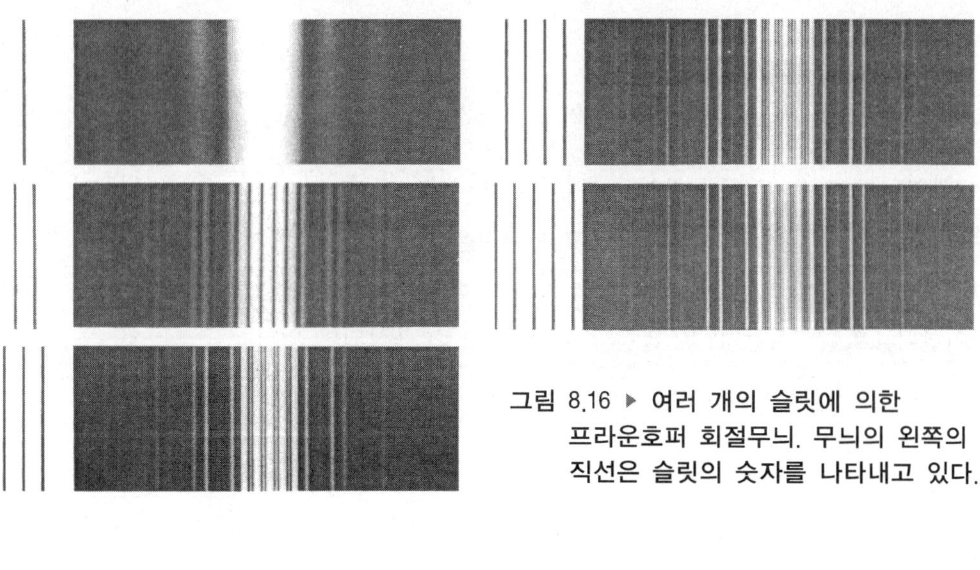

그림 8.16 ▶ 여러 개의 슬릿에 의한 프라운호퍼 회절무늬. 무늬의 왼쪽의 직선은 슬릿의 숫자를 나타내고 있다.

제 7 절 회절격자

회절격자에는 투과형 회절격자와 반사형 회절격자가 있다. 이들은 단위 밀리미터당 1,000개 이상의 격자선을 가진다.

투과형 회절격자에는 진폭형 회절격자와 위상형 회절격자가 있다. 진폭형 회절격자는 완전히 불투명한 막대 줄과 이 줄들 사이에 매우 투명한 공간으로 이루어져 있다. 위상형 회절격자는 이 막대 줄들이 빛을 차단하지 않고 단지 빛의 위상만 지연시킨다.

반사형 회절격자에는 반사형 오목회절격자와 반사형 평면회절격자가 있다. 일반적으로 회절격자도 프리즘과 같이 시준렌즈(collimating lens)와 집속렌즈(focussing lens) 사이에 설치하여 사용된다. 그러나 반사형 오목회절격자는 렌즈가 필요 없으며 다만 제작하기가 어렵다.

이러한 회절격자를 투과한 빛의 세기분포가 "사각파(square wave)"가 아니고 정현파적인 형태라면 이 빛은 두 개의 1차 스펙트럼으로 갈라져 회절한다. 실제로는 회절격자가 슬릿이나 격자선으로 된 것은 거의 없고 격자들이 약간 경사져 있다(blazed). 특히 반사형 회절격자에는 그림 8.17에서 보는 바와 같이 회절광의 진행방향과 0차 회절광의 반사광의 진행방향이 일치하여 경사지게 만들고 있다. 그림 8.18에는 반사형 오목회절격자를 이용하여 분광기를 구성하는 예가 나와 있다.

격자분광기의 각분산(angular dispersion)은

$$\frac{d\theta}{d\lambda} = \frac{m}{a\cos\theta} \tag{8.24}$$

으로 주어지며 여기서 m은 회절차수를 나타내는 정수(integer)이고, a는 격자간격이다.

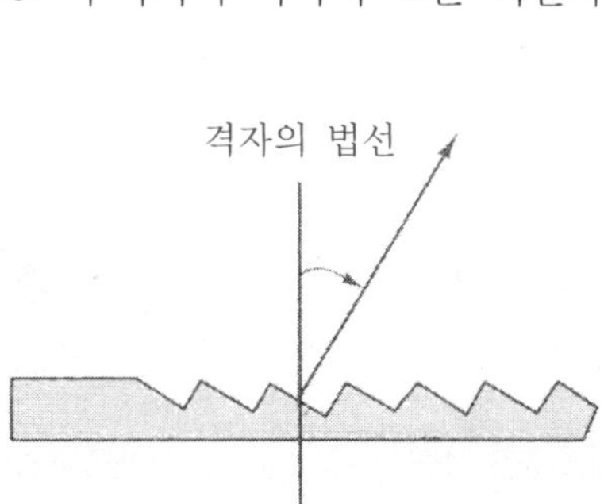

그림 8.17 ▶ 경사진 반사형 평면회절격자

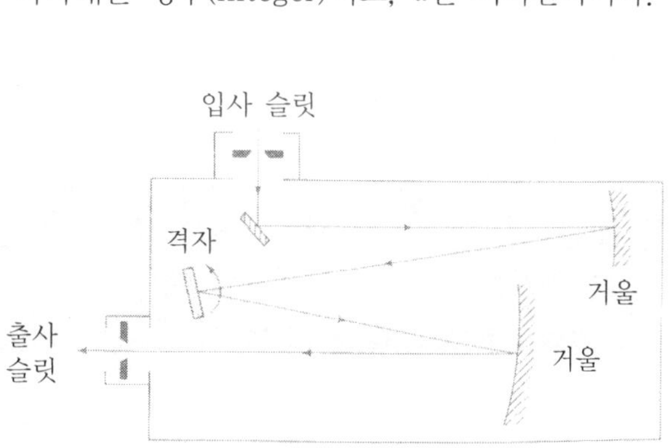

그림 8.18 ▶ Cerny-Turner형 분광분석기

또한 회절격자의 분해능은

$$\frac{\lambda}{\Delta\lambda} = Nm \tag{8.25}$$

이다. 여기서 m은 회절차수를 나타내는 정수이며, N은 회절격자의 수가 된다.

예제 8.4

나트륨 D 이중 선은 589nm와 589.6nm의 두 파장을 낸다. 이 두 선을 분해하려면 $m=1$차 회절을 이용할 때 회절격자의 수가 얼마 이상이 되어야 하는가?

풀이 $\frac{\lambda}{\Delta\lambda} = mN$에서

$\lambda = 589\text{nm}$, $\Delta\lambda = 589.6\text{nm} - 589\text{nm} = 0.6\text{nm}$, $m=1$, $N=?$

$$N = \frac{\lambda}{\Delta\lambda}/m = \frac{589}{0.6} = 981.7$$

격자의 수는 982개 이상이 되어야 분해 가능하다.

제8장 프라운호퍼 회절

연습문제

[1] 파장 632.8nm인 He-Ne laser를 평행광선으로 만들어 폭 0.12mm의 단일 슬릿을 조명하여 초점거리 50.0cm인 렌즈로 초평면 상에 프라운호퍼 회절무늬의 상을 얻었다. 다음을 구하라. (a) 중앙극대와 제1차 어두운 무늬까지의 간격, (b) 제1차와 제2차 어두운 무늬의 간격

[2] 단일 슬릿으로부터 2.0m 떨어진 스크린에 프라운호퍼 회절무늬를 살펴보니 제2차 어두운 무늬 간의 간격이 3.164cm이었다. 파장이 632.8nm인 He-Ne 레이저로 조명하였다. 이 슬릿의 폭이 얼마인가?

[3] 몇 가지 다른 파장에 대해서 단일 슬릿에 의한 프라운호퍼 회절무늬를 관찰하였다. 620nm 파장에 대해서 제4차 어두운 무늬의 위치와 다른 파장의 제6차 어두운 무늬가 일치하였다. 다른 파장은 얼마인가?

[4] 폭 0.2mm인 단일 슬릿에 의한 회절무늬에서 550nm에 대해 제1차 어두운 무늬로부터 4차 어두운 무늬까지 회절각을 구해 보고, 만약 슬릿으로부터 2.0m 떨어진 곳에 스크린을 놓는다면 각 어두운 무늬는 중앙극대 중심으로부터 얼마나 떨어져서 나타나는가?

[5] 원형 개구와 단일 슬릿의 프라운호퍼 회절무늬에서 제0차 밝은 무늬와 제1차 밝은 무늬의 세기분포비를 구하여 보고 서로 비교해 보라.

[6] 유효구경이 60.0cm이고 초점거리가 7.2m인 천체망원경으로 멀리 있는 별을 관측하였을 때 Airy disk의 지름을 구하라. 단, 별빛의 파장은 546nm이다.

[7] 폭이 0.15mm의 슬릿에 평행한 단색광을 비추었더니 슬릿으로부터 2.0m 떨어진 스크린 위에 2개의 2차 최소 점이 서로 3.0cm 떨어졌다. 빛의 파장은 얼마인가?

[8] 10km 떨어진 물체와 파장 500nm인 빛에 대하여 지름 5.0cm인 구경을 갖는 망원경이 분해할 수 있는 물체의 최소 크기는 얼마인가?

[9] 이중 슬릿의 프라운호퍼 회절무늬를 파장 546.1nm의 빛으로 얻었다. 슬릿의 폭이 0.12mm이다. 제 4차 간섭의 극대값이 사라졌다면 두 슬릿 간의 간격은 얼마인가? 0차 극대의 밝기와 3차 밝은 무늬의 세기분포비를 구하여 보라.

[10] 가로 0.2mm, 세로 0.3mm의 직사각형 개구가 546nm 파장의 빛으로 평행하게 조명되어 초점거리 1.0m의 렌즈에 의해 그 렌즈의 초평면 상에 회절무늬를 얻었다.

(a) 이 회절무늬의 세기분포를 초평면의 좌표 (x, y)와 I_0의 함수로 나타내어 보라.

(b) 첫 번째 극소의 위치가 중앙극대로부터 x, y방향으로 각각 몇 mm 떨어져서 나타나겠는가?

(c) 스크린 상에 x방향 및 y방향으로 1.0mm 되는 위치에서 회절무늬의 세기분포를 I_0의 비율로 나타내어 보라.

(d) 스크린 상에 $(x=2,\ y=3)$mm에 회절무늬의 세기분포를 I_0의 비율로 나타내어 보라.

[11] 2.5cm 폭 안에 12500개의 슬릿으로 이루어진 회절격자에 500nm의 파장을 수직으로 입사한다. 다음을 구하라.

(a) 이 격자 분광기의 각분산, (b) 분해능과 분해할 수 있는 파장 간격

Chapter

09

편광 및 복굴절

- 제 1 절 편광의 정의
- 제 2 절 편광을 얻는 방법
- 제 3 절 편광소자
- 제 4 절 광 활 성
- 제 5 절 광변조기
- 연습문제

제 1 절 편광의 정의

빛은 전자파의 일종이고 전장과 자장은 서로 수직하며 같은 위상을 가진다고 설명한 바 있다. 전장과 자장은 또한 빛의 전파방향과 수직하다는 것을 알고 있다. 이러한 빛은 원자나 분자가 외부에서 에너지를 받아 핵 주위의 전자가 높은 에너지 상태로 들뜨게 되었다가 다시 낮은 에너지 상태로 돌아올 때에 그 에너지 준위의 차를 방출하면서 발생하며 그 수명이 10^{-8}초 정도이다.

따라서 우리가 관찰하는 빛은 이러한 빛들이 계속적으로 방출되는 것이며 그때그때마다 각 빛의 전장이나 자장의 진동방향이 변하고 있다. 다시 말해서 무작위로(random) 진동방향이 변하고 있기 때문에 자연광은 모든 방향의 진동을 다 포함하고 있다. 그러나 빛이 진행하는 경로에 **편광자**(polarizer)를 두면 이 편광자를 통과한 빛이 어느 특정한 방향의 진동만 선택적으로 통과하여 특정한 방향으로만 진동하는 빛이 되는데 이러한 빛을 **편광**(polarization)이라 한다. 그러나 자연에는 완전한 편광도 없고 완전한 비편광(non-polarization)도 없다.

편광광과 비편광광이 섞여 있는 것을 부분편광(partial polarization)이라 한다. 완전편광광의 세기를 I_p라 하고, 완전한 비편광광의 세기를 I_n이라 한다면 편광의 정도를 나타내는 **편광도**(degree of polarization) D는

$$D = \frac{I_p}{I_p + I_n} \tag{9.1}$$

로 정의한다.

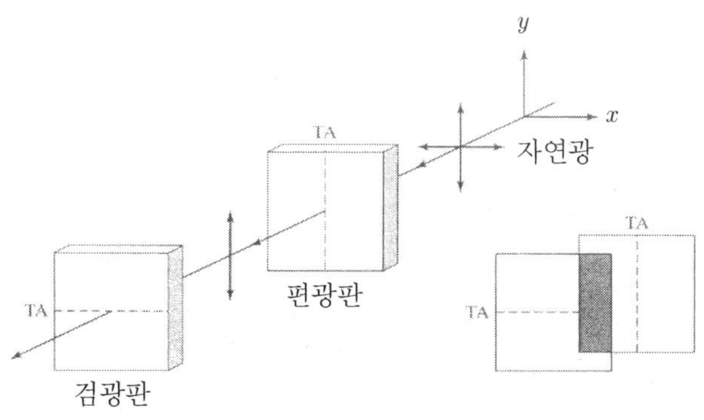

그림 9.1 ▶ 편광판과 검광판으로 편광의 현상 검증

그림 9.1과 같이 자연광 앞에 편광자를 두면 선형편광을 얻게 된다. 그러나 **검광자**(analyzer)를 편광자와 편광 방향이 서로 수직하게 놓으면 투과되는 빛이 없어진다. 그러나 편광자와 검광자의 편광도에 따라서 투과광의 세기가 아주 작거나 어느 정도의 빛이 투과할 것이다.

1. 선형편광

빛이 일정한 방향으로만 **광학장**(optical disturbance)이 진동하는 것을 **선형편광**(linear polarization)이라 한다. 전장은 두 수직한 성분으로 분해할 수 있을 것이다. 만약 z축 방향으로 빛이 전파된다면 전장은 x축 방향의 단위벡터를 $\hat{i}$, y축 방향의 단위 벡터를 $\hat{j}$라고 할 때

$$\overrightarrow{E_x}(z,t) = \hat{i}E_{0x}\cos(kz - \omega t) \tag{9.2}$$

인 성분과

$$\overrightarrow{E_y}(z,t) = \hat{j}E_{0y}\cos(kz - \omega t + \epsilon) \tag{9.3}$$

인 성분으로 분해할 수 있을 것이다. 여기서 두 성분파의 위상이 0 또는 2π의 정수배만큼 차이가 난다면 두 성분의 위상이 같다고 볼 수 있다. 따라서 전장은

$$\overrightarrow{E}(z,t) = (\hat{i}E_{0x} + \hat{j}E_{0y})\cos(kz - \omega t) \tag{9.4}$$

그러나 만약 π만큼 차이가 난다면 두 성분의 합은 오히려 차이로 나타낸다.

$$\overrightarrow{E}(z,t) = (\hat{i}E_{0x} - \hat{j}E_{0y})\cos(kz - \omega t) \tag{9.5}$$

이들 합성파는 고정된 진폭을 가지며 특정한 평면 내에서 시간에 따라 cosine 함수로 진동하는 선형편광파가 된다.

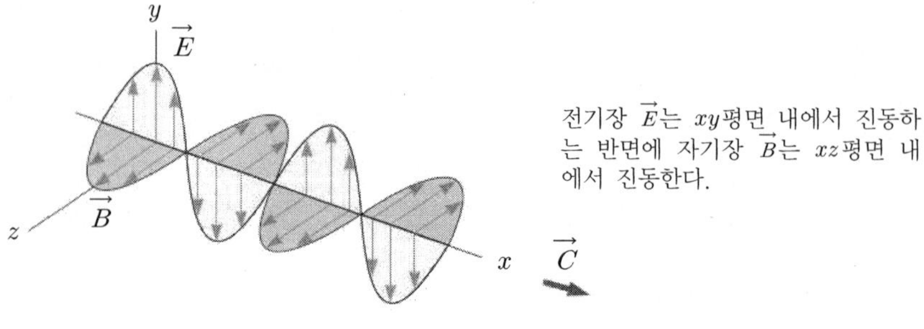

그림 9.2 ▸ x축 방향으로 전파하는 선형편광된 전자파의 개략도

2. 원형편광

두 성분파의 진폭이 서로 같고 위상차이가 $\pm\pi/2$이거나 거기에 2π의 정수배를 더한 만큼 차이가 난다면[$E_{0x} = E_{0y} = E_0$이고 $\epsilon = (2m\pi \pm \pi/2)$이라면] 합성된 전장은

$$\overrightarrow{E}(z,t) = E_0\{\hat{i}\cos(kz-\omega t) \mp \hat{j}\sin(kz-\omega t)\} \tag{9.6}$$

식 (9.5)에서 $\epsilon = 2m\pi - \pi/2$이면

$$\overrightarrow{E}(z,t) = E_0\{\hat{i}\cos(kz-\omega t) + \hat{j}\sin(kz-\omega t)\} \tag{9.7}$$

로 되어 진폭의 변화는 없으나 전장의 진동방향이 시계방향으로 돌며, 이 파는 **우원편광**(right-circularly polarized)이 된다. 그러나 $\epsilon = 2m\pi + \pi/2$이면

$$\overrightarrow{E}(z,t) = E_0\{\hat{i}\cos(kz-\omega t) - \hat{j}\sin(kz-\omega t)\} \tag{9.8}$$

으로 되어 진폭의 변화는 없으나 전장의 진동방향이 반시계방향으로 돌며, 이 파는 **좌원편광**(left-circularly polarized)이 된다. 만약 진폭이 동일하고 반대방향인 두 원편광을 합성하면

$$\begin{aligned}\overrightarrow{E}(z,t) &= E_0\{[\hat{i}\cos(kz-\omega t) + \hat{j}\sin(kz-\omega t)] + [\hat{i}\cos(kz-\omega t) - \hat{j}\sin(kz-\omega t)]\} \\ &= 2E_0\hat{i}\cos(kz-\omega t)\end{aligned} \tag{9.9}$$

로 되어 진폭이 두 배가 되는 선형편광을 얻을 수 있다.

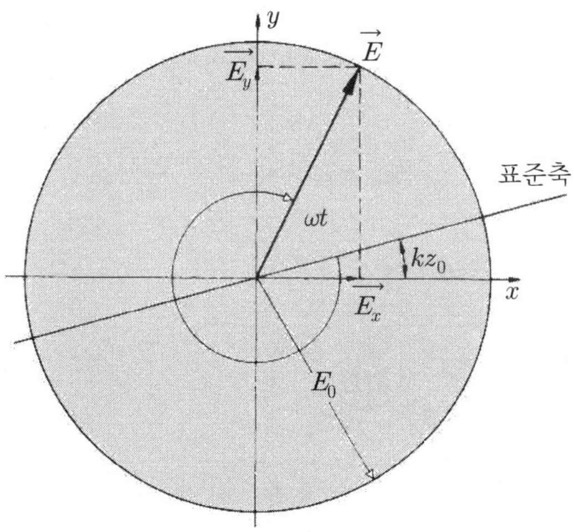

(a) 원편광의 전장성분

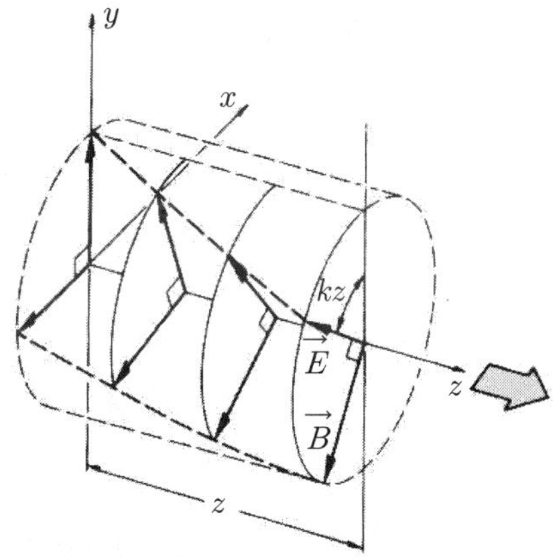

(b) 우원편광

그림 9.3 ▶ 원형편광의 성분파 및 진동면의 변화

3. 타원편광

선형편광과 원형편광은 모두 **타원편광**(elliptically polarized light)의 특수한 경우라고 생각할 수 있다. 일반적으로 두 성분의 진폭이 다르고 위상 차이가 $\pi/2$의 정수배가 아니라면 전장은

$$\vec{E}(z,t) = \hat{i}E_{0x}\cos(kz-\omega t) + \hat{j}E_{0y}\cos(kz-\omega t+\epsilon) \tag{9.10}$$

로 될 것이다. 그런데

$$E_y = E_{0y}\cos(kz-\omega t+\epsilon)$$

에서

$$\cos(kz-\omega t+\omega) = \cos(kz-\omega t)\cos\epsilon - \sin(kz-\omega t)\sin\epsilon$$

이므로

$$\frac{E_y}{E_{0y}} = \cos(kz-\omega t)\cos\epsilon - \sin(kz-\omega t)\sin\epsilon$$

에서

$$\frac{E_x}{E_{0x}}\cos\epsilon = \cos(kz-\omega t)\cos\epsilon$$

을 빼주면

$$\frac{E_y}{E_{0y}} - \frac{E_x}{E_{0x}}\cos\epsilon = -\sin(kz-\omega t)\sin\epsilon \tag{9.11}$$

을 얻는다. 또

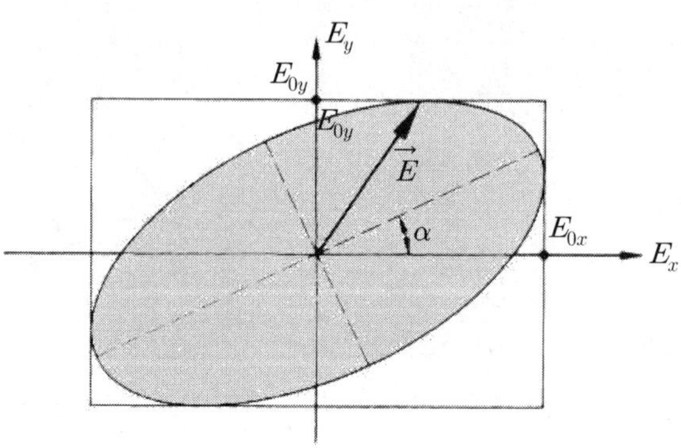

그림 9.4 ▶ 타원편광

$$1-\left(\frac{E_x}{E_{0x}}\right)^2 = \sin^2(kz-\omega t)$$

이므로

$$\left(\frac{E_y}{E_{0y}}\right)^2 + \left(\frac{E_x}{E_{0x}}\right)^2 = \left[1-\left(\frac{E_x}{E_{0x}}\right)^2\right]\sin^2\epsilon$$

이 된다. 이를 이항정리하면

$$\left(\frac{E_y}{E_{0y}}\right)^2 + \left(\frac{E_x}{E_{0x}}\right)^2 - 2\left(\frac{E_y}{E_{0y}}\right)\left(\frac{E_x}{E_{0x}}\right)\cos\epsilon = \sin^2\epsilon \tag{9.12}$$

를 얻는다.

이것은 그림 9.4에서 보는 것과 같은 E_x축에 대해 α만큼 기울어진 **타원의 방정식**이며 여기서 α는

$$\tan 2\alpha = \frac{2E_{0x}E_{0y}\cos\epsilon}{E_{0x}^2 - E_{0y}^2} \tag{9.13}$$

의 관계로 나타낼 수가 있다.

4. Malus의 법칙

그림과 같이 편광판(polarizer)에 의해 선형편광된 빛의 전장이

$$E_p(z,t) = E_0\cos(kz-\omega t)$$

이라 하자.

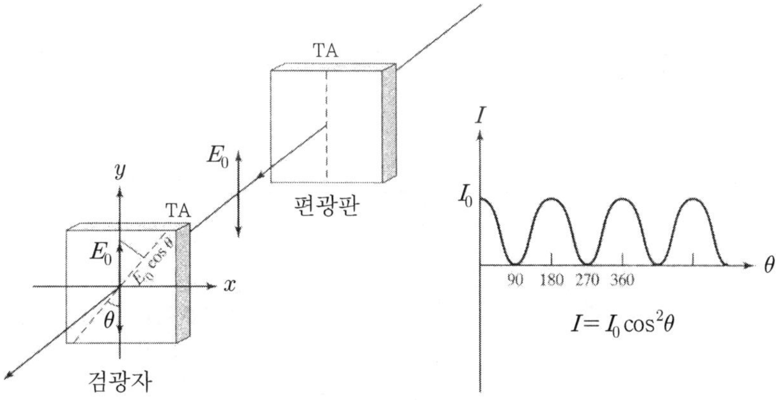

그림 9.5 ▶ Mauls의 법칙

검광자(analyzer)의 편광방향이 편광판과 θ만큼 기울어져 있다면 검광자를 투과하는 빛의 전장은

$$E_a(z,t) = E_0\cos\theta\cos(kz-\omega t)$$

가 될 것이다. 따라서 검광자를 투과한 빛의 세기는

$$I(\theta) = \frac{c\epsilon_0}{2}E_0^2\cos^2\theta\cos^2(kz-\omega t) \tag{9.14}$$

로 된다. 다시 말해서 편광판을 투과한 빛의 세기가 I_0이라 하면 검광자를 투과한 빛의 세기는 $I(\theta) = I_0\cos^2\theta$이다. 이것을 Mauls의 법칙이라 한다.

예제 9.1

수직으로 선형편광된 빛이 이상적인 선형편광기에 수직으로 입사한다. 편광기의 투과축이 수직으로부터 60°를 이루고 있다면 편광기를 투과한 빛은 입사한 복사조도의 몇 %나 되는가?

풀이 $I = I_0\cos^2\theta$이므로

$$\frac{I}{I_0} = \cos^2\theta = \cos^2 60° = 0.25 \qquad \text{[답] 25\%}$$

제 2 절 편광을 얻는 방법

1. 산란에 의한 방법

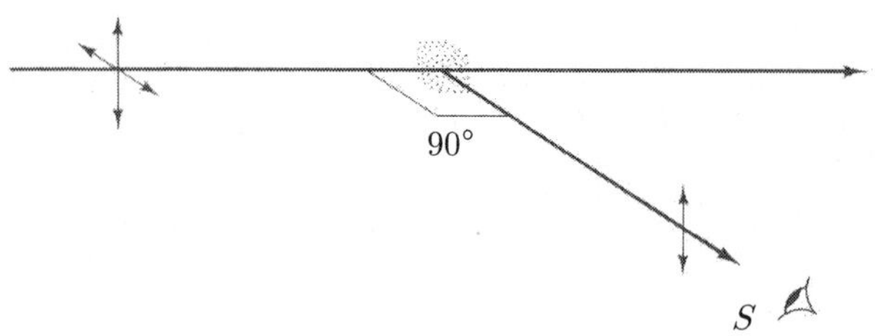

그림 9.6 ▸ 전파방향에 수직한 방향으로 산란된 빛은 선형편광으로 된다.

2. 반사에 의한 편광

입사광선과 반사표면의 법선 그리고 반사 및 투과광선은 같은 평면 위에 있고, 이 평면을 입사면이라 한다. 입사면에 전기장이 나란하게 진동하는 빛은 입사각과 굴절각의 합이 90°가 되도록 입사하는 경우 반사되는 빛이 없어지고 모두 투과된다. 따라서 입사면에 수직인 빛만 반사하므로 반사광은 선형편광으로 된다. 이때의 입사각을 Brewster 각이라 하며 이와 같은 현상을 Brewster법칙이라 한다.

입사각이 I, 굴절각이 I'이라 할 때 $I+90°+I'=180°$ 즉 $I'=90°-I$가 되며 $\sin(90°-I)=\cos I$의 관계가 성립한다.

Snell'의 법칙으로부터 $n\sin I=n'\sin I'$가 되고 $\frac{\sin I}{\cos I}=\frac{n'}{n}=\tan I$로 쓸 수 있다. 따라서 다음 식이 성립된다.

$$\tan I=\frac{n'}{n} \quad \text{: Brewster의 법칙} \tag{9.15}$$

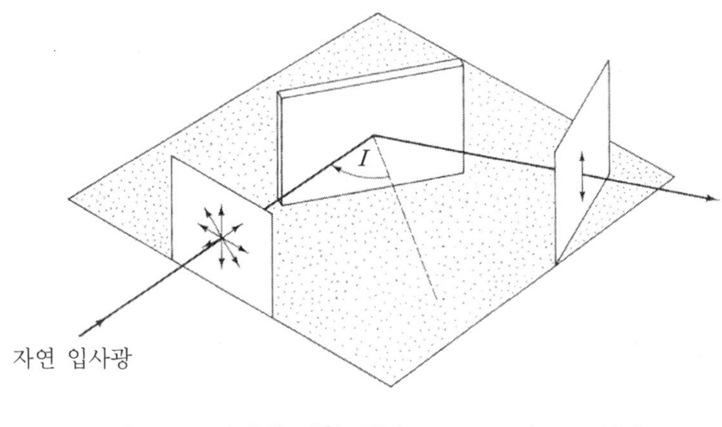

그림 9.7 ▸ 반사에 의한 편광 : Brewster각으로 입사

예제 9.2

연못($n=1.33$)에서 반사된 하늘을 이상적인 편광기를 통하여 볼 때 완전히 보이지 않는 각도를 구하라.

풀이 $\tan I=\frac{n'}{n}$로부터

$$I=\tan^{-1}\left(\frac{n'}{n}\right)=\tan^{-1}\left(\frac{1.33}{1}\right)=53.06° \fallingdotseq 53.1°$$ [답] 약 53.1°

3. 투과에 의한 편광

Brewster각으로 입사하면 투과광은 선형편광을 얻을 수 있다고 앞에서 설명하였다. 얇은 평행판을 여러 겹으로 사용하여 계속 Brewster각으로 입사시키면 투과광이 매우 좋은 선형편광이 된다.

4. 선택흡수에 의한 편광

파장이 긴 경우에는 철사 그물을 자연광 뒤에 놓으면 선형편광을 얻을 수 있고, 가시영역에서는 전기석(tourmaline)과 같은 이색성 결정체를 투과시키면 선형편광을 얻을 수 있다. 이외에도 Al_2O_3, B_2O_3, SiO_2 등 이색성 결정체를 많이 사용하며 헤라패사이트(herapathite)라 하는 결정체에서도 이색성 효과를 볼 수 있다.

이색성이란 빛이 결정체를 통과하는 동안 그림 9.8에서 보는 바와 같이 수평성분은 흡수하고 수직성분만 통과한다. 요즈음은 폴라로이드를 만들어 사용한다. 흔히 사용하는 폴라로이드는 분자를 잡아당겨 요드를 주입시킨 합성 폴리비닐알콜(Poly Vinyl Alcohol : PVC) 판이다.

5. 복굴절에 의한 편광 ; 정상광선, 이상광선

책 위에 방해석(calcite)을 올려놓으면 글자가 이중으로 보인다. 방해석을 돌려보면 움직이지 않는 글자가 있고 돌려주는 각도에 따라 글자가 움직이는 것이 있다. 움직이는 것이 이상광선(e-ray)에 의한 것이고 고정되는 글자를 보여주는 광선이 정상광선(o-ray)이다.

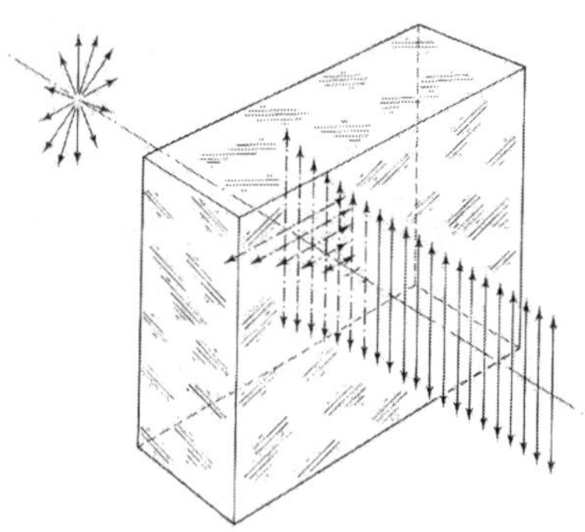

그림 9.8 ▸ 선택흡수에 의한 편광

복굴절이란 방해석과 같은 결정체가 어떤 축을 따라 굴절률이 일정하고 다른 축방향으로는 굴절률이 다르게 나타난다. 수정, 운모, 얼음과 같은 결정체가 이러한 특성을 보여준다. 결정체의 축성분에 따라 다른 굴절률을 가진 물질을 **비등방성물질**이라 하며 광학유리나 플라스틱과 같이 어느 방향으로나 같은 굴절률을 가진 물질은 **등방성물질**이라 한다. 운모는 3축 방향 모두 다른 굴절률을 가지므로 **쌍축결정**이라 하며, 석영과 같이 결정축 성분과 이에 수직한 두 축성분의 굴절률 두 가지만 가지는 것을 **단축결정**이라 한다.

▮ 복굴절도

굴절률 n_e와 n_o의 차이가 **복굴절**의 정의라고 할 수 있다. 두 굴절률 차이로 인한 광로정차 $\Gamma = L(n_e - n_o)$가 발생되며 **복굴절도**(birefringence)는

$$\text{복굴절도} \equiv n_e - n_o = \frac{\Gamma}{L} \tag{9.16}$$

이다. 여기서 n_e는 이상광선의 굴절률이고, n_o는 정상광선의 굴절률, L은 복굴절 결정체의 길이가 된다. 광학유리나 광학플라스틱과 같은 등방성물질도 어느 한쪽으로 기계적 압력을 받으면 순간적으로 복굴절성을 띤다. 이를 편광으로 분석하는 것이 **광탄성 변형력 분석**(photoelastic stress analysis)이다.

제 3 절 편광소자

1. 편광판

이색성을 이용한 편광자로서는 폴라로이드-J판이나 폴라로이드-H판이 있으나, 이것들은 가격이 저렴한 장점이 있지만 편광도는 그다지 높지 못한 결점이 있다. 편광도가 높은 편광판으로서는 대부분 복굴절 결정체로 만들어진 것들이다.

글랜-공기 편광판은 다른 이름으로 **글랜-푸코 편광판**이라 한다.

그림 9.9에서 보는 바와 같이 정각(apex angle) θ를 가진 두 개의 방해석을 빗면이 마주 보게 결합하였으며 그 사이는 공기이다. 그것들의 결정축은 서로 나란하며 지면에 수직하다.

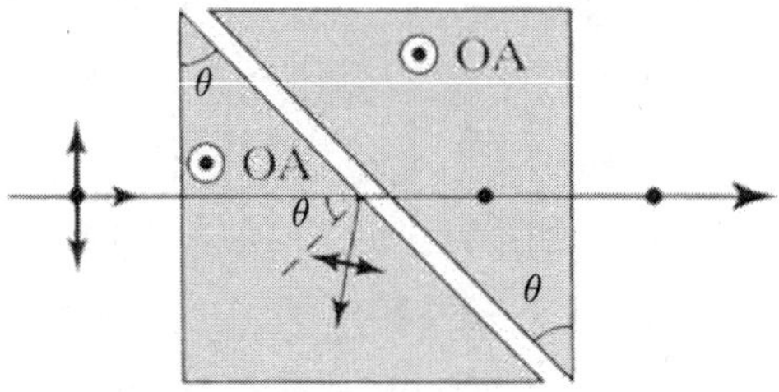

그림 9.9 ▸ 글랜-공기 편광판

첫 번째 프리즘에서 빗면에 입사각은 프리즘 정각과 같으며 공기에 대해 임계각은 $\sin\theta_c = 1/n$이고 결정축 OA에 대한 전장의 진동방향에 의존된다. 왜냐하면 전장의 진동방향이 결정축에 나란하면 $n_{\parallel} = 1.4864$이고 임계각 $\theta_c = 42.3°$이다. 그러나 전장의 진동방향이 결정축에 수직한 경우에는 $n_{\perp} = 1.6584$이고 임계각 $\theta_c = 37.1°$이다. 이와 같이 프리즘의 정각을 이 두 임계각의 중간 값으로 만들면 결정축에 수직한 성분은 전반사하고 나란한 성분은 투과할 것이다.

두 번째 프리즘은 투과광의 방향을 바꾸어 원래 입사한 방향과 나란하게 진행하도록 만든다. 프리즘 사이 공간을 글리세린과 같은 투명한 물질로 채운다면 정각은 달라질 것이다.

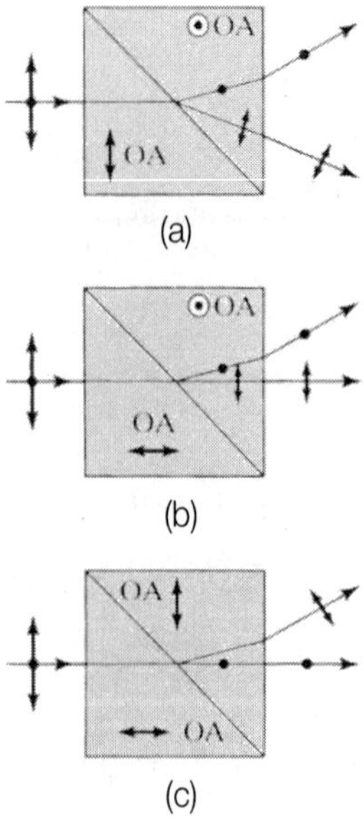

그림 9.10 ▸ 편광 프리즘

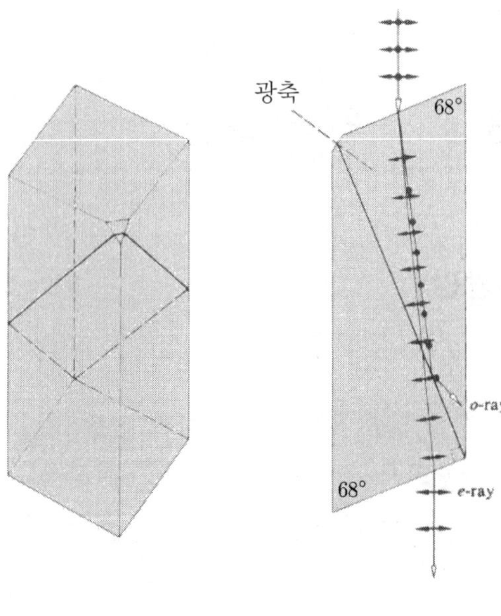

그림 9.11 ▸ 니콜 프리즘

그림 9.10은 **정 단축결정**(positive uniaxial crystal)인 석영(quartz)으로 구성된 편광 프리즘이다. 이 경우에는 전반사를 사용하지 않고 정상광선과 이상광선을 분리해 내는 것이다. 각각의 경우에 두 프리즘의 결정축은 서로 수직하다. 그래서 첫 번째 프리즘에서 결정축에 수직한 전장성분은 이를테면 두 번째 프리즘에서는 결정축에 나란한 성분으로 될 것이며, 그에 대응하여 첫 번째 프리즘에서 결정축에 나란한 전장성분은 두 번째 프리즘에서는 수직하게 될 것이고 굴절률도 서로 다를 것이다.

다른 성분에 대한 굴절률 차이는 다른 굴절각으로 굴절되어 두 개의 편광된 빛살다발로 분리된다. 그림 9.10(a)는 Wollaston prism이고, (b)는 Rochon prism 그리고 (c)는 Sernamont prism이다.

그림 9.11은 마름모꼴의(rhombohedron) 방해석의 끝 부분을 연마하고 광택을 내어 마름모의 대각선으로 잘라 이 두 조각을 연마하고 캐나다발삼으로 다시 붙여서 만든 것이다. 캐나다발삼은 투명하며 굴절률이 1.55로서 이상광선의 굴절률 n_e와 정상광선의 굴절률 n_o의 중간 정도 값이다.

그림에서 보는 바와 같이 프리즘 정각을 68~71°로 하여 결정축에 수직한 전장성분은 전반사하고 나란한 성분은 투과하여 각각 선형편광된 빛살다발을 얻는다. 그중에서도 전반사된 빛살다발은 마름모형 프리즘면에 칠한 검은 페인트층에 흡수되고 결정축에 나란한 성분만 투과하여 선형편광된 빛살다발을 얻는다. 앞의 글랜-공기 프리즘과 유사한 원리이지만 요즈음에는 별로 사용되지 않고 있다.

이와 같이 복굴절물질은 선형편광판을 제작하는 데 유익하게 활용되며 다음에 다룰 위상지연자(phase retarder)를 만드는 데에도 유익하게 활용된다.

2. 위상지연자

복굴절 결정을 입사광에 대해서 결정축이 원하는 방향을 가지도록 자르고 연마할 수 있다. 그림 9.12는 몇 가지 입사광과 광축과의 관계를 예시해 주고 있다. (a)에는 자연광이 왼쪽으로부터 입사하되 결정체의 결정축과 수직방향으로 입사하는 것을 보여주고 있다.

이때는 점(dot)으로 나타낸 전장이 지면에 수직으로 진동하는 성분과 양쪽으로 화살머리가 있는 그림으로 나타낸 지면에 나란하게 진동하는 전장성분 모두가 같은 굴절률 $n_\perp$을 가지고 결정을 통해 같은 속도로 전파되고 있다. 그러나 (b)와 (c)에서는 결정축이 한 성분에 대해서는 나란하고 다른 한 성분에 대해서는 수직하다.

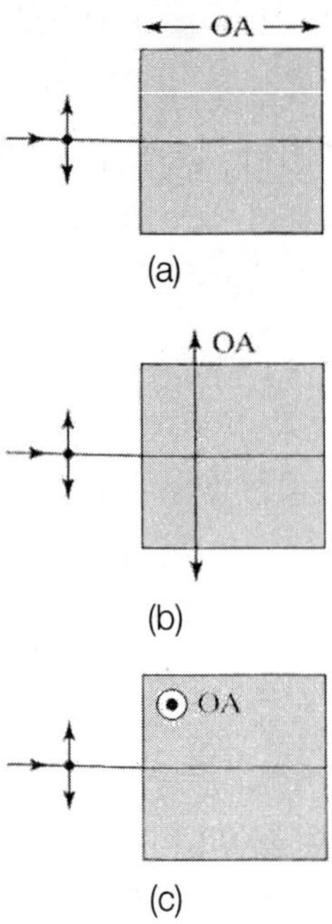

그림 9.12 ▸ 복굴절체의 결정축과 입사광의 방향

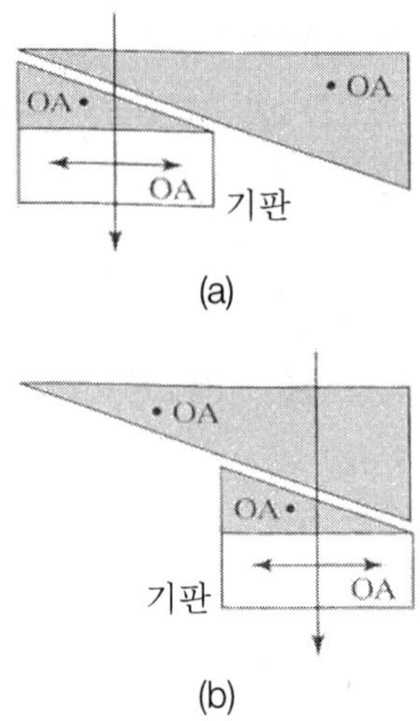

그림 9.13 ▸ Soleil-Babinet 보상판

이 경우에는 각각의 성분이 다른 굴절률과 다른 속도를 가지고 결정을 통과해서 전파된다. 나타나는 현상으로는 누적된 상대적 위상차가 두 성분에 대한 광로차 사이에 차이의 항으로 기술될 수 있다.

만약 결정체의 두께가 d라면 광로정차 Δ는

$$\Delta = |n_{\perp} - n_{\parallel}|d$$

이며 이에 해당하는 위상차 $\Delta\phi$는

$$\Delta\phi = \frac{2\pi}{\lambda_0}\Delta = \left(\frac{2\pi}{\lambda_0}\right)|n_{\perp} - n_{\parallel}|d \tag{9.17}$$

가 된다. 여기서 λ_0는 진공 중에서의 빛의 파장이다. 만약 판의 두께가 $\Delta\phi = \pi/2$의 위상차를 만드는 것이라면 그것을 $\lambda/4$ **파장판**(Quarter Wave Plate : QWP) 또는 **1/4파장 위상지연자**라 한다. 만약 $\Delta\phi = \pi$이면 $\lambda/2$ **파장판**(Half Wave Plate : HWP) 또는 **1/2파장 위상지연자**라 한다. 이것들은 **0차**(zero-order) **위상지연자** 혹은 때에 따라서 **1차**(first order) **위상지연자**라 한다. 그러한 판은 매우 얇기 때문에 실제적으로는 깨지기 쉽고 제작도 어려우나 시야각은 넓다.

실제로는 깨지지 않고 제작하기 쉽게 하기 위해서 더 두꺼운 위상차

$$\Delta\phi = 2m\pi + \pi/2 \ \text{(이때 } m = 0, 1, 2, 3, \cdots \text{의 정수이다)}$$

를 가지도록 만든다. 이와 같이 $\pi/2+2m\pi$, 또는 $\pi+2m\pi$가 되도록 만드는 것을 **고차**(high order) **위상지연자**라 한다.

예제 9.3

바비네(Babinet) 보정판이 직교하는 선형편광기 사이에 45° 각도로 위치해 있고 나트륨광으로 비춰지고 있다. 얇은 운모(굴절률이 1.599와 1.594) 한 장이 보정기 위에 위치하면 검은 띠는 모두 그들 사이 간격의 1/4만큼 이동한다. 운모판의 위상지연과 그 두께를 구하라.

풀이 검은 띠와 검은 띠 사이에는 한 파장에 해당하는 위상차이가 있다. 따라서 1/4파장 위상지연이며 그 두께는 $d(|n_o-n_e|)=1/4\lambda$로부터

$$d = \frac{\lambda}{4(1.599-1.594)} = 50\lambda$$

나트륨광의 파장이 589.3nm이므로 두께는 29.465μm이다.

3. 보상자

더 두꺼운 두 개의 판을 조합하여 판 하나는 모든 위상지연에 대해 보상하고 다른 하나는 원하는 위상지연을 만들도록 한다. 이러한 방법으로 위상지연자(phase retarder) 역할을 할 수 있는 광학소자를 가공할 수 있다. 통상적으로 운모와 석영이 유리판 사이에 샌드위치같이 얇은 평판 디스크 모양으로 이루어진 위상자로서 이용될 수 있다. 왜냐하면 순 위상지연 $\Delta\phi$은 두께 d에 비례하며, 연속적으로 조정할 수 있는 위상판을 만들 수 있도록 어떤 장치도 연속적으로 두께를 변화시킬 수 있어야 한다. 그러한 편리한 장치를 **보상자**(compensator)라 한다.

그림 9.13은 Soleil-Babinet 보상자의 작동원리를 보여주고 있다. 석영 결정이 아래의 고정된 기판을 이루는 데 이용될 수 있다. 그 기판은 석영 평판과 광학적 접합이 된 쐐기형이다. 위에는 다른 석영 쐐기형의 판이 경사를 따라 상대적으로 움직일 수 있도록 만들어진다. 이 결합체에서 결정축을 주목하라.

(a)에서는 위의 쐐기의 위치가 서로 수직으로 정렬된 광축을 가지고 석영의 동일한 두께를 빛이 통과하게 되어 있다. 두께에 의한 임의의 지연은 다른 것에 의해 상쇄되어 위상지연이 0으로 되게 한다. 위의 쐐기를 왼쪽으로 미끄러트리면 두 번째에 대해 상대적으로 처음 결정축 OA 방향의 두께를 증가시켜 연속적으로 변화하는 위상지연이 (b)

에서 최대, 두 개 파장 또는 4π가 되도록 한다. 마이크로메타 나사에 의한 조정이 $\Delta\phi$의 적은 차이를 내도록 만들 수 있다.

4. 편광의 변환

그림 9.14는 45° 방향의(제 1사분면과 제 3사분면에서 진동함) 직선편광 또는 선형편광된 입사광을 1/4파장 위상지연자를 이용하여 좌원편광(광원을 향해 볼 때 반시계방향으로 회전)의 출사광으로 변환시킨다.

그런데 그림 9.15는 그림 9.14와 같이 45° 선형편광된 입사광을 1/2파장 위상지연자를 사용하여 좌우가 전도된 −45° 선형편광(제 2사분면과 제 4사분면에서 진동)된 출사광으로 변환시키는 것을 보여주고 있다. 그런가 하면 그림 9.16에는 일련의 1/4파장 위상지연자를 사용하여 45° 선형편광된 빛을 좌원편광으로 변환하였다가, 다시 1/4파장 위상지연자를 이용하여 좌원편광을 −45° 선형편광으로 변환시키고, 또 1/4파장 위상지연자를 통하여 우원편광으로 변환하는 것을 보여주고 있다. 이와 같이 위상지연자는 편광을 변환시키는 데 사용될 수 있다.

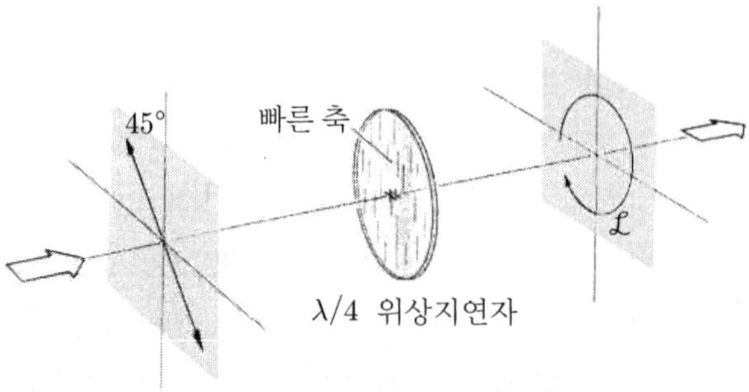

그림 9.14 ▸ 선형편광을 원편광으로 변환

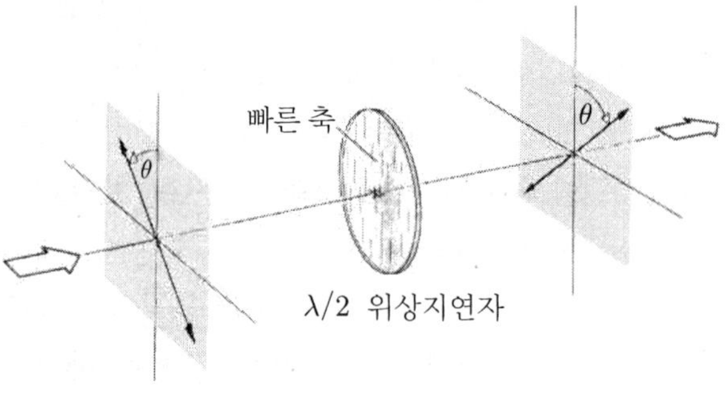

그림 9.15 ▸ 선형편광을 선형편광으로 변환

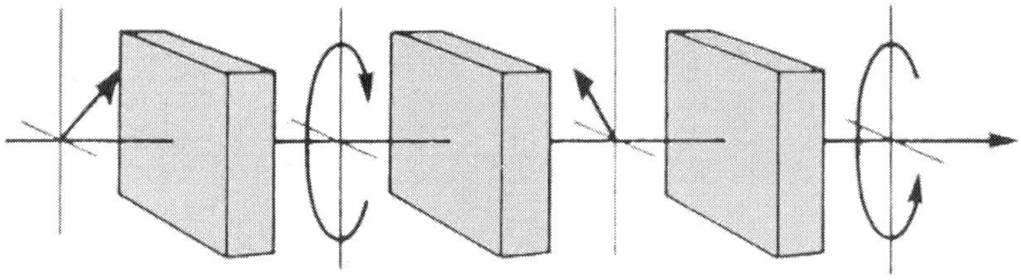

그림 9.16 ▶ 일련의 1/4파장 위상지연자에 의한 편광의 변환

제 4 절 광 활 성

어떤 물질은 선형편광된 빛살다발을 입사시키면 그 물질을 통과한 후에도 선형편광된 빛살다발로 나오지만 그 진동방향이 원래의 방향으로부터 회전된 상태로 나오는 것이 있다. 이러한 현상을 **광활성**(optical activity)이라 한다.

그림 9.17에서 보는 바와 같이 광활성 매질인 능동포자(active cell)를 통과해서 나온 빛은 전장의 진동방향이 β만큼 회전된 것을 알 수 있다. 광원을 바라볼 때 진동면이 시계방향으로 회전되었으면 이 매질은 **우선성**(dextro-rotary 또는 d-rotary)이라 한다. dextro는 라틴어로 오른쪽을 의미한다. 반대로 전장의 진동면이 반시계방향으로 회전되었다면 **좌선성**(levo-rotary 또는 l-rotary)이라 한다. 마찬가지로 levo는 라틴어로 왼쪽을 의미한다.

광활성 매질에는 고체도 있고 액체도 있다. 고체로는 석영과 설탕 등이 있고 액체로는 테레빈유(turpentine)와 설탕용액(sugar in solution) 등이 있다. 결정체 석영의 경우에는 좌선성 석영과 우선성 석영이 모두 존재한다. 이 두 가지는 그 구조가 서로 대칭적이다. 모든 투명한 좌우 대칭 결정은 광학적으로 활성적이다. 융해수정(molten quartz)이나 융용수정(fused quartz)은 둘 다 결정이 아니고 비활성적이다.

수정처럼 결정 형태에서만 광활성을 나타내는 것은 유기물질(예 : 벤질)과 무기물질(예 : $NaBrO_3$)에 많이 있다. 천연적으로 존재하는 유기 화합물은(예 : 타타르산, 테레빈유 그리고 설탕물 등) 용액이나 액체상태에서 광활성을 나타낸다. 광활성은 매질을 통과하면서 그 분자의 구조적 특성으로 인해서 연속적으로 진동면이 회전된다. 그러므로 $\lambda/2$파장 위상지연자와는 구별된다.

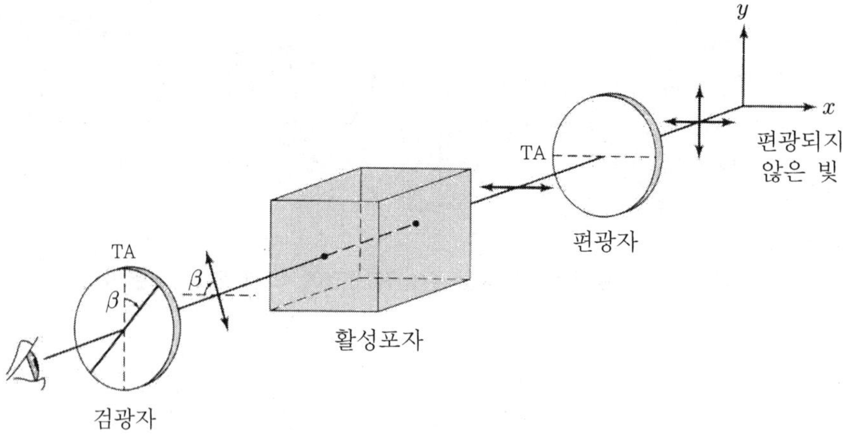

그림 9.17 ▸ 광활성의 측정. 광활성 매질을 통과 후 회전된 각 β

그림 9.17에서와 같이 광활성 매질을 통과 후에 진동면이 회전된 각도를 측정할 수가 있다. 실험 결과 진동면의 회전각은 통과하는 매질의 거리 L과 밀도 ρ에 비례하며 그 비례 κ는 매질의 분자구조에 의해 좌우된다.

$$\beta = \kappa L \rho \tag{9.18}$$

여기서 비례상수 κ의 단위는 $\{°/(\mathrm{dm} \cdot \mathrm{cm}^3/\mathrm{g})\}$이며, 길이 L의 단위는 deci meter (dm), 그리고 밀도 ρ의 단위는 $(\mathrm{g/cm^3})$이다. 예를 들어 1dm의 테레빈유는 소듐 등 빛의 진동면을 $-37°$ 회전시킨다. 같은 물질이라도 파장에 따라 진동면의 회전각도가 달라진다. 이러한 현상을 **회전분산**(rotatory dispersion)이라 한다. 그리고 고체상태에서는 각 파장에 따라 활성 결정의 길이에 비례한다.

$$\beta = \gamma d \tag{9.19}$$

여기서 γ는 비례상수로서 **고유회전능**(specific rotatory power)이라 한다. 참고로 결정체 수정의 고유회전능을 표 9.1에 제시한다.

표 9.1 ▸ 석영의 고유회전능

파장(nm)	고유회전능 (degree/mm)	파장(nm)	고유회전능 (degree/mm)
226.053	201.9	546.072	25.535
404.656	48.945	589.290	21.724
435.834	41.548	670.786	16.535

예제 9.4

파장 546.072nm에서 1.2mm 두께의 석영에 의해 발생되는 고유회전을 구해 보라.

풀이 표 9.1로부터 파장 547.072nm에서 $\gamma = 25.535°/\text{mm}$이므로 식 (9.19)로부터

$$\beta = 25.535°/\text{mm} \times 1.2\text{mm} = 30.642°$$

을 얻을 수 있다.

Fresnel-Arago의 법칙

① 같은 방향으로 편광된 두 빛의 빛살다발은 간섭한다.
② 서로 직교하는 방향으로 선형편광된 빛살다발끼리는 간섭하지 않는다.
③ 편광되지 않은 빛의 두 직교 성분에서 나와서 결과적으로 같은 진동면에 놓인 주 빛살다발은 간섭하지 않는다.
④ 빛의 결맞음(coherence) 부분에서 유도되어 결과적으로 직교하는 면에 놓인 두 빛살다발은 간섭하여 여러 단계의 타원편광을 산출한다.

제 5 절 광변조기

빛의 변조란 진폭(AM), 주파수(FM), 위상, 편광, 광파의 방향 등의 변경을 의미한다. 변조의 목적은 광섬유광학 통신에서 논의되는 것과 같이 정보를 운반하는 용량을 허용하게 해주는 것이다. 물론 빛 자르기(chopping)나 셔터(shutter)는 기계적인 변조를 수행한다. 그러나 우리가 관심이 있는 것은 전기장이나 자기장을 걸어 주어서 굴절률을 변화시킴으로써 수행되는 것들이다.

고출력 레이저의 경우 레이저가 발진하는 시간이 수 nano(10^{-9})초 또는 pico(10^{-12})초 이하일 경우가 많으며 최근에는 femto(10^{-15})초에 이르고 있다. 빛의 방향을 바꾸거나 끄고 켜는 장치를 광스위치라 한다. 이와 같이 빠른 시간의 광변조를 위해서는 기계적인 방법으로는 도저히 불가능하고 전자기광학 효과를 이용하여 편광을 응용하게 된다.

1. 전기광학 효과

전기광학의 중요한 두 가지는 Pockel **효과**와 Kerr **효과**이다. 이러한 효과들은 빛을 **변조**하는 데 이용된다.

1) Pockel 효과

Pockel 효과는 편광에 대해서 2차 효과이므로 **역전도 대칭**(inversion symmetry)을 가지는 등방성 매질에서는 발견되지 않는다. 역전도 대칭이란 역전도 연산을 하여도 물리법칙이 변하지 않는 원리를 말한다. 그러나 **약한 상호작용**(weak interaction)에 의해 역전도 대칭이 깨어진다.

모든 Pockel 효과를 나타내는 결정체는 또한 **압전기**(piezoelectric)이다. 즉 기계적 긴장에 의해 유도된 복굴절을 보인다. 그 효과가 레이저가 발견되기 오래전, 1893년에 발견된 이래 격렬한 광학장이 유용하게 되기 전에도 잘 알려졌다. 주로 사용되는 결정은 KDP(Potassium Dihydrogen Phosphate)이며 유도된 굴절률의 차이가 걸어준 전기장에 선형적으로 비례한다.

$$|\Delta n| \cong \frac{a}{2} n_0^3 E \tag{9.20}$$

여기서 a는 선형적 전기광학 효과 계수, n_0은 정상광선의 Pockell cell의 굴절률, E는 걸어준 전장의 세기, L은 두 전극판 사이의 거리이며, 그 사이의 전압은 $V = EL$이다. 위상차 Φ는 결정체 길이에 독립적이라는 데 주목하라. 예를 들면 만약 Pockel 포자가 $\lambda/2$ 파장판(wave-plate)으로서 역할을 하도록 하려면 $\Phi = \pi$가 되도록 만들어야 한다. 여기서 파장판은 위상지연자를 의미한다. 그리고 요구되는 $\lambda/2$파 전압은

$$V_{\lambda/2} = \frac{\lambda_0}{2an_0^3} \tag{9.21}$$

표 9.2 ▸ 대표적인 물질에 대한 선형 전기광학 효과 계수

대표적 물질 (언급이 없으면 $\lambda_0 = 633\text{nm}$)	선형 전기광학 효과 계수	굴절률 n_0	대표적 물질	선형 전기광학 효과 계수	굴절률 n_0
KH_2PO_4(KDP)	11 (10^{-12}m/V)	1.51	$LiNbO_3$	30.9 (10^{-12}m/V)	2.29
KD_2PO_4(KD*P)	24.1 (10^{-12}m/V)	1.51	$LiTaO_3$	30.5 (10^{-12}m/V)	2.18
$(NH_4)H_2PO_4$(ADP) ($\lambda = 546.1\text{nm}$)	8.56 (10^{-12}m/V)	1.48	ZnS ($\lambda = 0.6\mu\text{m}$)	2.1 (10^{-12}m/V)	2.36
GaAs($\lambda = 10.6\mu\text{m}$)	1.51 (10^{-12}m/V)	3.3	Quartz	1.4 (10^{-12}m/V)	1.54

예제 9.5

1cm 두께의 KD*P 결정으로 만든 Pockel 포자를 생각해 보자. 광파의 파장이 632.8nm일 때 요구되는 $\lambda/2$파 전압을 구하라.

풀이 $$V_{\lambda/2} = \frac{632.8 \times 10^{-9}}{2(24.1 \times 10^{-12})(1.51)^3} = 3813\,\text{V}$$

이와 같이 3,813Volt의 전압을 걸어 주면 그 결정은 $\lambda/2$ 파장판으로 변환된다.

전기장은 광축에 수직하게 걸 수도 있고(transverse Pockels effect), 수평으로 걸 수도(longitudinal Pockels effect) 있다. Pockels 셀(cell)은 뒤에 설명할 Kerr cell보다 훨씬 낮은 전압(최소한 한 자릿수는 작은)을 사용한다는 장점이 있다. 광통신망이나 고출력 레이저 Q 스위치에 애용되고 있다.

2) Kerr 효과

Kerr 포자는 두 전극 사이에 전압이 걸렸을 때 두 전극 사이에 통상적으로 니트로벤젠이나 2유화탄소를 포함한다. 걸어준 전장은 그에 평행한 결정축과 더불어 복굴절을 일으킨다. 이와 같이 셀을 횡단하는 빛은 결정축과 수직한 편광과 수평한 편광에 대해 두 개의 굴절률 n_e와 n_o를 포함하게 되어 결과적으로 위상지연을 일으킨다.

실험적으로 n_e와 n_o 사이의 차이는

$$\Delta n = KE^2\lambda \tag{9.22}$$

형태의 관계를 따르는 것이 발견되었다. 여기서 K는 Kerr 상수이다. 니트로벤젠은 특히 Kerr 상수가 낮다($K = 2.4 \times 10^{-10}\text{cm/V}^2$). Kerr cell 양쪽에 평행한 금속판을 전극으로 사용하며 편광을 엇갈리게 놓아 빛이 통과하지 못하게 한다. 그러나 45°로 놓은 두 판 사이에 전압이 수 kV 범위로 걸어 주면 빛이 타원편광이 되어서 빛이 통과하게 되어 셔터 역할을 할 수 있다. Kerr 효과는 10^{10}Hz 정도로 빠르다. 다만 수 kV 범위의 전기적 펄스 전압을 만드는 것이 문제이다.

표 9.3 ▶ 선택된 물질에 대한 Kerr 상수(상온에서)

Material($\lambda = 589\text{nm}$)	$K(\text{pm/V}^2)$	Material($\lambda = 589\text{nm}$)	$K(\text{pm/V}^2)$
(STP)	4×10^{-6}	Water(H_2O)	0.052
Glass(typical)	0.001	Nitrotoluene($C_5H_7NO_2$)	1.4
Carbon sulfide(CS_2)	0.036	Nitrobenzene($C_6H_5NO_2$)	2.4

2. 자기광학 효과

1) Faraday 효과

이 점에서 논의한 전기광학 효과와 대조해서 Faraday **효과**는 자기광학적 상호작용이다. 투명한 물질이 자기장 내에 위치될 때와 선형편광된 빛이 자기장의 방향을 따라 통과될 때 나오는 빛은 선형편광을 유지하되 경험적 관계

$$\beta = VBd \tag{9.23}$$

에 의하여 표본의 두께 d와 자기장의 세기 B에 비례하는 평면편광의 회전 β를 가지는 것이 발견된다.

여기서 V는 물질의 Verdet **상수**로서 보통은 각도로 분/G-cm(Gauss-cm)의 단위로 나타낸다. Verdet 상수는 온도와 파장의 종속이다.

Faraday 회전의 흥미 있는 면은 자장방향에 관계되는 회전각도가 주어진 물질에 대해 빛의 전파방향에는 독립적이라는 것이다. 이같이 빛에 의해 물질의 전후 반복적인 횡단은 회전각 β에 누적된 효과를 가진다. 이것은 광활성과 밀접하게 관계되는 현상과 대조적으로 활동한다.

표 9.4 ▶ 선택된 물질에 대한 Verdet 상수($\lambda = 589$nm)

물 질	V (min/G-cm)	물 질	V (min/G-cm)
H_2O	0.0131	NaCl	0.0359
Crown glass	0.0161	KCl	0.02858
Flint glass	0.0317	Quartz	0.0166
CS_2	0.0423	ZnS	0.225
CCl_4	0.0160		

예제 9.6

만약 9kG의 자기장을 가질 때 광학적 분리기의 요구되는 편광벡터의 45°를 일으키기 위해서 589nm 빛에 대한 Verdet 상수 0.161min/G-cm를 가지는 크라운 유리의 요구되는 길이를 계산하라.

풀이 식 (9.23)을 이용하여

$$d = \frac{\beta}{VB} = \frac{45° \times 60\text{min}/°}{(0.161\text{min/G-cm}) \times 9000\text{G}} = 1.86\text{cm}$$ 를 얻는다.

2) Voigt 효과 또는 자기복굴절

1902년에 Voigt는 자기장에 수직하게 통과하는 빛을 통하여 증기에 강한 자기장을 걸어 주었을 때 복굴절이 일어나는 것을 발견하였다. **Voigt 효과** 또는 자기복굴절 현상으로 알려진 이 현상은 Faraday 효과가 종적인 **Zeeman 효과**에 관련되는 것과 정확하게 같은 방법으로 횡적인 Zeeman 효과와 관련된다. 외부에서 걸어준 자기장의 제곱에 비례하여 편광각이 회전된다. 전기광학 효과에서 Kerr 효과와 유사하다.

3) Cotton-Mouton 효과

1907년에 Cotton과 Mouton에 의해 발견되었다. Voigt 효과와 유사하게 자기장에 수직하게 통과하는 빛을 통하여 액체에 강한 자기장을 걸어 주면 복굴절이 일어난다. 외부에서 걸어준 자기장의 제곱에 비례한다.

이 두 가지는 자기장의 방향이(빛살다발에 수직한) 광축인 단결정과 비슷한 복굴절성을 나타낸다. 두 개의 굴절률은 광파의 진동면이 이 일정한 자기장에 대하여 수직일 때와 수평일 때에 각각 대응한다. 이 굴절률의 차이 $\Delta n = |n_o - n_e|$는 걸어준 자기장의 세기의 제곱에 비례한다. 이것은 자기장이 걸린 액체 또는 기체 속에서 광학적, 자기적으로 비등방성인 분자의 정렬로부터 발생된다. 만일 입사하는 빛이 일정한 자기장에 대하여 0 또는 $\pi/2$가 아닌 임의의 각으로 진행하면 Faraday 효과와 Voigt 효과 또는 **Cotton-Mouton 효과**가 동시에 일어나는데 일반적으로 Faraday 효과가 더 크다.

연습문제

[1] 수직으로 선형편광된 빛이 이상적인 선형편광기에 수직으로 입사한다. 편광기의 투과축이 수직으로부터 45°를 이루고 있다면 편광기를 투과한 빛은 입사한 복사조도의 50%임을 보여라.

[2] 수영장 물속($n = 1.33$)에서 반사된 하늘을 폴라로이드 필터를 통하여 볼 때 온전히 보이지 않는 각도를 구하라.

[3] 선형편광기와 $\lambda/4$판이 주어졌다. 어떻게 이것들을 구별하겠는가?

[4] 용액 20°C($\lambda = 589.3$nm) 물속에 녹아 있는 설탕의 고유회전능은 용액 1cm^{3}당 1g의 활성물질(설탕)을 포함하는 용액의 경로에서 10cm당 +66.45°이다. 수직 평면편광상태의 Na광이 1,000cm^3 용액이 담겨 있고 그중에 10g이 설탕인 1m 관의 한 끝에 입사하였다. 평면편광상태의 빛이 튜브에서 나올 때에 방향은 어떻게 될 것인가?

[5] Pockel 효과에서 $\lambda = 633$nm에 대해 KDP와 ADP에 대한 $\lambda/2$ 전압 $V_{\lambda/2}$을 계산하라.

[6] lithium niobate로 만들어진 횡적인 Pockel cell(포자)이 있다. 633nm 파장의 He-Ne 레이저로 조명될 때 4.26×10^6 V/m의 전장을 걸어 줌으로써 발생되는 굴절률의 변화와 위상차를 구하라. 결정의 길이는 1.0cm이다.

[7] 3,000volt를 걸어줄 때 $\lambda/2$의 위상지연하는 데 요구되는 carbon sulfide를 이용하는 Kerr 포자의 길이를 계산하라. 포자의 전극 간격은 1.5cm이다. 이 포자는 실용적인가?

[8] 만약 9kG의 자기장을 가질 때 광학적 분리기의 요구되는 편광벡터 45° 회전을 일으키기 위해서 543.5nm 빛에 대한 Verdet 상수 0.112min/G-cm를 가지는 SF58 프린트 유리의 요구되는 길이를 계산하라.

Chapter

10

광 섬 유

제1절 서 론

긴 파이프를 통해 음성을 전달하면 멀리까지 큰 소리로 들을 수 있다. 전방 관측소에서 지하의 상황실까지 파이프로 연결하여 전화 대신 음성으로 대화를 나눌 수 있었다. 비슷한 원리로 광파이프를 통해 빛을 멀리 전달하려는 시도가 있었다. 1950년대 초에는 짧은 유리다발을 통해 영상을 전달한 실험이 본격적으로 이루어졌다. 그러나 손실이 커서 20dB/km 이하의 순도가 높은 유리섬유를 유연성을 갖도록 개발하는 것이 문제였다.

1970년 코닝(Corning)사의 연구진이 광에너지 전달효율이 1%/km 이상이 되는 석영유리를 만드는 데 성공하였고 이 광섬유의 손실률은 20dB/km로서 구리선의 손실률과 맞먹는 정도이었다. 그 후 20여 년이 지나 전달률이 96%/km(손실률이 0.16dB/km)에 이르는 우수한 광섬유가 개발되어 이제는 1550nm에서 0.2dB/km의 손실률을 갖는 광섬유는 일반적인 수준이 되었다.

제2절 광섬유의 구조

광섬유는 내부에 굴절률이 높은 **코어**(core)와 이를 둘러싸고 있으며 상대적으로 굴절률이 낮은 **클래딩**으로 구성되어 있다. 실제로 사용하는 데는 이들을 보호하기 위해 검은 색깔의 비닐로 보호하고 있다.

그림 10.1 ▸ 광섬유의 구조

1. 다중모드 광섬유

광섬유에는 다중모드와 단일모드가 있다. 다중모드는 광섬유가 제조되어 상품화된 가장 최초의 광섬유이다. 다중모드는 간단하게 광섬유를 동시에 전달할 수 있는 엄청나게 많은 모드 혹은 광선을 말한다. **모드**(mode)는 빛이 광섬유 코어에서 수용각 범위 내에서 서로 다른 각으로 입사된 빛만이 광섬유를 통해 진행한다는 사실에서 나온 용어이다.

다중모드 광섬유(multimode fiber)는 단일모드 광섬유에 비해 훨씬 큰 지름의 코어를 가지고 있다. 다중모드는 굴절률 분포의 형태에 따라 크게 나누어 계단형(stepped index)과 언덕형(graded index)으로 분류된다. 그림 10.2에서 보는 바와 같이 계단형은 코어 내부에서의 굴절률과 클래딩 내부에서의 굴절률이 일정한 것이다. 언덕형은 코어 내부의 굴절률 분포가 중심으로부터 외부로 나갈수록 점진적으로 낮아지는 것이다.

1) 계단형 광섬유

그림 10.3(a)에서 보는 바와 같이 입사각에 따라 광선의 광로정이 다르게 나타난다. 광신호를 보내어 이를 받는 수광부에 도달하기까지 보다 먼 거리를 통과하는 광선은 시간이 그만큼 더 많이 소요되므로 분명치 못한 신호를 받게 된다. 이와 같이 서로 다른 광선의 도착시간 차이를 **분산**(dispersion)이라 한다. 계단형 광섬유에서는 많은 분산을 피할 수 없는 특성이 있다는 데 주목해야 할 것이다.

2) 언덕형 광섬유

다중모드 계단형 광섬유의 분산현상을 해결하기 위해 다중모드 언덕형 광섬유가 개발되었다. 언덕형 코어의 굴절률은 그림 10.2(b)에서 보는 바와 같이 코어의 중심으로부터 멀어질수록 점진적으로 감소한다. 코어 중심을 지나는 광선은 굴절률이 큰 부분을 지나기 때문에 빛의 속도가 늦어져서 코어의 외곽을 지나는 광선과 수광부에 도달하는 시간이 거의 같게 될 수 있다. 굴절률 분포를 적당히 조절하여 분산현상을 제거하도록 시도한 것이다.

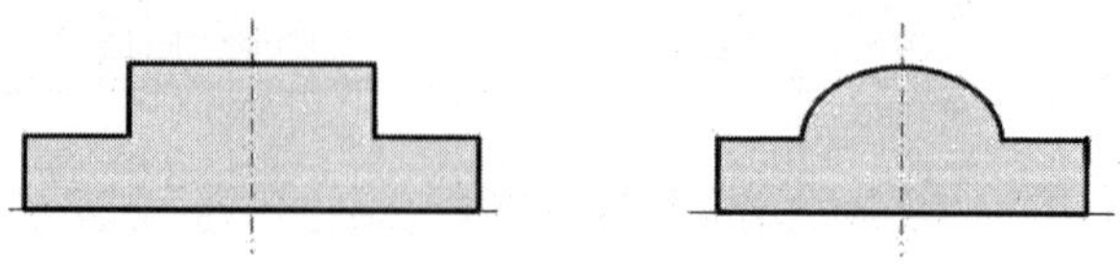

(a) 계단식 (b) GRIN형

그림 10.2 ▶ 광섬유의 굴절률 분포 형태

2. 단일모드 광섬유

직경이 큰 다중모드 광섬유는 정보를 전송하는 데 보다 넓은 대역폭과 많은 용량을 가질 것으로 생각하기 쉬우나 실제로는 그렇지 못하다. 단일모드 광섬유는 보다 먼 거리에서 각각의 광신호 펄스의 모양을 유지하는 데 더 뛰어나며, 다중모드 광섬유에 비해 분산도 거의 나타나지 않는다. 그래서 단위시간당 보다 많은 정보를 전송할 수 있다. 이 때문에 단일모드 광섬유가 다중모드 광섬유보다 더 높은 대역폭을 가진다.

초기에 단일모드 광섬유는 계단형 광섬유로 간주하였다. 그러나 현재의 단일모드 광섬유는 matched clad, depressed clad 등 다른 특이한 구조처럼 보다 복잡한 디자인으로 발전하였다. 그리고 신호의 세기가 점진적으로 줄어드는 감쇄현상도 다중모드 광섬유보다 적어지도록 개발되었다. 그러나 코어의 지름이 작을수록 광원의 빛이 입사하기가 어렵고, 광섬유 커넥터와 연결 및 접속을 하기 위한 허용오차가 다중모드보다 더 까다로운 단점이 있다.

그림 10.3에서 보는 바와 같이 광섬유의 세 가지 주요한 굴절률 형태는 (a) 다중모드 계단형, (b) 다중모드 언덕형, 그리고 (c) 단일모드 광섬유로 분류할 수 있다.

다중모드는 수십 년 동안 계속 발전하여 개선되어 왔다. 오늘날 광통신 계통에 사용되고 있는 기본 형태는 비분산천이광섬유(NDSF : Non Dispersion Shifted Fiber), 분산천이광섬유(DSF : Dispersion Shifted Fiber) 그리고 비영분산천이광섬유(NZ-DSF : None Zero Dispersion Shifted Fiber)의 세 가지가 있다.

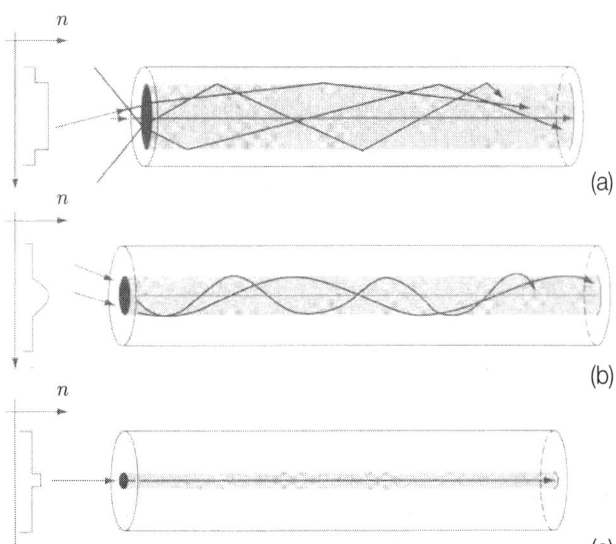

그림 10.3 ▶ 광섬유의 세 가지 주요한 굴절률 형태

NDSF는 파장 1.32μm에서 분산이 거의 0으로 되도록 개발된 것이다. 광통신의 파장이 1.55μm로 이동되면서 NDSF가 이 영역에서 분산이 높게 나타나기 때문에 분산이 0으로 되는 파장대를 1.55μm로 이동한 것이 DSF 광섬유이다. 그러나 이때 비선형 특성이 나타나는 것을 알게 되었다. 이를 개선한 것이 비영분산천이 광섬유이다.

단일모드 광섬유 중에서 또 하나의 중요한 종류는 **편광유지(PM)** 광섬유이다. 앞에 종류들은 모든 방향의 빛을 전송할 수 있었다. 그러나 PM 광섬유는 단지 하나의 편광만 전송할 수 있다. 광통신에서 경우에 따라 편광된 빛을 전송할 필요가 발생한다. 이 경우 PM 광섬유를 사용해야 한다.

제3절 내부 전반사

1. 계단식 굴절률 광섬유

전형적인 광섬유는 가운데 핵심에 높은 굴절률을 가진 코어가 있고 외부에 둘러싸인 낮은 굴절률의 클래딩(cladding)으로 되어 있다. 높은 굴절률을 가진 매질에서 낮은 굴절률을 가진 매질로 투과할 때 전반사가 일어날 수 있다는 사실을 앞에서 공부한 바 있다. 광섬유의 코어에서 클래딩으로 빛이 입사할 때 전반사를 일으키도록 하여 계속 전반사에 의해 빛이 진행해 나가도록 만들어 광신호를 전송하는 것이다.

그림에서 n_0은 광섬유 밖의 매질, 즉 공기 중의 굴절률, n_1은 광섬유의 핵심부(core)의 굴절률이며, n_2는 클래딩의 굴절률이다. 공기 중에서 입사각 i로 입사하는 광선은 코어에서 Snell의 법칙에 의해 $n_0 \sin i = n_1 \sin i'$이 되는 조건에서 굴절하며, 코어에서 클래딩으로 투과하는 경우 입사각은 i''이 된다. 이때 적용되는 굴절의 법칙은 $n_1 \sin i'' = n_2$으로 될 때 전반사를 일으키는 임계각이 된다.

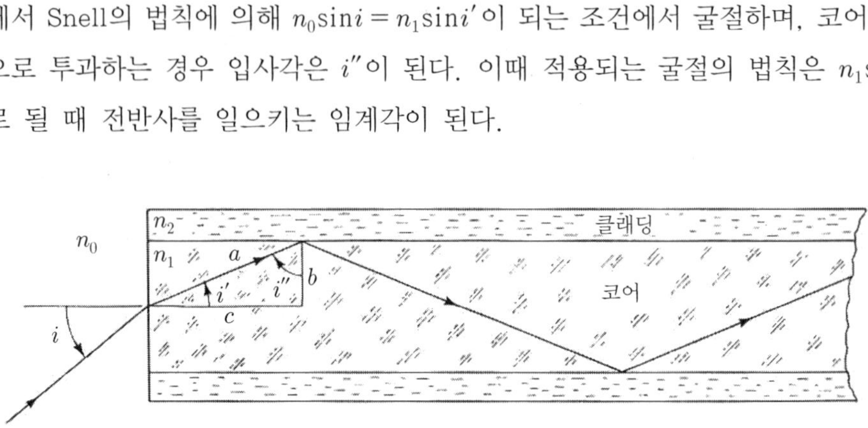

그림 10.4 ▸ 계단형 광섬유 내부에서 일어나는 전반사

그림에서

$$\sin'' = \frac{n_2}{n_1} = \frac{c}{a}$$

직각삼각형에서 피타고라스 정리에 의해 $a^2 = b^2 + c^2$이므로

$$1 = \frac{b^2}{a^2} + \frac{c^2}{a^2}$$

으로 쓸 수 있고

$$\frac{b^2}{a^2} = 1 - \frac{c^2}{a^2} = 1 - \frac{n_2^2}{n_1^2}$$

으로 된다. 그러므로

$$\sin i' = \frac{b}{a} = \sqrt{1 - \frac{n_2^2}{n_1^2}}$$

으로 된다. 그리하면 공기 중에서 입사하는 광선의 굴절법칙을 적용하면

$$n_0 \sin i = n_1 \sin i' = n_1 \sqrt{1 - \frac{n_2^2}{n_1^2}} = \sqrt{n_1^2 - n_2^2} \tag{10.1}$$

으로 된다. 여기서 $n_0 \sin i$은 광섬유의 **수치공동**(Numerical Aperture : NA)이다. 다시 말해서

$$\mathrm{NA} = n_0 \sin i < \sqrt{n_1^2 - n_2^2} \tag{10.2}$$

가 되어야 광섬유 내부 전반사를 일으킬 수 있다는 것이다.

예제 10.1

굴절률 1.62인 유리 코어가 굴절률 1.48인 유리 클래딩으로 된 광섬유의 NA를 구하라.

풀이 식 (10.1)로부터 $n_0 \sin I_0 = \sqrt{1.62^2 - 1.48^2} = 0.659$. 이것은 광섬유가 받아들일 수 있는 빛의 원추의 크기를 측정한 것이다.

2. 굴절률 물매 광섬유

만약 한 지점으로 입사된 모든 광선이 입사각에 의존하는 주기적 경로를 따르게 된다면 그 매질은 그림 10.5에서 보는 바와 같이 모든 광선이 주기적으로 초점에 맞추어져서 렌즈의 역할을 할 것이다. 가장 간단한 가능한 주기적 경로는

$$y = y_0 \sin(\alpha z) \tag{10.3}$$

형태의 삼각함수이다. 여기서 α는 최초 입사각(I_0)에 독립적이다. 다음과 같은 질문이 가능하다. 식 (10.3)의 형태의 경로로 되는 굴절률 프로파일 $n = n(y)$가 존재하는가?

이 질문에 답하기 위해서 ds가 광선을 따라 측정한 광로정의 미소량이라 하자. 그러면 식 (10.3)은 다음과 같이 고쳐 쓸 수가 있다.

$$n\frac{dz}{ds} = b = n_0 I_0 = nI \quad \text{또는} \quad n\frac{dz}{dy}\frac{dy}{ds} = b \tag{10.4}$$

간단하게 하기 위해 들어오는 광선이 처음 면에 초점이 모인다고 가정하자. $y = z = 0$, 그래서 상수 $n_0 = n(0)$. 만약 광선이 $y - z$ 평면 위에 제한된다면

$$\frac{dy}{ds} \equiv L = \sqrt{1 - I^2} = \sqrt{1 - \frac{b^2}{n^2}}$$

이며, 식 (10.4)에 대입하고 제곱하면

$$\left(\frac{dz}{dy}\right)^2 (n^2 - b^2) = b^2$$

을 얻는다.

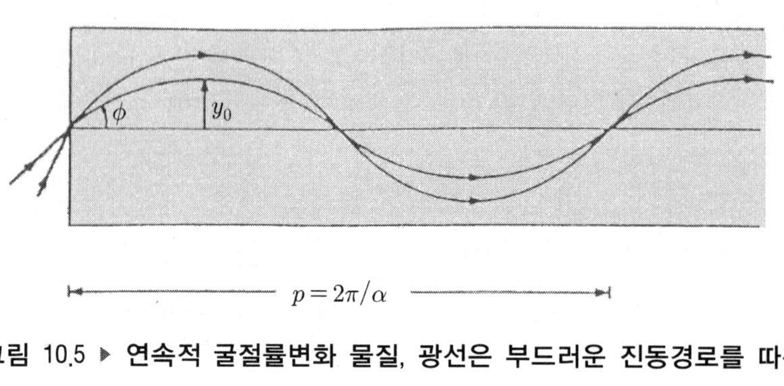

그림 10.5 ▶ 연속적 굴절률변화 물질, 광선은 부드러운 진동경로를 따름

식 (10.4)로부터

$$\frac{dz}{dy} = \frac{1}{\alpha\sqrt{y_0^2 - y^2}}$$

을 구할 수 있다. 마지막 위의 두 식으로부터 $\frac{dz}{dy}$을 소거하고 n에 대하여 풀면

$$n = b\sqrt{1 + \alpha^2 y_0^2 - \alpha^2 y^2} = n_0 I_0 \sqrt{1 + \alpha^2 y_0^2 - \alpha^2 y^2} \qquad (10.5)$$

를 얻는다. 이 굴절률 프로파일(profile)은 광선 매개변수 x_0와 N_0에 달려 있다. 그러나 sine 함수 곡선은 원점에서의 진폭과 경사가 관련되어 있다.

$\phi = \cos^{-1} I_0$라고 하자. 원점에서의 경사는

$$\tan\phi = \frac{dy}{dz}\Big|_0 = \alpha y_0$$

그리고 $\cos\phi = (1 + \tan^2\phi)^{-1/2}$이므로

$$I_0 = (1 + \alpha^2 y_0^2)^{-1/2} \qquad (10.6)$$

가 된다. I_0을 식 (10.5)에 대입하고 $(1+x)^{\pm 1/2} \cong 1 \pm x/2$의 근사를 이용하여 곱하기를 하면

$$n \cong n_0\left(1 - \frac{\alpha^2 y_0^2}{2}\right)\left(1 + \frac{\alpha^2(y_0^2 - y^2)}{2}\right) = n_0\left(1 - \frac{\alpha^2}{2}y^2 - \frac{\alpha^4}{4}y_0^4 + \frac{\alpha^4}{4}y^2 y_0^2\right)$$

로 되어

$$n = n_0\left(1 - \frac{\alpha^2}{2}y^2 - \frac{\alpha^4}{4}y_0^4 + \frac{\alpha^4}{4}y^2 y_0^2\right) \qquad (10.7)$$

로 쓸 수 있다. 여기서 y^4항을 무시하면

$$n(y) = n_0\left(1 - \frac{\alpha^2}{2}y^2\right) \qquad (10.8)$$

로 된다. 이와 같이 요구하는 굴절률의 프로파일은 y의 2차가 되어 포물체 프로파일이라 한다. 주목할 것은 이 유형의 프로파일은 주기적 초점 맞추기(focussing) 문제의 정확한 해가 아니다. 왜냐하면 식 (10.7)에서 y_0 항이 있기 때문이다. 이것은 광선경로의 주기가 y_0 또는 동일하게 I_0에 종속되는 것을 보여주고 있다. 주기적 초점 맞추기는 단지 작은 y_0 또는 큰 I_0(small launching angle)에 대해서만 얻어진다. 그리고 이것은 통상적인 근축근사와 비슷하다.

제 4 절 광섬유의 분산

1. 다중모드의 분산

다중모드 분산(multimode dispersion)은 다중모드 광섬유에서 서로 다른 속도로 이동하는 모드들에 의해 생기는 펄스의 분산을 말한다. 이 형태의 분산은 다중모드에서만 생기기 때문에 형태분산(modal dispersion)이라고도 한다. 다중모드 분산은 다음과 같은 3가지 방법으로 감소시킬 수 있다.

① 광섬유를 통해 이동하는 다수의 모드를 감소시키기 위해 가능한 한 작은 지름의 코어를 갖는 광섬유를 사용한다.

② 언덕형 광섬유를 사용한다. 앞에서 설명한 바와 같이 언덕형 광섬유는 여러 모드들이 광섬유 끝에 함께 도착하도록 광섬유 내에서 적절한 굴절률 분포를 가지도록 만든다.

③ 단일모드를 사용한다. 대부분의 경우 단일모드 광섬유를 사용함으로써 다중모드 분산을 모두 제거할 수 있다.

세 번째 방법을 다른 말로 하면 단일모드 광섬유는 차단파장보다 긴 파장에서만 단일모드이다. 일반적인 1,310nm 단일모드 광섬유(코어 지름 9μm)에서는 차단파장은 1,150nm와 1,200nm 사이에 있다. 이러한 차단파장 아래의 짧은 파장에서는 단일모드 광섬유가 이중모드, 삼중모드, …… 등이 된다. 최근 들어 9μm 단일모드 광섬유에 780nm에서 850nm의 짧은 파장 레이저를 함께 사용하고 있다.

이러한 단파장에서는 9μm 코어의 광섬유는 실제 2개의 모드를 가진다. 5μm 코어 지름을 가진 특별한 크기의 단일모드 광섬유가 있지만, 가격이 비싸고 작은 코어에 빛을 결합하기 어렵기 때문에 거의 사용되지 않는다. 중요한 점은 9μm 지름의 단일모드 광섬유에 짧은 파장을 사용하면 다중분산이 생겨서 이 또한 하나의 분산요소가 된다는 것이다. 다중분산이 나타나면 다른 형태의 분산이 무시될 수 있을 정도로 분산에 상당량을 차지한다.

2. 색분산

색분산(chromatic dispersion)은 다른 색 또는 다른 파장이 같은 모드 안에서도 서로 다른 속도로 진행하기 때문에 발생한다. 색분산은 재료분산(material dispersion), 구조분산(waveguide dispersion), 또는 프로파일분산(profile dispersion) 그리고 편광모드분산으로 나눌 수 있다.

재료분산이란 광섬유를 이루는 유리의 분산특성 때문에 파장에 따라 굴절률이 다르기 때문에 발생되는 것이고, 구조분산은 광에너지가 코어와 클래딩 양쪽을 약간 다른 속도로 전파되기 때문에 일어나는 것이다. 실제 사용되는 단일모드 광섬유에서는 재료분산과 구조분산이 사용하는 파장에서 서로 상쇄하도록 설계되어 있다.

프로파일분산은 코어와 클래딩의 굴절률의 상대적인 차이를 나타내는 굴절률상수가 파장에 따라 달라서 생기는 것이다. 이러한 차이는 코어와 클래딩에 포함된 불순물에 의해서 발생한다. 이것은 아무래도 단일모드 광섬유에서보다는 다중모드 광섬유에서보다 많이 나타난다.

편광모드분산은 광섬유가 축에 따라 다른 압력을 받게 될 때 두 수직편광이 다른 굴절률을 가지게 되어 그 전파속도가 달라지므로 일어나는 현상이다. 이것은 고속 데이터 전송 시에 심각한 문제를 일으킨다.

그림 10.6은 주요요소인 구조분산, 재료분산과 함께 색분산을 보여주고 있다. 이 예에서 색분산은 1,550nm 근처의 파장에서 0까지 이르게 된다. 이것은 분산이동 광섬유(dispersion-shifted fiber)의 특성이다. 일반 단일모드 또는 다중모드 광섬유에서는 1,310nm의 파장에서 0분산을 가진다.

만약 하나의 단색광을 광원으로 사용하고 0분산 파장에서 광섬유를 사용할 수 있다면 광섬유의 대역폭은 매우 클 것이다. 그림 10.7은 가상의 단일모드 광섬유에 대한 대역폭과 거리의 곱을 보여주고 있다. x축은 광원의 중심 파장이다. 세 개의 곡선은 2nm, 5nm, 그리고 10nm의 반치폭 또는 반치전폭(FWHM : Full Width Half Maximum) 값을 가진 광원을 보여준다. FWHM은 최대 광량의 50%에서의 스펙트럼 방출의 넓이이다.

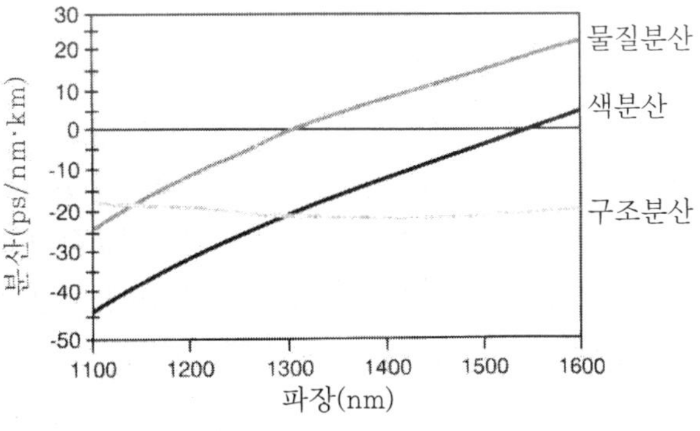

그림 10.6 ▸ 색분산

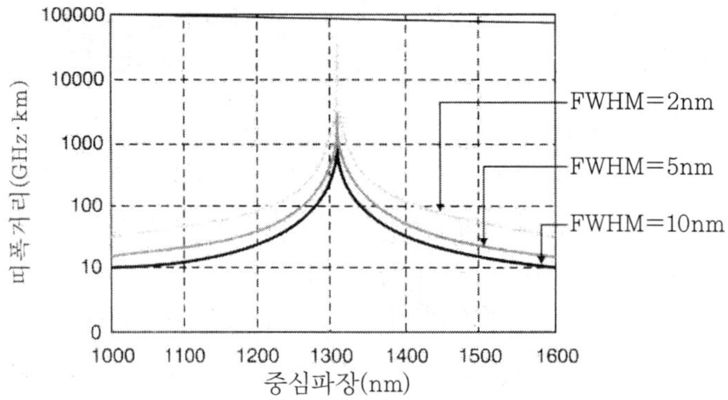

그림 10.7 ▶ 단일모드 광섬유의 띠폭

FWHM은 2nm를 갖는 좁은 광원을 사용하면 대역폭과 거리의 곱은 광섬유의 0분산 파장인 1,310nm의 중심파장에서 30,000GHz · km가 넘는다. 1,310nm로부터 불과 몇 nm라도 중심파장이 이동하면 광섬유의 대역폭 거리의 곱은 급격히 떨어진다. 1,310nm의 중심파장을 중심으로 대역폭과 거리의 곱은 30GHz · km에서 1,000GHz · km까지 떨어져서 보다 넓은 광원을 사용하면 그림에서 보는 바와 같이 대역폭은 낮아진다.

만약 광섬유의 0분산 파장에서 정확하게 맞는 매우 좁은 반치폭을 갖는 광원을 사용한다면 대역폭의 최고치는 그림보다 훨씬 높을 것이다. 이러한 분산들을 보상하기 위한 광통신기술이 계속 발전하고 있다.

제 5 절 광섬유의 응용

광섬유를 이용하여 도달하기 어려운 장소를 조명할 수 있다. 그러나 먼 거리는 광섬유의 흡수효과로 인하여 효율이 많이 떨어진다. 현재 태양광을 수십 미터에 달하는 거리로 광섬유를 통하여 빛을 보내어 지하실이나 기타 구조물 안의 조명에도 활용되고 있다. 또한 장식용으로 광섬유를 이용하여 아름다운 모양으로 조명하고 있다.

나뭇가지 모양이나 복잡한 모양으로 여러 색깔의 빛을 이용하여 사람들의 눈길을 끄는 것을 볼 수 있다. 검출기 보호와 광섬유를 경유한 신호발생에 의해 전기잡음을 예민한 검출기로부터 쉽게 분리할 수가 있다.

그림 10.8 ▶ 광섬유에 의한 빛의 투과.
Laser & Applications February 1986 **표지에서 인용**

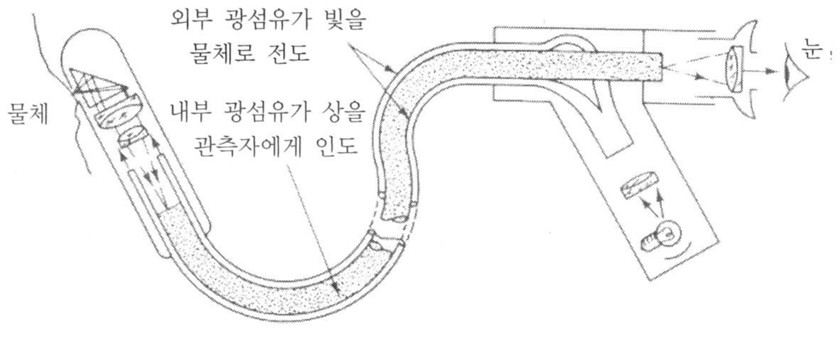

그림 10.9 ▶ 휘어지기 쉬운 광섬유 스코프

광섬유의 또 다른 중요한 응용은 영상의 전송이다. 고전적인 광학계로서는 도달하기 어려운 통로를 구부러지기 쉬운 광섬유를 사용하여 영상을 포착하는 것으로 광섬유 스코프에 응용된다. 의료용 내시경은 그 좋은 예이다. 광섬유가 없다면 위장 안을 가시광선으로 들여다볼 수 있을까? 밖에서 조명을 하고 내부의 현상을 광섬유를 통하여 전송하면 밖에서 그 상을 관찰할 수 있다. 이제는 복잡한 수술도 이와 같이 광섬유를 통하여 밖에서 관찰하며 세밀하게 실행할 수 있게 되었다.

요즈음 통신수단으로 광섬유를 많이 사용하고 있다. 전자파보다 훨씬 많은 회선 수를 증가하여 사용할 수 있는 것은 레이저광의 대역폭이 전자파보다 훨씬 좁기 때문이다. 우리나라에서 1970년대까지만 해도 개인적으로 전화를 사용하기가 어려웠다. 광섬유를 이용하고 있는 지금은 전국 어느 곳에서도 전화를 편리하게 사용할 수 있게 되었다. 처음에는 신호가 아날로그 형태였으나 점차 디지털 형태로 바뀌어 가고 있다. 디지털 형태의 신호는 1 또는 0의 일련의 숫자로 변환되는 것이다.

운반자 주파수에 신호주파수를 더하여 보내는 변조방법으로 통신을 하는데 운반자의 주파수가 높을수록 더 많은 아라비아 숫자를 전송할 수 있다. 전자파에 비해 광파는 주파수가 훨씬 높으므로 그만큼 더 큰 비율로 정보를 전송할 수 있게 된다.

이와 같이 오늘날 광섬유 광학은 세 가지의 다른 응용분야를 갖고 있다.

첫 번째는 가까운 거리에 영상을 전달하거나 조명에 사용된다. 광학시스템으로는 복잡하게 구성해도 영상을 전달하기 어려운 경우에 광섬유 다발을 이용해서 영상을 용이하게 전달할 수 있다. 광섬유의 감쇄현상으로 먼 거리에 조명을 이용할 수는 없지만 가까운 거리에는 경로가 복잡하여도 광섬유 다발이나 단일 광섬유를 사용해서 조명이 가능하다.

두 번째는 먼 거리 통신용 광도파로 분야로서 초당 100조 비트를 초과하여 전송할 수 있어서 광통신에 널리 사용되고 있다.

세 번째는 센서의 핵심 소자 분야이다. 최근에 다양한 기능을 갖는 광섬유가 개발되면서 광섬유 센서(압력, 소리, 온도, 전압, 전류, 액체상태, 전자기장, 회전 등을 측정하는 장치)가 광범위하게 이용되고 있다.

제 6 절 집적광학

이제는 반도체를 비롯하여 광섬유, 마이크로 렌즈(micro lens) 등이 등장하면서 모든 기계 장치를 가볍고 소형화하는 추세가 되었다. 복잡한 광학계통을 아주 작은 광학소자를 이용하여 작은 계통으로 구성하는 것이 **집적광학계**이다.

집적광학에서 사용되는 렌즈들은 3가지 형태로 나눌 수 있다. 첫 번째 형태는 빛이 대략 렌즈의 광축의 방향을 따라 통과하는 재래식 렌즈와 비슷하다. 그림 10.10에는 평행광선을 만드는 평볼록 렌즈의 한 예를 보여준다. 이러한 렌즈들은 직경이 500μm 이내에 초점거리 1.0mm 이하의 작은 규모이다.

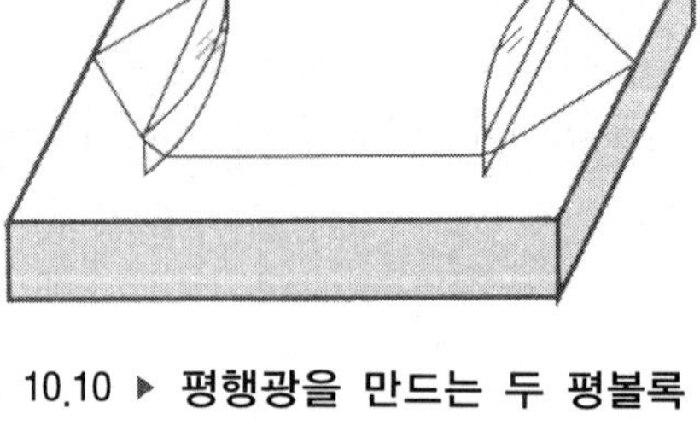

그림 10.10 ▸ 평행광을 만드는 두 평볼록 렌즈

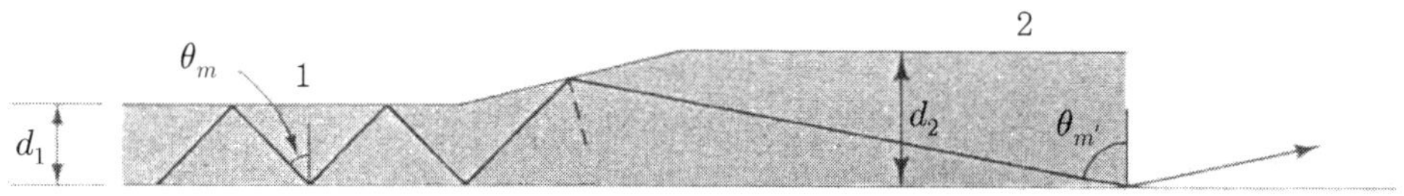

그림 10.11 ▸ 점점 두꺼워지는 단면을 통하여 두께 d_1인 단면으로부터 두께 d_2인 단면으로, 반사각 θ_m으로부터 $\theta_{m'}$으로 유전체 박막 내에서 반사하는 파

두 번째 형태는 빛이 렌즈의 직경방향으로 통과하는 것으로서 **모드-굴절률 렌즈**라 하고 있다. 두께가 변하는 얇은 박막으로 만든 프리즘을 고려하면 이해하는 데 도움이 될 것이다.

그림 10.11에서 보는 바와 같이 단면 1에서 반사각 θ_m으로 특징지어지는 어떤 모드가 들뜨게 되었다고 가정하자. 그 빛을 단면 2에서 반사각 $\theta_{m'}$로 특징지어지는 다른 모드로 변화시킬 수 있다. x축 방향의 위상속도 v_x가 반사각 θ에 의존되므로 위상속도는 변한다. 그림 10.11에서 두께가 다른 두 단면의 박막이 두께가 선형적으로 증가하는 테이퍼로 연결되어 있다.

빛이 단면 1로부터 단면 2로 진행하면서 반사각은 θ_m으로부터 $\theta_{m'}$로 변한다. 간단한 광선추적과 $v_x = \dfrac{c}{N_1 \sin\theta_m}$ 그리고 $v_x{}' = \dfrac{c}{N_2 \sin\theta_{m'}}$로부터 θ_m이 $\theta_{m'}$보다 더 작다는 것을 알 수 있다. 따라서 2번 매질 내에서의 위상속도는 더 작아짐을 알 수 있다.

그림 10.11에서와 같이 다른 두께의 두 유전체가 테이퍼 단면으로 연결된 유전체 박막을 만들 수 있다면 그러한 행태를 실험적으로 보여줄 수 있다. 테이퍼(taper)란 “끝이 점점 적어지다”라는 뜻을 가지고 있다. 2차원 광로로부터 3차원 광로로 가보자.

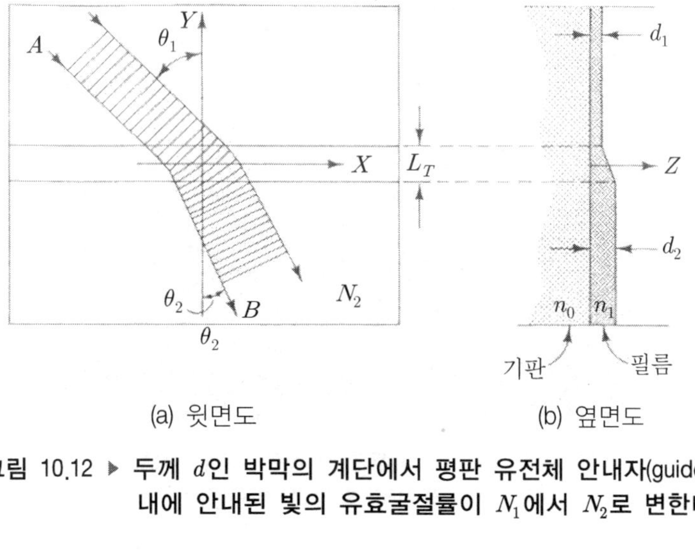

그림 10.12 ▸ 두께 d인 박막의 계단에서 평판 유전체 안내자(guide) 내에 안내된 빛의 유효굴절률이 N_1에서 N_2로 변한다.

그림 10.12에서 빛이 taper 단면에 수직에 대해 θ_1의 방향을 따라서 박막 내로 위에서 아래로 진행하고 있다. 빛이 A에서 B로 진행한다. **페르마(Fermat)의 원리**에 의해 A로부터 B의 경로가 최소 시간이 되도록 선택된 것이다. 빛은 taper 단면을 통과하기 전과 후가 다른 위상속도를 가진다. 여기서 우리는 같은 방법으로 taper 지역을 통과하기 전과 후에 진행방향이 휘어지는 것을 본다. 휘어짐은 Snell의 법칙과 같이 속도가 작아지는 매질을 향하고 있다. 이 휘어짐은 Snell의 법칙에 의해 수학적으로 기술할 수 있다.

$$N_1 \sin\theta_1 = N_2 \sin\theta_2 \tag{10.9}$$

단 N_1과 N_2는 각각 매질 1과 매질 2에서의 **유효굴절률**(effective refraction index)이다. 그것들은 진공 중에서의 빛의 속도를 매질 속에서의 위상속도 v_{ph}로 나누어준 것이다.

$$N = \frac{c}{v_{ph}} \tag{10.10}$$

이것은 기하광학에서 발견하는 것과 비슷하다. 그림 10.13에는 $d_1 = 70\text{nm}$이고 $d_2 = 240\text{nm}$인 두 ZnS 유전체 박막에서 He-Ne 레이저를 이용하여 실험적으로 실행한 논증을 보여주고 있다.

기하광학에서 공부한 바와 마찬가지로 이 경우에도 $N_1 > N_2$일 때 입사각이 임계각보다 크면($\theta_1 > \theta_c$) 전반사를 일으킨다. 그림 10.14는 프리즘과 같은 또 렌즈와 같은 구조를 보여주고 있다.

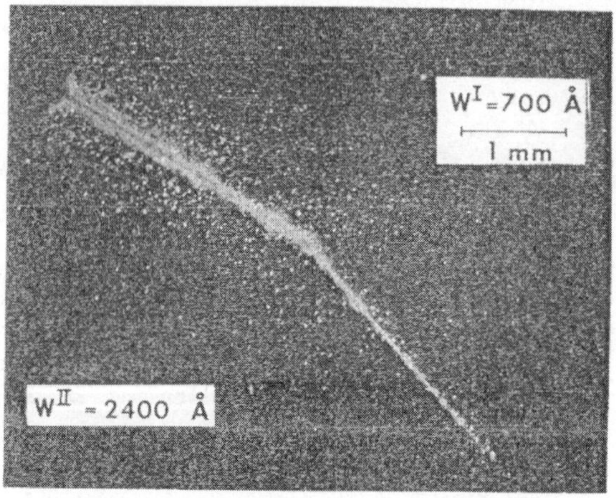

그림 10.13 ▶ ZnS 유전체 박막 내에 안내된 레이저 빛살다발의 굴절

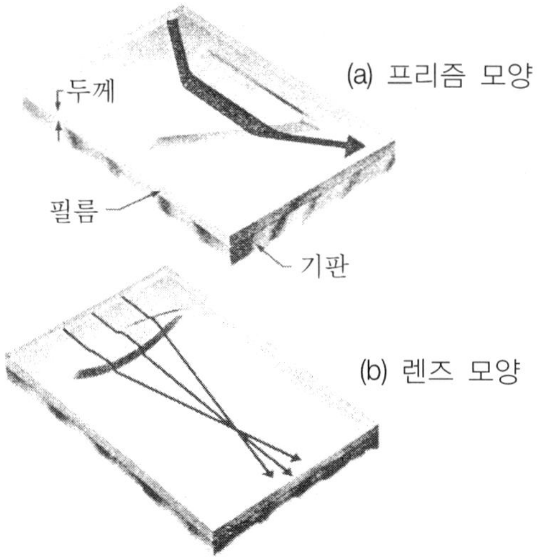

그림 10.14 ▸ 프리즘과 렌즈 같은 얇은 박막광학소자

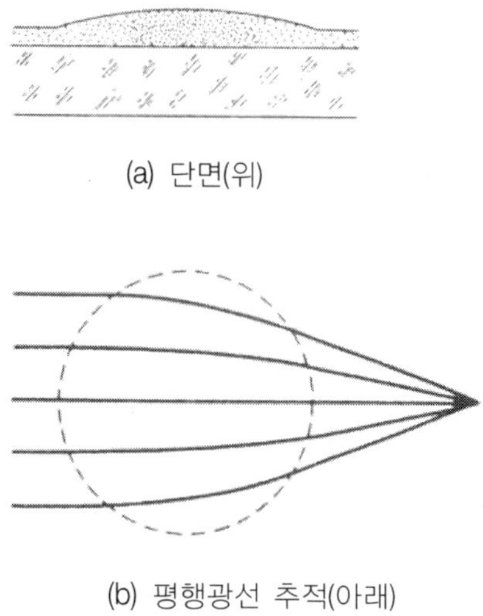

그림 10.15 ▸ Luneburg 렌즈

세 번째 형태는 모드-굴절률 렌즈와 비슷한 **굴절률 물매렌즈**이다. 그중에 잘 알려진 것이 **Luneburg 렌즈**이다. 그것은 평평하고 둥근 마운드와 같이 보이는 것으로 그림 10.15에 보인 바와 같다. 굴절률은 가운데에서 제일 높고 끝 쪽으로 갈수록 점점 낮아진다. 박막 안에 어느 쪽으로 빛이 들어가도 만곡수차를 제외한 수차가 없이 초점으로 잘 모인다.

이러한 광학소자를 제조하는 기술은 매우 빠르게 발전하고 있으며 하나의 예술 같다. 프리즘이나 렌즈와 같은 수동적인 소자들만 제조하는 경우에는 흔히 광학 플라스틱으로 만든다. 그러나 능동적인 광학소자를 포함하는 광학계를 제조할 때는 GaAs와 같은 반도체를 이용한다. GaAs 다이오드 레이저는 작고 높은 효율을 가진 광원으로 수 mm 이내의 작은 단일체로 통합될 수 있다.

그림 10.16에는 다이오드 레이저를 광원으로 하는 자이로이다.

집적광학의 응용으로는 스펙트럼 분석(육군항공기 조종사가 적의 레이더에 추적하는 것을 막기 위해), 여러 파장에서 작동하는 레이저, 도플러 속도계, 컴퓨터, 비디오와 음향기 디스크에 사용되는 독해 헤드(read head), 장거리 광통신 등에 응용되고 있다. 특히 요즈음 수천 km의 길이를 회로망으로 가지며 10^{12} 바이트/초(Tera Byte/second) 이상의 데이터와 80,000회선 이상의 동시 통화를 할 수 있는 광통신에는 매우 중요하게 이용되고 있다.

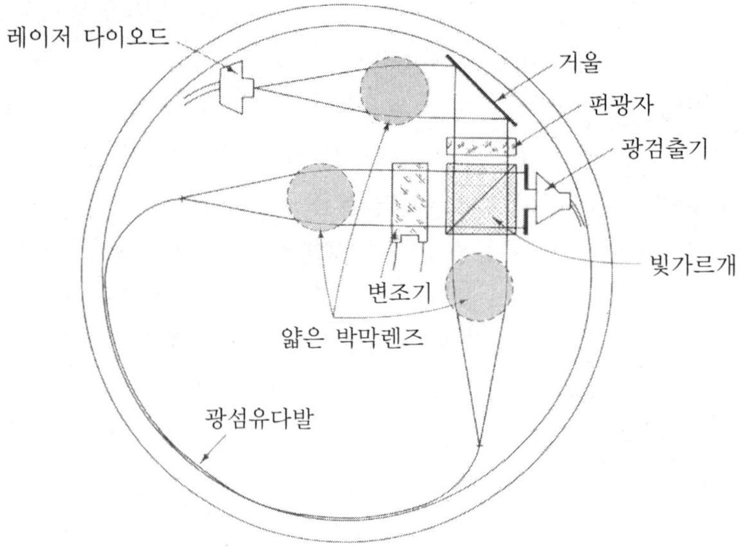

그림 10.16 ▸ 광섬유 자이로에 적용된 집적광학 회로

제10장 광섬유

연습문제

[1] 광섬유의 앞면이 평면으로 연마되었다. 그 코어의 굴절률이 1.72, 클래딩의 굴절률이 1.52라고 가정하면 얼마나 넓은 빛의 원추형의 빛살이 광섬유 내부로 전파될 수 있을까?

[2] 코어와 클래딩 사이의 굴절률 차이가 크면 클수록 더 많은 빛을 받아들일 수가 있다. 코어의 굴절률이 1.54이고 클래딩의 굴절률이 1.32인 계단식 광섬유라면 광섬유로 들어갈 수 있는 최대 입사각은 얼마가 되는가?

[3] 코어가 1.62, 클래딩이 1.52의 굴절률을 갖는 광섬유의 조리개수(수치구경 ; NA)를 구하라.

[4] 다중모드 광섬유의 종류를 들어 보라.

[5] 다중모드 분산을 감소하는 방법을 써 보라.

Chapter

11 광 원

제 1 절 서 론

광학적 현상에 대한 연구를 위해 사용된 광원의 기원은 태양이다. 후에 램프가 개발되었고 오늘날 매우 중요한 광원은 고전적인 원자방출 램프, LED(Light Emitted Diode), 레이저 다이오드 그리고 레이저이다. 레이저는 그 중요성과 응용으로 보아 별도의 한 장으로 논의할 것이다.

제 2 절 고전적인 광원

인공적인 광원의 종류를 크게 나누면 백열등(incandescent lamp)과 찬빛(luminescence)이 있다. 백열등에는 필라멘트 등과 불꽃(flame), gas mantle, 그리고 탄소아크복사(carbon arc radiation)가 있다.

찬빛에는 광도찬빛(photoluminescence)과 전기찬빛(electro-luminescence) 그리고 잡다한 찬빛 현상(miscellaneous luminescence phenomena)이 있다.

광도찬빛에는 기체 방전, 형광, 인광 및 레이저가 포함되며 전기찬빛에는 전기찬빛 등, LED(Light Emitting Diode) 그리고 전자들뜸(electron excitation ; cathodo-luminescence)이 있다.

잡다한 찬빛 현상에는 Galvano-luminescence(chemical), Crystallo-luminescence(crystallization), 화학찬빛(chemiluminescence)(oxidation), 열찬빛(thermoluminescence)(heat), triboluminescence(friction/fracture), sono-luminescence(ultrasonics) 그리고 라디오 찬빛(radio-luminescence), (α, β, γ, X-ray)가 있다.

여기서는 주로 레이저를 제외한 실용적인 광원 몇 가지만 다루고자 한다.

1. 흑체복사

흑체란 전자파를 100% 복사하고 100% 흡수할 수 있는 이상적인 물체를 말하며, 이상적인 것으로 실제로는 완벽한 흑체는 없다. 다만 태양이 이에 가까우며 흑체복사에 가까운 복사체를 실험실에서 제작할 뿐이다. 작은 구멍이 있고 속이 빈 주철 덩어리와 같은 공동으로 만든다. 이 공동을 오븐으로 가열할 때 공동은 작은 구멍 밖으로 에너지를 복사한다. 이 복사의 스펙트럼분포는 온도만의 함수이며, 물질은 그 자체로 아무 역할을 하지 않는다.

1) 레일리-진스 법칙과 플랑크의 복사법칙

공동 벽에 있는 분자들의 진동에 의해 복사가 발생하며, 전자기학적 이론에 따르면 이 복사 정도는 진동자들에 의해 생성되는 정상파의 수에 비례한다. 레일리-진스(Rayleigh-Jeans)가 복사휘도에 대해 다음과 같은 식으로 나타내었다.

$$\frac{dL_B}{d\nu} = \frac{8\pi kT}{c^3}\nu^2 \text{ 또는 } \frac{dL_B}{d\lambda} = \frac{8\pi kT}{\lambda^4} \text{ : Rayleigh-Jeans 법칙} \tag{11.1}$$

이 이론은 적외선 영역에서는 잘 일치하지만 자외선의 영역에서는 맞지 않는다. 이러한 난점을 **자외선 파탄**이라 한다.

이 문제를 해결하기 위해 플랑크는 진동자 에너지가 평탄하고 연속적인 흐름이 아니라, 질량과 전하를 갖지 않는 양자(quantum)나 광양자(photon)라 하는 에너지의 기본단위의 불연속적인 에너지 방출로 가정하였다. 전자기 복사의 양자에너지 $E = h\nu$에 비례한다. 비례상수는 자연의 기본상수로서 $h = 6.6260755 \times 10^{-34}$Js 값을 가지며 **플랑크 상수**라고 정의한다.

흑체로부터 복사하는 복사선의 스펙트럼 분포는 플랑크의 복사법칙으로 설명하게 되었다.

$$\frac{dL_B}{d\nu} = \frac{2h\nu^3}{c^2}\frac{1}{e^{h\nu/kT}-1} \text{ 또는 } \frac{dL_B}{d\lambda} = \frac{2hc^2}{\lambda^5}\frac{1}{e^{hc/\lambda kT}-1} \text{ : Planck의 복사법칙} \tag{11.2}$$

여기서 $k = 1.380658 \times 10^{-23}\text{JK}^{-1}$로서 **볼츠만 상수**라 한다.

2) 비인의 변위법칙

플랑크의 복사법칙으로부터 다음과 같은 사실을 알 수 있다. 그림 11.1에서 보는 바와 같이 온도가 증가함에 따라 ① 더 많은 에너지가 방출되며, ② 방출 최고점이 짧은 파장 쪽으로 이동한다는 것이다. 이것은 실험사실과 일치한다. 예를 들어 금속을 가열하면 처음에는 단지 적외선만 방출하여 눈으로 빛을 볼 수 없고 따뜻한 열을 느낄 수 있을 뿐이지만 점점 더 가열하면 빨간색으로부터 결국에는 뜨거운 백색광을 얻는다. 방출 최고점의 파장값은 nm단위로 다음과 같이 주어진다.

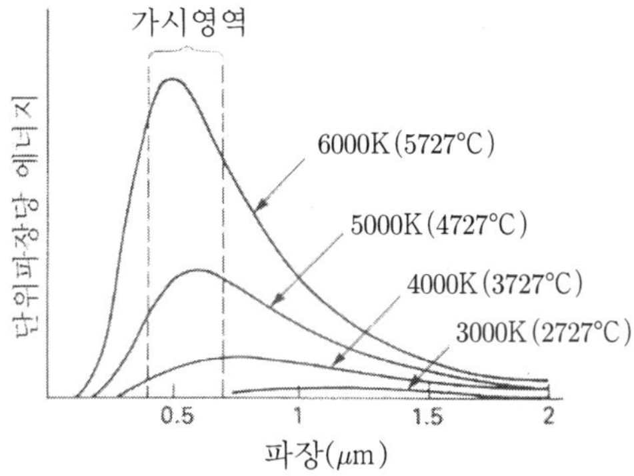

그림 11.1 ▶ 흑체복사

$$\lambda_{max} = \frac{2.8978 \times 10^6}{T} \text{ : Wien의 변위법칙} \tag{11.3}$$

여기서 T는 절대온도이다($0°C = 273.16K$).

광원의 색온도는 광원과 같은 색의 복사를 방출하는 흑체의 온도를 나타낸다. 대기 흡수에 의해 태양의 색온도는 비록 실제 온도가 그보다 더 높다고 할지라도 약 6000° K 이다. 대부분의 등의 색온도는 2,000° K부터 4,600° K 범위이다. 표준 등은 색온도를 명세하도록 만들어져 있다.

표 11.1 ▶ 몇 가지 전형적인 색온도

광원	온도(K)	광원	온도(K)
맑고 푸른 하늘	12,000~25,000	아크(arc) 등	4,000
흐린 하늘	6,500	태양	5,000 ~ 6,000
매우 흐린 하늘	6,000	달	3,000 ~ 4,000
초 불	2,000	형광등	여러 가지 - 흔히 흑체복사와 아주 다름.
텅스텐 등	2,600		

3) 스테판-볼츠만의 법칙

또한 플랑크의 복사법칙으로부터 흑체의 총 복사출력은 전체 파장에 걸친 적분에 의해 얻을 수 있다.

$$L_B = \int_0^{\infty} L_B(\lambda) d\lambda = \sigma T^4 \text{ : Stefan–Boltzmann 법칙} \tag{11.4}$$

여기서 비례상수 $\sigma = 5.67051 \times 10^{-8} \mathrm{Wm^{-2}K^{-4}}$을 **스테판-볼츠만 상수**라 한다.

예제 11.1

태양으로부터 복사가 최대로 되는 파장이 $\lambda_{max} = 475\text{nm}$ 이라면 태양의 표면온도는 절대온도(Kelvin 온도)로 얼마인가?

풀이 $T = \dfrac{2.8978 \times 10^6}{475} = 6100\text{K}$ [답] 6100K

2. 백열등

높은 열 때문에 빛이 발생할 때 그것을 백열등이라 한다. 지난 세기에는 잘 타지 않는 물질의 그물에 기체 불꽃을 가함으로써 백열등을 얻었다. 전기의 발명은 에디슨으로 하여금 얇은 금속 철사에 열을 가하여 백열등 온도에 이를 수 있게 하였다.

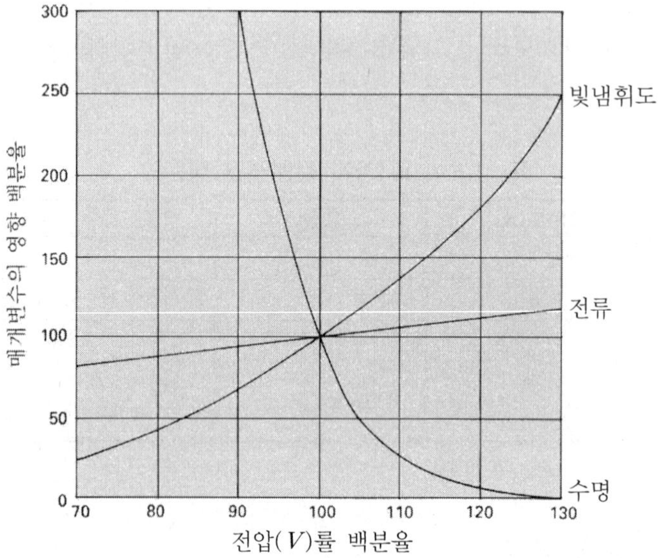

그림 11.2 ▸ 소형 등의 빛냄 휘도, 전류 및 수명에 운용조건의 영향

광원이 가느다란 텅스텐 필라멘트에 전류를 통과시키는 것이므로 텅스텐 필라멘트 등이라 한다. 필라멘트의 저항으로 가열하면 최대 약 3000° K까지 온도를 높일 수 있고 이 온도에서는 텅스텐이 매우 빠르게 산화한다. 이러한 산화를 피하기 위해 필라멘트는 진공으로 되거나 불활성 기체를 주입한 유리관 안에 밀봉을 한다.

이러한 예방조치에도 불구하고 텅스텐은 필라멘트로부터 유리관 벽으로 서서히 증발되어 투과성이 감소하여서 결국 수백 시간 이용하면 수명이 다하게 된다. 수명을 연장하려면 등을 통과하는 전력을 낮추면 되는데 그러면 색온도가 감소하고 전력을 빛으로 전환하는 효율이 떨어진다.

텅스텐 필라멘트 등의 설계 전압은 정상적으로 15~25(lm/W)이다. 이것은 등에 의해 복사되는 빛의 총양이 되며 전력을 가시광선으로 전환하는 효율 8~13%를 나타낸다. 이들 효율은 필라멘트 온도를 더 높여주면 증진된다. 그러나 더 높아진 온도의 필라멘트 물질의 증가된 증발은 이 특징의 개발을 “quartz-iodine” 등(텅스텐-할로겐 등)의 발명이 될 때까지 지연되었다. 이 등 안에는 불활성 기체가 할로겐, iodine 또는 bromine을 포함한다. 그리고 그것은 증발된 텅스텐을 필라멘트에 다시 침전시키는 특성을 가졌고 이 작용은 높은 전구온도를 요구한다. 그리고 유리가 부적절하다는 것이 입증되어서 석영이 더 뜨거워지도록 더욱 더 작은 모양으로 이용되었으나 석영은 활발한 역할을 하지 못하였다.

속도를 알고 있으므로 임의의 빛의 파장과 진동수를 실험적으로 측정이 가능하다. 빛이 스펙트럼을 형성하도록 분산되는 때에는 스펙트럼의 각 부분이 특별한 파장과 진동수의 빛으로 구성된다는 사실을 발견하였다. 이와 같이 백색광의 연속스펙트럼의 경우에 보라색 끝 390nm로부터 붉은색 끝 760nm까지 눈에 보일 수 있는 넓은 연속적인 파장영역이 존재한다. 그러므로 어떤 스펙트럼 색, 또는 가시영역 전체까지 분산되는 빛의 파장이나 진동수의 항으로 스펙트럼 안에서 임의의 위치를 명세할 수 있을 것이다.

그림 11.2는 소형 등의 운용조건의 변화에 대한 영향을 보여주고 있다. 수명시간은 극적으로 감소하며 밑으로 달리지만 텅스텐-할로겐 등은 그렇지 않다. 할로겐 순환은 낮은 온도에서 와해된다. 위로 달리고 밑으로 달리는 것은 역시 아래에 논술하는 것처럼 색을 변하게 한다.

3. 찬빛 광원

기체 방전등은 높은 효율 때문에 많이 이용되고 있다. 인기 있는 형광등은 40W 크기로 52(lumen/W)에 이르고 있다.

인(phosphor)이라 하는 물질은 전자, 전기장, 화학반응 그리고 심지어 다른 빛 특히 자외선으로부터 에너지를 흡수하는 특성을 가지고 있다. 그것들은 흡수하고 나서 이 에너지를 빛의 형태로 재방출한다. 인은 흔히 아연, 칼슘, 마그네슘, 카드뮴 텅스텐 그리고 지르코늄을 유화, 산화, 또는 실리콘화 그리고 인화한다. 그것들은 형광등, 텔레비전 영상관 그리고 X-선 기계와 전자현미경과 같은 더욱 복잡한 장치와 같은 상품에서 공통적으로 사용된다. 그것들은 모두 찬빛 광원(luminescent source)이지만 흔히 큰 규격이고 평평한 것으로 term luminescent 스크린이 일반적으로 이용된다.

인은 형광등에서 백열등 광원으로 얻은 것보다 훨씬 더 넓은 색 영역을 얻기 위해 이용된다. 그것들은 또한 90(lm/W)에 달하는 휘도효과 값과 더불어 더 낮은 열복사를 가지고 더 효과적이다. 빛은 전류가 수은증기를 통하여 방전되는 것과 같이 두 단계에 의해 발생된다. 그리고 그것은 초록빛과 자외선을 발생한다. 이 자외선은 기체를 포함하고 있는 유리관 내부에 박막으로 입힌 인에 의해 흡수된다. 그리고 흰색으로 재방출한다.

텔레비전 영상관 안에서 인은 그것의 색깔과 효율을 위해 선택될 뿐만 아니라 그것의 짧은 반응시간을 위해서도 선택된다. 빛의 방출은 스크린 위의 인을 타격하는 높은 에너지 전자들에 의해 자극된다. 그림이 변할 때 인은 전자가 켜고 꺼지는 스위치가 되는 것처럼 방출되는 빛을 빠르게 출발시키고 멈출 수 있도록 하는 것이 중요하다.

등은 유리관 내부에 박막을 입힌 인의 모든 사용을 그만둘 수 없다. 그리고 그 유리관은 트리튬(tritium ; H^3 또는 T) 기체로 가득 채워진다. 이것은 수소의 방사성 동위원소이다. 그리고 그것은 인에 의해 흡수되고 빛으로 재방출하는 낮은 에너지 β입자(전자)를 방출한다. 이 등들은 그것들이 외부 전력원이 필요 없는 것으로서 장치 패널(panel)과 출사신호에서 이용된다.

1) 기체 안에서 전기방전

중성의 원자들로 구성되어 있는 기체에 적절한 전압을 걸어 주면 이들 원자들이 약간 왜곡되지만 눈에 보이는 효과가 일어나지는 않는다. 반대로 만약 자유전자들이 나타나면 그것들은 가속되어서 들뜸(excited)을 일으키고 원자들과 충돌함으로써 결과적으로 복사를 방출하고 이 현상은 기체방전등의 기초이다.

2) 단색 광원(monochromatic source)

좁은 스펙트럼 영역으로 제한된 단순한 광원이 요구될 때는 기체 방전이 분명한 답이다. 왜냐하면 그러한 방전은 거의 모든 그것들의 에너지를 이 좁은 영역에서 방출할 수 있도록 만들어질 수 있기 때문이다.

3) 높은 세기 아크(high intensity arc)

실제적인 광원에서 가장 높은 찬빛은 높은 전류의 아크에서 이용 가능하다. 탄소 아크와 고압 수은 그리고 제논(Xenon) 아크는 태양의 조명에 접근하며 어떤 경우에는 그보다 더 센 경우도 있다.

4) 섬광등(flash lamp)

전기적 스파크(spark) 방전은 매우 짧은 시간 동안에 높은 찬빛을 낼 수 있다(태양이 1500cd/mm^{2}인 데 비해 400,000cd/mm^2 이상까지). 스파크는 필수적으로 짧고, 높은 세기 아크이며, 일반적으로 전기용량체 안에서 에너지를 저장해서 기체 매질을 통하여 그것을 방전함으로써 발생된다.

5) 변조된 방전등(modulated discharged lamp)

비록 그것들의 열적 관성은 백열 필라멘트 등을 높은 진동수에서 변조에 대해 불안정하게 만들지라도 기체 방전은 그렇게 제한되지 않는다. 아크 방전은 쉽사리 10kHz에 이르기까지 변조될 수 있으며 미광방전(glow discharge)은 1MHz에 이르기까지 변조될 수 있다.

6) 형광등

전형적인 형광등(fluorescent lamp)은 저압, 저전류 수은 방전이고 253.7nm에서 수은의 처음 공진 선을 이용한다. 저압은 이 선의 흡수를 피하며 낮은 전류의 값은 복사가 253.7nm 선에 집중되는 것을 허용한다.

제 3 절 반도체의 광특성

1. PN 접합의 발광

반도체 다이오드 방향에 순방향으로 전류를 흘리면 N형 반도체의 전자가 P형 반도체의 정공과 PN 접합부에서 재결합하면서 빛이 발생한다. 이때 전류가 약하여 밀도반전(population inversion)이 일어나지 않을 때는 유도방출이 일어나지 않고 자발방출에 의한 빛만 발생하게 되며 이러한 소자를 발광다이오드(LED : Light Emitting Diode)라 한다.

반도체 발광소자는 발광다이오드와 레이저 다이오드(LD : Laser Diode)로 분류할 수 있다. 발광다이오드는 자발방출을 사용하는 것이며 그 출력은 결맞음이 안 되는 결맞지 않는(incoherent) 빛이다. 반도체 레이저는 발광과정으로서 유도방출을 사용하는 것으로 당연히 그 출력은 결맞음이 높은 결맞는(coherent) 빛이다.

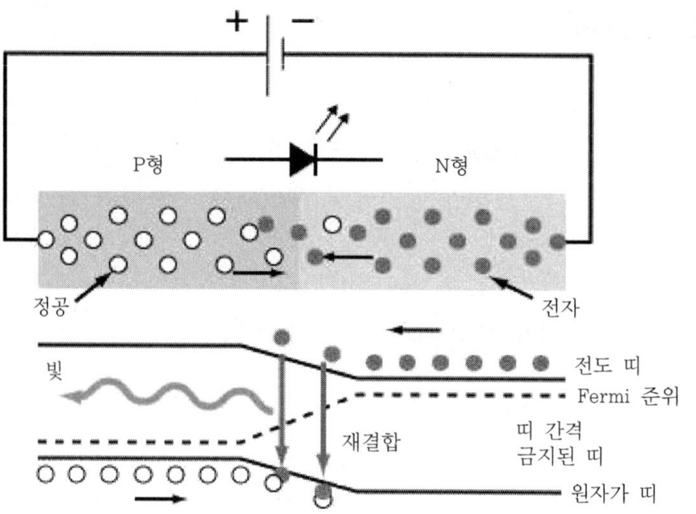

그림 11.3 ▶ 전자와 정공 쌍의 재결합에 의한 자발방출

2. PIN 접합의 발광

일반적인 PN 접합 다이오드는 반도체소자의 한쪽에 P형 반도체를 다른 쪽에 N형 반도체를 접합하여 구성한다. 이러한 PN 접합에서 P형 반도체와 N형 반도체의 **띠 간격**(band gap)에 에너지가 같은 경우를 **동종접합**(homo junction)이라 한다. 이 PN 접합 다이오드에 순방향으로 전압을 가하면 PN 접합면에서 전자-정공 쌍이 형성되어 광양자(photon)가 발생한다.

그러나 이런 경우 전자와 정공(hole)이 PN 접합부에만 국한되지 않고 일부 전자가 P형 반도체로 확산되면서 P형 반도체 내부로 들어가며, 마찬가지로 일부 정공이 N형 반도체로 확산되어 N형 반도체 내부로 들어간다.

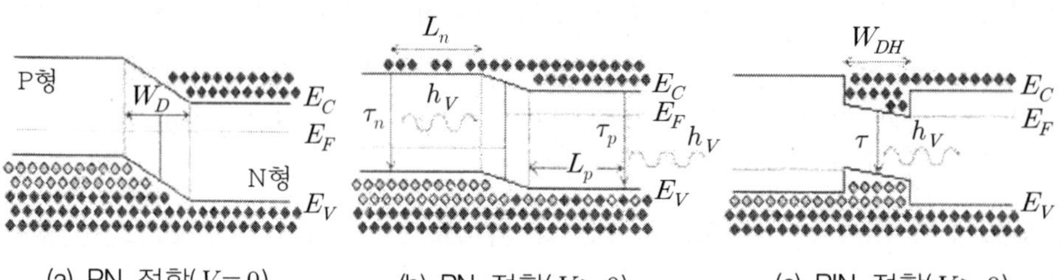

(a) PN 접합($V=0$) (b) PN 접합($V>0$) (c) PIN 접합($V>0$)

그림 11.4 ▶ PN 접합과 PIN 접합

그림 11.4(b)에서 L_n은 전자의 확산거리를 나타내고, L_p는 정공의 확산거리를 나타낸다. 따라서 접합부에서의 전자정공 재결합 효율이 감소한다. 이 때문에 PN 접합에서의 전자-정공 재결합효율이 떨어진다. 그래서 동종 접합 PN 접합 다이오드에서는 광방출효율이 낮다. 이러한 문제를 해결하기 위해 불순물을 삽입하여 **이종접합**(hetero junction) 구조의 PIN 다이오드가 개발되었다.

PIN 접합이란 반도체의 띠 간격 에너지가 다른 물질 간에 경계를 이루는 접합을 의미한다. PIN 접합 다이오드는 일반적으로 PN 접합 다이오드의 접합면에 띠 간격 에너지가 작은 **진성반도체**(intrinsic semiconductor)를 삽입한 구조이다.

PIN 접합에 순방향으로 전압을 걸어 주면 그림 11.4(c)와 같이 N형 반도체 쪽으로 밀려온 전자는 에너지 준위가 낮은 진성반도체 쪽으로 모인다. 그러므로 진성반도체 영역에서 전자와 정공이 재결합하여 빛을 방출하므로 생성효율이 PN 접합 다이오드에 비해 훨씬 높아진다. 이 경우 빛의 파장은 진성반도체(I) 층의 띠 틈 에너지에 의해서 결정되며 이 진성반도체 층에서 가장 활발한 광자의 생성이 일어난다. 이런 까닭으로 진성반도체 층을 **활성층**(active layer)이라 한다.

3. 반도체 발광소자의 특징

반도체소자는 일반적으로 소형 경량이며 소비전력이 적다. 옛날 진공관 라디오는 매우 크기가 크고 무거우며 전력소비도 컸다. 그러나 반도체 라디오는 매우 크기도 작고 가벼우며 소비전력이 적어졌다. 마찬가지로 다른 발광장치에 비해 반도체 발광장치는

① 소형이고 경량이다. 예를 들면 백열전등이나 He-Ne 기체 레이저 크기는 반도체 레이저에 비해 크기나 무게가 훨씬 많이 나간다.

② 소비전력이 적으며 작은 건전지로서 오랜 시간 사용할 수 있다.

③ 전구에 비해 수명이 길고 신뢰성이 높다. LED 소자 및 사용 조건에 따라 다르나 일반적으로 수명은 3~8만 시간 정도이다. 필라멘트가 자주 끊어지는 데 비해 LED는 고장률이 적다.

④ 다른 광원에 비해 변조가 용이하다. 전류를 변화시키면 빛의 세기나 파장이 변한다. 전구와 같이 필터를 사용하지 않아도 특정한 색을 발광할 수 있다. 또 무색투명한 렌즈를 사용할 수 있다.

⑤ 고속 응답성이다. 전구가 발광하는 경우 전류가 흘러 가열한 뒤에 발광되므로 응답속도는 수백 ms(10^{-3}초)이다. 이에 비해 LED는 수 ns(10^{-9}초) 전후로서 백만 배 이상 응답속도가 빠르다.

⑥ 기타 집광성이 좋아서 광섬유의 입력 파워를 크게 할 수 있다. 온도변화에 의한 광출력 변화가 적으며, 광출력을 특별히 제어할 필요가 없다. 수명도 반도체 레이저나 기타 조명 광원보다 길다.

발광소자용 반도체 재료는 크게 나누어 직접 천이형과 간접 천이형으로 구분된다. 규소(Si)와 같이 간접 천이형 반도체 내에서는 에너지가 열과 진동으로 소모되어 발광효율이 크게 떨어지는 반면에 질화갈륨(GaN) 같은 직접 천이형 반도체에서는 전자와 정공의 재결합 시 발생하는 에너지가 거의 모두 발광 형태로 나타나기 때문에 발광효율이 높다. 이때 발생하는 빛의 파장은 반도체 고유의 특성인 에너지 띠 간격에 따라 결정되며, 빛의 에너지 띠 간격, E_g과 발광 파장의 관계는 다음과 같은 식으로 주어진다.

$$\lambda = \frac{1240}{E_g}\,\mathrm{nm} \tag{11.5}$$

제 4 절 LED(Light Emitted Diode)

LED는 반도체 광원으로 그 동안 많은 기기의 지시용 전구로 사용이 제한적이었지만, 성능이 향상되면서 조명으로 사용 범위가 확대되고 있다. 1962년에 전자부품으로 소개되기 시작한 LED는 광도가 낮고, 색깔은 적색으로 제한적이었지만, 현재는 가시광선은 물론 적외선 및 자외선 영역의 빛을 높은 휘도로 제공할 수 있는 부품으로 발전하였다.

LED는 보통의 다이오드와 마찬가지로 불순물이 도핑(doping)된 반도체 재료의 P-N 접합으로 구성되기 때문에 P형 반도체(양극)로부터 N형(음극)으로 전류가 흐르지만 그 반대로는 흐르지 않는다. 전극에 전위차를 줄 경우 전하 수송체인 전자와 정공은 접합을 향하여 서로 반대방향으로 이동한다. 이때 전자가 정공을 만나게 되면 낮은 에너지 준위로 떨어지면서 광양자의 형태로 에너지를 방출하게 된다.

방출된 빛의 파장, 즉, 색깔은 P-N 접합을 구성하는 재료의 **띠 간격**(band gap)에 의하여 결정된다. 실리콘이나 게르마늄 다이오드에서는 이 재료들이 간접 띠 간격이기 때문에 비복사전이에 의하여 재결합이 이루어지며, 따라서 광방출이 발생하지 않는다(그림 11.5). 그러나 LED에서는 그 파장이 근적외선, 가시광선, 근자외선에 해당하는 직접 띠 간격 재료가 사용된다.

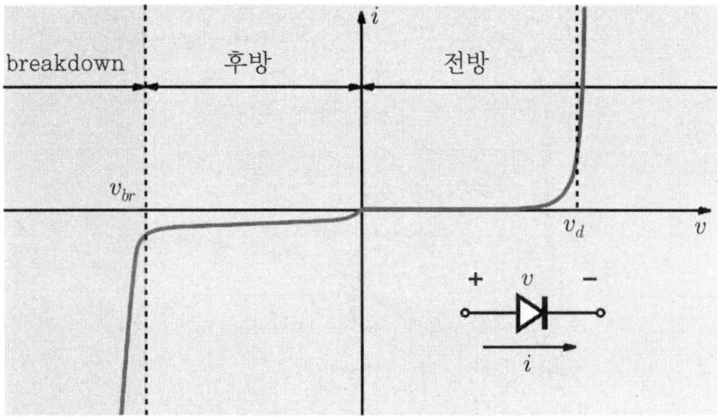

그림 11.5 ▶ LED의 전류-전압 특성곡선

LED는 처음에 GaAs를 반도체 재료로 사용한 적외선과 빨간색이 개발되었지만, 재료과학의 발전에 힘입어 파장이 짧은 쪽으로 여러 가지가 개발되어 사용되고 있다. LED는 N형 기판위에 P형 재료가 입혀지고, 여기에 전극이 부착되는 것이 보통이지만 P형이 기판으로 사용되는 경우도 있다. 또한 크게 상업적으로 성공한 GaN/InGaN LED는 사파이어 기판을 사용하였다. LED 제조에 사용되는 대부분의 재료는 굴절률이 높기 때문에 큰 각도를 가지고, 경계면에 도달하는 빛은 전반사로 인하여 밖으로 나올 수 없기 때문에 광양자 추출은 LED 개발 기술의 중요한 문제 중의 하나이다.

1. 효율과 수명

지시용으로 개발된 LED는 전력으로 30～60mW 이하에서 동작하도록 설계되어 있다. 1999년에 Philips Lumileds에서 1W의 전력으로 연속 동작이 가능한 LED를 개발한 이후 동작 전력을 더욱 높인 고출력 LED들이 계속 개발되고 있다. 고출력 LED들은 큰 입력전류를 소화하기 위하여 면적이 훨씬 넓은 반도체 다이(die)를 채용하고, 다이에서 발생하는 열을 제거하기 위하여 이 다이를 금속 슬러그(slug) 위에 부착하는 구조를 채택하고 있다.

LED 기반 조명의 가장 큰 장점은 높은 조명효율(단위전력당 광출력)이다. 백색 LED(5W)를 가지고 백열등의 조명효율, 15(lm/W)를 넘긴 때는 2002년이다. 전류를 증가시키면 조명효율을 더 떨어뜨리는 droop으로 알려진 현상은 전류가 증가되면 광출력보다 더 많은 열을 발생시킴으로써 광출력이 다시 제한되는 악순환의 원인이 되고 있다. 실용적인 조명으로 사용하기 위해서는 1W급의 LED가 필요하다. 2009년에는 형광등의 표준효율 100(lm/W)를 상회하는 여러 종류의 LED가 개발되었으며, 실용 조명을 접근하기 위해 동작전류를 높이기 위한 연구 경쟁이 치열하다.

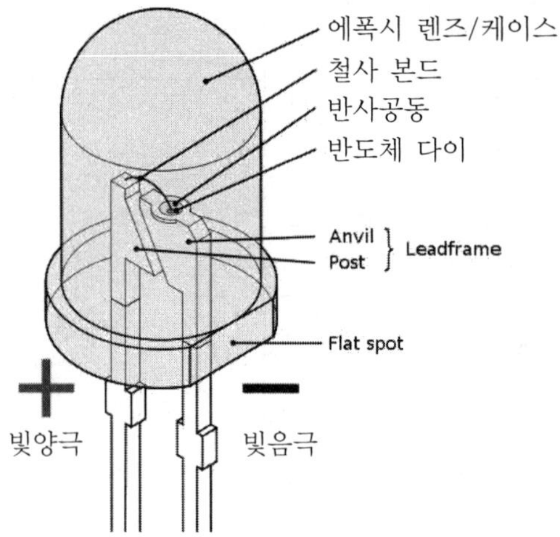

그림 11.6 ▶ 가장 기본적인 LED의 구조

LED와 같은 반도체 소자는 낮은 전류와 온도에서 동작하면 높은 수명을 보장할 수 있다. 정상적인 동작으로 25,000에서 100,000시간의 수명을 보증하지만 열과 전류의 설정에 따라 그 수명이 그보다 훨씬 길거나 짧아질 수 있다.

2. LED의 색깔과 재료

보통 LED는 여러 가지의 무기반도체 재료로 만들어진다. 품질급에 따라 재료는 아래와 같다.

1) 일반급

재 료	GaP	GaN	GaAs	GaAlAs
색 깔	초록, 빨강	파랑	빨강, 적외선	빨강, 적외선

2) super급

재 료	GaAlAs	GaAsP	GaN	InGaN	GaP
색 깔	빨강	빨강, 노랑	파랑	초록	초록

3) ultra급

재 료	GaAlAs	InGaAlP	GaN	InGaN
색 깔	빨강	노랑, 주황, 빨강	파랑	초록

표 11.2 ▸ LED에서 사용되는 반도체 재료에 해당하는 파장영역과 동작전압 범위

Color	Wavelength (nm)	Voltage(V)	Semiconductor Material
Infrared	$\lambda > 760$	$\Delta V < 1.9$	Gallium arsenide (GaAs) Aluminium gallium arsenide (AlGaAs)
Red	$610 < \lambda < 760$	$1.63 < \Delta V < 2.03$	Aluminium gallium arsenide (AlGaAs) Gallium arsenide phosphide (GaAsP) Aluminium gallium indium phosphide (AlGaInP) Gallium(III) phosphide (GaP)
Orange	$590 < \lambda < 610$	$2.03 < \Delta V < 2.10$	Gallium arsenide phosphide (GaAsP) Aluminium gallium indium phosphide (AlGaInP) Gallium(III) phosphide (GaP)
Yellow	$570 < \lambda < 590$	$2.10 < \Delta V < 2.18$	Gallium arsenide phosphide (GaAsP) Aluminium gallium indium phosphide (AlGaInP) Gallium(III) phosphide (GaP)
Green	$500 < \lambda < 570$	$1.9 < \Delta V < 4.0$	Indium gallium nitride (InGaN) / Gallium(III) nitride (GaN) Gallium(III) phosphide (GaP) Aluminium gallium indium phosphide (AlGaInP) Aluminium gallium phosphide (AlGaP)
Blue	$450 < \lambda < 500$	$2.48 < \Delta V < 3.7$	Zinc selenide (ZnSe) Indium gallium nitride (InGaN) Silicon carbide (SiC) as substrate Silicon (Si) as substrate — (under development)
Violet	$400 < \lambda < 450$	$2.76 < \Delta V < 4.0$	Indium gallium nitride (InGaN)
Purple	multiple types	$2.48 < \Delta V < 3.7$	Dual blue/red LEDs, blue with red phosphor, or white with purple plastic
Ultra-violet	$\lambda < 400$	$3.1 < \Delta V < 4.4$	diamond(235nm) Boron nitride(215nm) Aluminium nitride(AlN)(210nm) Aluminium gallium nitride(AlGaN) Aluminium gallium indium nitride(AlGaInN) — (down to 210nm)[37]
White	Broad spectrum	$\Delta V = 3.5$	Blue/UV diode with yellow phosphor

앞의 표 11.2는 LED에서 사용되는 반도체 재료에 해당하는 파장영역과 동작전압 범위를 정리한 것이다. 백색 LED를 만들기 위해서는 지금까지 개발된 여러 색깔의 LED를 색을 섞어서 만드는 방법과 형광체를 사용하는 LED가 있다. 형광체를 사용하는 LED는 보통 청색 LED를 기본 들뜸 광으로 사용하고 형광으로 방출된 색깔과 들뜸 광의 남은 세기가 합쳐져서 백색을 만든다.

3. LED의 용도와 종류

1) 종 류

LED의 발광색은 현재 빨강, 녹색, 노랑, 주황색, 파랑 그리고 백색이 있다. 첨가하는 불순물의 함량에 따라 발광되는 파장이 다르다.

① 청색 LED는 질화갈륨비소와 사파이어 등을 이용하여 만들어지며, LED는 백색에 해당되는 단일파장은 존재하지 않고 두 가지 이상의 색의 조합으로 백색을 구현한다.

② 백색 LED는 빛의 3원색인 청색, 녹색 및 빨간색을 혼합하거나 보색, 예를 들면 황색과 청색, 청록색(cyan)과 황갈색(amber), 녹색과 자홍색(magenta)을 혼합함으로써 구현된다. 최근에는 청색 LED에 황색형광체를 넣거나 자외선 LED에 RGB 형광체를 넣어서 제조하는 방법이 개발되었다.

③ 풀 컬러 LED는 적·녹색 LED를 조합시킨 하이브리드형으로 발광효율이 높은 SiC 청색 LED와 GaP 적색 및 녹색 LED를 램프로 만들어 순백색 발광을 포함한 다수 발광이 가능한 풀 컬러 LED이다.

④ 적외선 LED의 재료는 주로 GaAs로 양불순물인 Si을 이용하여 LPE 결정 성장조건으로 그 치환 위치(Ga 또는 As 원자)를 제어함으로써 PN 접합을 형성한다. TV 리모컨이나 카메라의 자동초점 등 고출력을 이용하는 장거리 제어(remote control)용 광원으로 사용되고 있다.

⑤ 자외선 LED는 질화갈륨(GaN)이나 산화아연(ZnO)을 이용한 반도체 소자 또는 다이아몬드 기판을 이용한 PN 접합으로 자외선을 발광한다. 발광파장은 235nm, 265nm, 280nm, 310nm, 340nm 등 자외선이며 살균효과로 공기청정기나 정수기, 무좀, 아토피성 피부염 치료장치, DNA 분석장치, 탈취기, 경화시스템, 위조지폐 감식 등 다양한 분야에서 응용되고 있다.

⑥ OLED(Organic Light Emitting Diode)는 유기물 층의 양쪽에 가해지는 전기장에 의해 전자와 정공이 주입되고 재결합하는 과정에서 빛을 발생하는 소자로 유기

발광다이오드이다. 전기에너지를 빛으로 전환하는 매체로서 유기물질을 이용하며, 발광메커니즘으로서는 발광다이오드에 가깝고, 정류작용도 하는 것으로 **유기전자조명**(organic electro-luminescence)이라고도 한다. 전력소모가 적고 자체발광으로 시야가 넓으며 응답속도가 빠른 장점이 있지만, 수명이 짧고 밝은 빛 아래에서는 볼 수가 없으며 대형화면을 만들기가 어려운 단점이 있다. MP3나 휴대폰, 카메라 등 휴대용 영상기에서 LCD를 사용하고 있다.

⑦ 폴리머 발광다이오드(polymer diode)는 반도체 물질과 같이 폴리머를 사용한 것이다. 폴리머의 유연성과 세기 때문에 자동차 범퍼와 방탄조끼를 만드는 데 사용되며, 가볍고 유연하기 때문에 박막 디스플레이를 만드는 데 사용되기도 한다.

2) LED의 용도와 사용법

LED는 일반전자기기의 표시등이나 숫자표시에 많이 사용된다. 선진국에서는 대형전광판, 비상구등, 교통신호등, 자동차의 각종 표시등에 응용되고 있다.

LED 구동방법으로 병렬형, 직렬과 병렬의 병용형, 매트릭스형이 있다. 병렬형은 각각의 LED를 독립해서 구동하기 때문에 숫자표시나 레벨미터 등 소수의 LED를 이용한 디스플레이의 구동에 이용된다. 병용형은 다수의 LED 소자를 사용하는 옥외형 LED 램프, 그리고 매트릭스형은 복잡한 문자표시, 화상표시 등에 이용된다.

이를 종합 정리해 보면 ① 점 발광 LED, ② 복합 표시자, ③ 옥외표시 LED, ④ LED 패널디스플레이 등으로 많이 활용되고 있다.

제 5 절 레이저 다이오드

레이저 다이오드의 구조에는 BH 구조와 CSP 구조가 있다. BH 구조는 활성층이 헤테로 접합으로 사방이 둘러싸인 형태로 되어 빛의 가둠을 실현하고 있다. CSP 구조는 기판에 홈을 설치, 홈 부분과 그 양측에서는 등가굴절을 달리함으로써 빛의 가둠을 실현하고 있다.

반사기구에 의한 분류로는 패브리페롯형의 반도체 레이저 다이오드와 반사경을 칩 안에 만들어 붙여서 동작시키는 반도체 레이저 다이오드가 있다.

레이저 다이오드의 특징은 다음과 같다.

① 소형 경량이다.
② 출력광의 스펙트럼폭이 좁아서 집광이 용이하다.
③ 임계값 이상의 전류를 흘리면 레이저가 발진하여 광출력이 증가한다.
④ 출력은 보통 수 mW 정도이지만 수십 W 정도에 이르는 대출력 레이저도 있다.
⑤ 변조가 쉽고, 전류변화를 통하여 발광하는 빛의 상태를 변화시킬 수 있다.
⑥ 고휘도이다.
⑦ 저소비전력이다.
⑧ 파장 선택범위가 0.33~28μm로서 넓다.

반도체 재료에 따른 레이저 다이오드의 종류와 발광파장은 표 11.3과 같다.

표 11.3 ▶ 반도체 재료에 따른 레이저 다이오드의 종류와 발광파장

반도체 재료	레이저 파장	비 고	반도체 재료	레이저 파장	비 고
InAs	3.2μm		InP	0.9μm	
InGaAs	1.8μm, 2.1μm		InAsP	1.6μm	
InSb	5.1μm		PbSnSe	31.2μm	
PbTe	6.4μm		PbSnTe	31.2μm	
PbSe	8.3μm, 22.0μm	압력효과	PbGeTe	2.5 ~ 8.3μm	조성에 따라 가변

기타 반도체 레이저에는 청자색 반도체 레이저(blue purple semiconductor laser)와 도파로형 반도체 레이저(semiconductor waveguide laser)가 있다.

제 6 절 레이저의 안전

1. 레이저 사용 시 주의사항

안전한 레이저 사용을 위해서 다음 몇 가지 주의가 필요하다.

① 레이저에 대한 정확한 지식이 없으면 사용을 금지해야 한다.
② 사용 전에 사용설명서를 잘 확인하여야 한다.
③ 사람에게 직접 또는 간접으로 레이저 빛을 비추지 말라. 특히 눈에 비추면 실명할

수가 있다.

④ 반사되는 물질에 주의하라.

⑤ 절대로 레이저 빛살다발을 눈으로 보지 말라.

⑥ 적외선 레이저나 자외선 레이저는 눈에 보이지 않는다. 제품을 확인하고 전원이 들어와 있는 경우 레이저 빛이 눈에 비추게 되지 않도록 조심해야 한다.

⑦ 반사광이라 할지라도 오랫동안 보지 않도록 하라.

2. 안전등급 분류 및 측정방법

레이저 특성으로 적은 면적에 높은 에너지를 집중시킬 수 있다. 이러한 높은 에너지가 눈 또는 피부에 노출되면 큰 손상을 일으킬 수 있다. 레이저 시스템이나 모듈마다 등급을 정해 예방조치 및 취급사항을 표기하여 사전에 사고를 방지해야 한다.

사람의 눈과 피부에 대한 최대 허용 노출 에너지양은 MPE(Maximum Permissible Exposure)라 하며, 이것은 파장, 출력 및 노출시간에 따라서 다르다. 레이저 시스템 또는 모듈에서는 MPE값과는 별개로 등급별로 AEL(Accessible Emission Limit)을 두어 각각에 해당되는 등급 및 제반사항을 적용시킨다.

1) 안전등급의 분류

유럽 규정인 IEC 60825-1에 따른 분류는 다음과 같다. 안전등급은 1, 1M, 2, 2M, 3R, 3B, 4 등급으로 분류되며, 1등급이 가장 낮은 등급이며, 숫자가 커질수록 더 높은 즉, 더 위험한 정도를 나타낸다. 1M 및 2M의 경우 아래에 해당될 때 이 등급으로 적용시킬 수 있다.

① 사용자가 레이저 빛살다발을 집중시키기 위해 원(여기에는 시준렌즈계 이후)으로부터 100mm 이내의 광 구성요소를 위치시킬 경우의 빛살다발의 발산

② 7mm 이상의 빛살다발의 크기로 방사되어 시준될(collimated) 때의 빛살다발

위의 두 사항을 살펴볼 때 우리에게는 라인레이저가 이에 해당하며, 만약 7mm 이상의 빛살다발 크기로 시준되는 것이 있다면 이것 역시 1, 2등급이 아닌 1M, 2M 등급에 해당되어야 한다. 물론 2M 등급 이상의 경우는 3R, 3B, 4로 넘어가야 할 것이다.

2) 측정방법

레이저 시스템 및 모듈 파장, 출력, 노출시간에 따라 1등급의 AEL 값을 먼저 구한 후 측정된 시스템의 출력과 비교하여 1등급의 AEL 값 이내에 해당된다면 현재 레이저

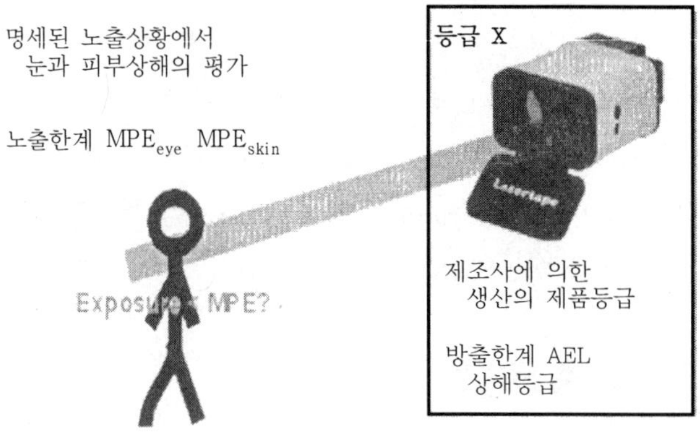

그림 11.7 ▸ 레이저 안전 측정방법

시스템 및 모듈은 1등급이라 할 수 있다. 1등급의 AEL 값을 넘게 되면 다시 2등급의 AEL 값을 구하며 이에 해당되는지를 다시 살펴보아야 한다. 이렇게 더 높은 등급으로 해당하는지를 계산하여 레이저 시스템 및 모듈의 등급을 선정해야 한다.

레이저 시스템 출력은 그림 11.7과 같이 100mm의 거리에서 사람 동공의 크기인 7mm 구경에 입사하는 최대 출력을 측정한다.

3. 각 등급별 제반사항

① **1등급** : 빛살다발 내 가시를 위한 광계측기(쌍안경 등) 사용을 포함하여 합리적으로 미리 알 수 있는 동작상태에서 안전한 레이저다. MPE(눈)에 대해서는 오랜 기간 노출되어도 초과되지 않는다.

② **1M 등급** : 빛살다발 내 가시를 미리 알 수 있는 동작상태에서 안전한 레이저이며 MPE(눈)에 대해서는 오랜 기간 노출되어도 초과되지 않는다. 그러나 광계측기를 통한 빛살다발 가시는 MPE(눈)을 초과할 수 있다. 따라서 의도적으로 사람을 목표로 하면 안 된다.

③ **2등급** : 반사적인 눈 깜빡임에 따른 0.25초의 노출에 대해서 광계측기 사용을 포함하여 MPE(눈)을 초과하지 않는다. 그러나 의도적으로 사람을 목표로 하면 안 된다.

④ **2M 등급** : 반사적인 눈 깜빡임에 따른 0.25초의 노출은 MPE(눈)을 초과하지 않는다. 그러나 광계측를 통한 빛살다발 내 가시는 MPE(눈)을 초과할 수 있다. 따라서 의도적으로 사람을 목표로 하면 안 된다.

⑤ **3R 등급** : 빛살다발 내 가시는 MPE(눈)에 대해 광계측기 사용을 포함하여 5배까지 증가할 수 있다. 따라서 의도적으로 사람을 목표하지 않음은 물론 자격이 있고 훈련된 사람만이 레이저 장비를 설치, 조정, 운전하도록 허용하며, 사람들이 직접 빛살다발을 바라보지 않도록 예방조치가 취해져야 한다.

⑥ **3B 등급** : 빛살다발 내 가시는 MPE(눈)에 대해 광계측기 사용을 포함하여 5배 이상으로 증가할 수 있다. 그러나 MPE(피부)에 대해서는 초과하지 않는다. 3R 등급의 주의사항에 추가적으로 사용상 적당히 훈련받고 레이저 안전요원에 의해 승인된 사람에 의해서만 동작되어야 한다.

⑦ **4등급** : MPE(눈) 및 MPE(피부) 모두 광계측기 사용을 포함하여 초과하며, 확산반사는 MPE(눈)을 초과할 수 있다. 3B 등급의 주의사항에 추가적으로 눈보호 기구와 보호의복을 착용하여야 하며, 빛살다발 경로에서 잠재적으로 위험한 비의도적 반사를 발생시키는 모든 표면을 제거해야 한다. 또한 물리적 장벽, 빛살다발 횡단, 빛살다발 출력 상승 등을 제한하는 인터록 같은 제어기술이 사용된다.

"사전 주의" 레이저 또는 LED가 사용된 모든 제품에는 사용자 주의를 위해 그림 11.8과 같은 경고문 및 레이저가 방사되는 위치를 설명하고 있으며, 제조사에서는 반드시 규격집 및 해당되는 등급에 따른 경고 스티커를 붙여야 한다.

그림 11.8 ▸ 여러 종류의 레이저 안전표시

제11장 광원

연습문제

[1] 태양의 온도가 $6000^{\circ}\mathrm{K}$라면 태양으로부터 방출되는 빛이 최대인 파장은 얼마인가?

[2] 모든 물체에서는 전자기 복사를 방출한다. 사람의 체온이 $310^{\circ}\mathrm{K}$라면 몸에서 방출되는 최대 파장이 얼마인가?

[3] 어떤 물질이 $1273^{\circ}\mathrm{K}$로 가열되어 $2.3\mu\mathrm{m}$의 적외선을 방출한다면 $580\mathrm{nm}$의 노란색 빛을 방출할 때 온도는 얼마인가?

[4] 에너지 틈 $E_g = 1.6\mathrm{eV}$ 인 반도체가 발광하는 빛의 파장은 얼마인가?

[5] 레이저 다이오드의 특징을 아는 대로 써 보라.

Chapter

12 검출기 및 수광소자

제 1 절 검출과정과 분류

검출기의 종류는 매우 다양하고 그 사용목적에 따라서 그 용도도 매우 넓다고 언급하였다. 사진필름이나 인화지와 같이 빛을 받아 화학적으로 변화하는 경우도 있으나, 여기서는 빛의 세기에 따라 크기가 다른 전기적 신호를 주는 **광검출기**만을 다루려 한다.

복사세기를 전기적 세기로 바꾸어 주는 검출기는 **국제조명위원회**(CIE)의 정의에 따르면 크게 **열검출기**(thermal detector)와 **광전검출기**(photoelectric detector)로 나눈다.

광검출기는 때로 **광양자 검출기**(photon detector)라고도 한다.

광검출기의 구분과 용도를 **열검출기**, **광양자방출 검출기**(photo-emissive detector), 그리고 **반도체 검출기**(semiconductor detector)로 구분하기도 한다.

이러한 검출기의 종류를 측정원리, 측정범위, 그리고 주가 되는 용도 또는 사용처에 따라서 분류하여 보면 표 12.1과 같다.

제 2 절 열검출기

적외선 빛의 광양자는 광전기적으로 검출되기에는 충분하리만큼 활기차지 못하다. 원적외선(파장 100μm～1mm)에서 검출의 통상적인 방법은 흡수표면상에 복사의 열적 효과에 의존된다.

열검출기의 특징은 감응파장범위가 넓어서 보통 자외선부터 원적외선 영역까지 사용될 수 있다는 것과 응답시간이 느린 것이 보통이고, 감응도가 비교적 낮다는 특징을 가지고 있어서 일반적으로 느리게 변하는 신호 또는 일정한 신호를 측정하는 데 이용된다. 열편극 검출기의 경우에는 감응시간이 ns(nano second) 정도의 제품도 상품화되어 있다.

표 12.1 ▶ 광검출기의 구분과 용도

센서(sensor)의 종류		측정원리	측정범위	주요용도 및 사용처
열검출기 (thermal detector)	열전대 (thermo-couple)	온도차에 의한 기전력 발생	자외선, 가시광선, 적외선	분광분석기, 복사측정, 온도측정, 우주산업, 군사, 화재경보
	열전대더미 (thermo-pile)	온도차에 의한 기전력 발생	자외선, 가시광선, 적외선	일사계, 레이저 출력계, 복사측정, 우주산업, 화재경보, 온도측정, 군사, 연구, 광측정
	bolo-meter	온도변화에 따른 저항변화	자외선, 가시광선, 적외선	복사측정, 일사계, 연구, 레이저 출력계, 광측정
	thermistor	온도변화에 따른 저항변화	자외선, 가시광선, 적외선	복사측정, 온도측정 및 제어
	초전기(열편극 ; pyro-electric)	온도변화율에 따른 표면전하(열편극) 변화	자외선, 가시광선, 적외선	복사측정, 온도측정, 레이저 출력계, 일사계, 광측정방향/위치센싱, 과정제어
	Golay 공기압축 (pneumatic)	공기 열팽창에 의한 변위를 광학적으로 측정	자외선, 가시광선, 적외선	저출력 복사측정
광방출 검출기 photo-emissive detector	광전관 (vacuum phototube)	광전효과(외부 광전효과)	가시광선	복사측정, 광측정
	광증배관 (photo-multiplier tube)	광전효과	가시광선	복사측정, 분광학, 광양자 수 셈
	gas-filled phototube	광전효과	가시광선	복사측정
반도체 검출기 semi-conductor detector	광전도체 (photo-conductor)	광량에 비례한 광전도도(저항)변화 (내부 광전효과)	가시광선, 근적외선	복사측정, 온도측정, 광전량 어레이, 카메라 노출계,
	photo-voltaic	광량에 비례한 기전력 발생	근자외선, 가시광선, 근적외선	광통신, 복사측정, 색채측정, 온도측정
	avalanche	광전자 가속에 의한 전자증폭	가시광선, 근적외선	단일 광양자 수 셈
	photo coupler	광원소자와 수광소자를 조합하여 제작	가시광선, 근적외선	무잡음, 무접점 스위치
	영상(image)	센서를 배열로 제작(1 or 2차원)	가시광선, 근적외선	카메라용 촬상소자, 복사측정 (펄스광원측정용)

1. 볼로미터

볼로미터(bolometer)는 열검출기의 대표적인 예로서, 특히 He으로 냉각시키는 볼로미터는 적외선 영역에서 매우 감도가 높다. 볼로미터는 상용으로 많이 나와 있고 실험실이나 야외에서 측정할 때 사용되고 있다.

입사된 복사는 흡수층에 의해 흡수되고 저항은 가열된다. 저항의 변화로 입사한 복사를 측정한다. 바이어스 전압을 걸어 주면 저항의 변화가 전압의 변화로 변환된다. 통상적으로 측정하기가 용이하고 고정전압보다는 교류전압을 증폭한다. 이러한 일들은 검출기 앞에 위치한 빛자르개(chopper)에 의해 이루어진다. 가열과정에서는 저항의 변화가 한 방향으로 가고 암전류 과정에서는 반대로 간다.

2. 열전대와 열전대더미

열전대(thermo couple)도 실험실에서 복사를 검출하는 데 많이 이용되고 있다. 여러 개의 열전대가 일련으로 접촉되어 있는 것을 열전대더미(thermopile ; 그림 12.1)라 한다. 각각의 열전대는 두 개의 다른 금속으로 구성된다. 단순한 복사검출기로서 열전대를 사용하기 위해서 하나의 금속으로서 흡수면적을 이용할 수 있고 다른 금속의 이 면적에 이음매(junction)를 만든다.

텔루륨(tellurium) 얇은 판의 작은 조각이 콘스탄탄(constantan) 철사의 한 변에 용접된다(그림 12.2). 두 금속은 민감한 전류계에 연결된다. 복사의 흡수를 증가하기 위해 텔루륨의 한편에 흡수를 잘하도록 검게 칠한다.

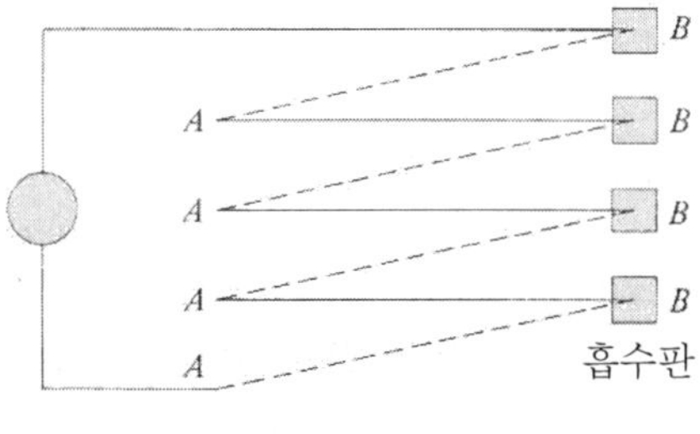

그림 12.1 ▶ 열전대더미. 이음매 *A*는 상온, 이음매 *B*는 흡수판에서 고온

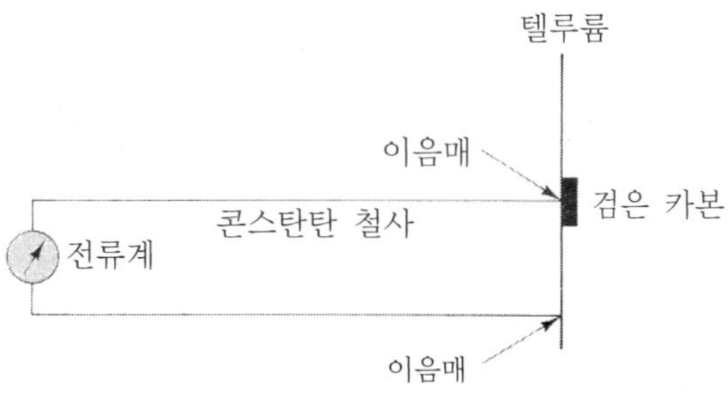

그림 12.2 ▶ 전시목적의 전기쌍
(After Pohl, Einführung in die Optik)

3. 초전기 검출기와 Golay 검출기

1) 초전기 검출기(pyroelectric detector)

가열전기 검출기는 tri-glycine sulfate 혹은 리튬탄탈레이트(lithium tantalate)와 같은 강유전성 결정체로 만들어진다. 그러한 결정은 Curie 온도 이하에서 영구적 편극(polarization)을 가진다. 만약 결정이 가열되면 격자거리가 변하여 편극의 변화가 일어난다. 전기회로에서 이 편극의 변화는 전기용량의 변화로서 검출되며 전류와 전압의 변화로 변환될 수 있다. 이들 변화는 입사하는 복사에 비례한다. 만약 단절된(chopped) 복사가 이용된다면 전압의 변화는 교류 증폭에 의해 증폭될 수 있다.

2) Golay 검출기

Golay 검출기는 **압축공기 검출기**(pneumatic detector)라 한다. 열이 압력을 변화시키는 원리로 작용한다. 입사하는 복사는 압력포자 안에 얇은 박막에 의해 흡수되고, 압력포자 안의 기체는 가열된다. 압력포자와 유연성 있는 박막으로 밀봉된 제 2의 압력포자가 작은 관으로 연결된다. 그 박막은 갈바노미터(galvanometer)처럼 쏠림거울(deflection mirror)로서 사용된다.

갈바노미터에서 사용되는 것보다 더 궤변론적인 광검출계통(light detection system)은 박막의 쏠림을 측정하는 데 사용된다. 그리고 그것은 입사하는 복사에 비례한다. Golay 검출기 반응은 느리며 파장에 대한 종속성도 매우 약하다. 반응범위는 가시영역으로부터 밀리미터 파장 영역까지이다.

제 3 절 광전자방출 검출기

어떤 금속에 빛을 비추어 주면 전자가 튀어나가는 현상을 **광전효과**(photoelectric effect)라 한다. 이때 외부에서 전압을 반대방향으로 걸어 주면 전자가 나오지 못한다. 이때 전압이 $-V_0$일 때 $eV_0 = W$를 **일함수**라 한다. 빛을 아무리 세계 비추어도 그 빛의 진동수가 그 물질에 따라 일정한 진동수 이상이 되어야만 전자를 발생한다. 이때 전자를 발생할 수 있는 최소의 진동수를 **문턱진동수**(threshold frequency)라 한다.

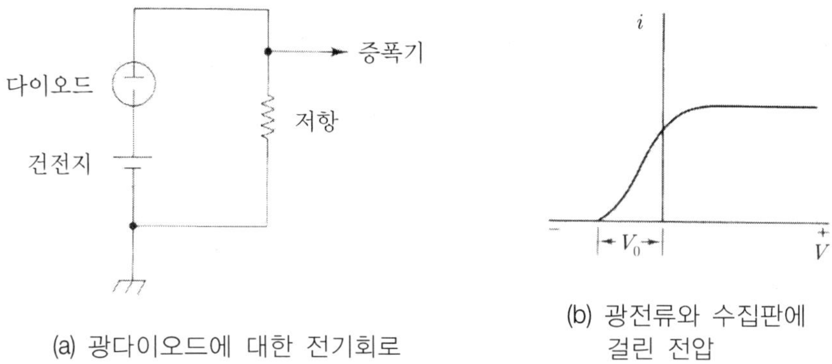

그림 12.3 ▶ 광전효과의 전기회로 및 광전류와 가해준 전압

전자의 최대 운동에너지

$$E_{k\max} = h\nu - W \tag{12.1}$$

의 관계가 있다. 이를 아인슈타인의 **광전효과 방정식**이라 한다.

문턱진동수에서는

$$E_{\max} = h\nu - W = 0$$

으로 된다. 이때 $c = \lambda\nu$의 관계와 에너지를 eV 단위로, 파장은 μm 단위로 하면 문턱진동수에 해당하는 빛의 파장 λ를 간단하게 구할 수 있다.

$$\lambda = \frac{hc}{E} = \frac{(6.63\times10^{-34}\,\mathrm{Js})(3\times10^{8}\,\mathrm{m/s})}{1.6\times10^{-19}\,\mathrm{J/eV}} = \frac{1.24}{E}\,\mu\mathrm{m} \tag{12.2}$$

를 얻는다.

그림 12.3에는 광전효과의 실험을 위한 전기회로 및 걸어준 전압에 대한 전류의 세기를 측정한 결과에 대한 예를 보여주고 있다.

예제 12.1

소듐의 일함수는 2.28eV이다. 문턱파장을 구하라.

풀이 식 (12.2)로부터

$$\lambda = \frac{1.24}{2.28} = 0.544\,\mu\mathrm{m} = 544\,\mathrm{nm}$$

빛의 양자효과의 첫 번째 논증(demonstration)을 마련하는 광전효과는 광검출의 많은 유형에 대한 기초를 제공한다. 깨끗한 표면이 충분한 에너지를 가진 광양자가 거기 떨어질 때 전자를 방출한다. 단지 광자의 약 10% 만이 금속표면으로부터 벗어난다. 다른 광자로부터 전자들은 금속 내에 잡힌다. 그 최소 에너지는 금속의 **일함수**(work function)이다.

1. 광증배관

간단한 광전자 검출기에서는 광전자방출의 총 전류를 측정하면 충분할 수도 있다. 대신에 최선의 감도와 효율은 개별적인 광전자를 검출함으로써 얻어진다. 이것은 광증배관(photomultiplier tube) 안에서 성취된다. 그 안에서 전자들은 제 2 금속표면 또는 dynodes 상에서 가속된다. 그것은 본래의(primary) 전자가 그것을 타격할 때마다 매번 몇 개의 전자를 방출한다. 일련의 제 2 방출단계(stage)들이 사용될 수 있다. 결국에는 $10^5 \sim 10^6$의 인자로 증배되고 있다.

광증배관은 직접 전류를 기록함으로써 평균 빛에너지를 결정하든가 아니면 전류 펄스가 전기적으로 검출될 때 짧은 펄스의 빛에 대해 이용될 수도 있다.

광증배관은 **빛음극**(photocathode), **집속전극**(focussing electrode), **전자증폭기**(electron multiplier or dynodes) 그리고 전자를 모으는 장치 즉 진공관에서 **양극**(anode)으로 구성되어 있다(그림 12.4). 빛이 빛음극으로 들어오면 빛음극은 광전자를 방출한다. 이 광전자들은 제 2 차 방출에 의해 전자들이 증폭되는 증폭기 쪽으로 집속전극의 전압에 의해서 이동한다.

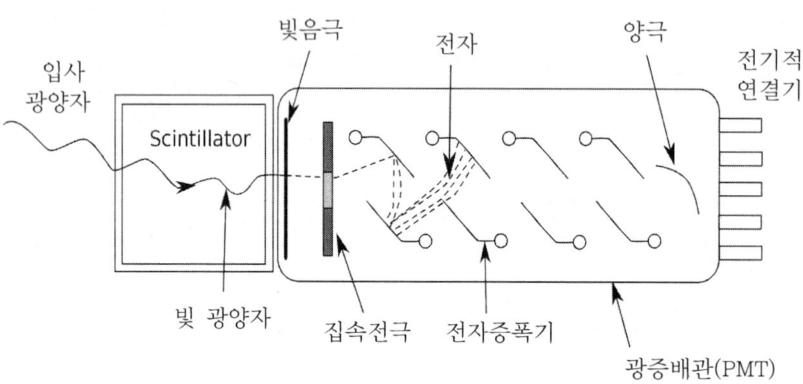

그림 12.4 ▸ 광증배관의 동작원리 및 구성

증폭된 전자들은 양극에 의해 모아져서 출력신호로 나오게 된다. 제2차 방출 증폭으로 인해서 광증배관은 자외선, 가시광선 그리고 근적외선에서 빛에너지를 측정하는 센서 중에서 가장 민감한 소자이다. 또한 광증배관은 낮은 잡음도와 빠른 응답시간을 가진다.

광증배관은 일반적으로 광양극의 배열에 따라 side-on 또는 head-on형의 구조로 되어 있다. side-on형의 구조는 유리관의 옆면을 통하여 빛을 받아들이는 반면에 head-on형의 구조는 유리관의 끝 부분을 통하여 빛을 받아들인다.

광증배관은 빛음극으로 들어오는 빛의 에너지를 전류로 바꾸는 역할을 한다. 이 **변환효율**(빛음극 감도)은 들어오는 빛의 파장에 따라서 변한다. 이 관계를 **파장감응특성**이라 한다. 파장감도는 긴 파장영역에서는 빛음극 재질에 의해 결정되고, 짧은 파장영역에서는 주로 유리창 재질에 의해 결정된다.

2. 광전관

광전관(phototube)은 광방출 효과를 이용하는 광검출기로서 1930년부터 실용화되기 시작한 검출기이다. 광방출 표면과 안정성을 계속 향상시켜 현재는 색측정기, 감광정도 측정기, 자동생물분석기 그리고 오염도측정 등에 널리 사용되고 있다.

광전관은 빛음극이라 하는 광방출 표면과 방출된 광전자를 모으는 양극으로 구성되어 있으며 동작원리에 따라 진공관과 가스가 채워진 광전관으로 구분된다. 일반적으로 진공관에서는 빛음극에서 방출된 광전자 양극 쪽으로 똑바로 이동하므로 매우 빠른 응답시간과 안정된 동작을 한다. 가스가 채워진 광전관에서는 방출된 광전자가 가스 원자를 이온화시키고 이 과정이 광전자 전류를 증폭시키는 것을 마련한다. 진공관에 비해서 5~10배 정도의 높은 감도를 가진다.

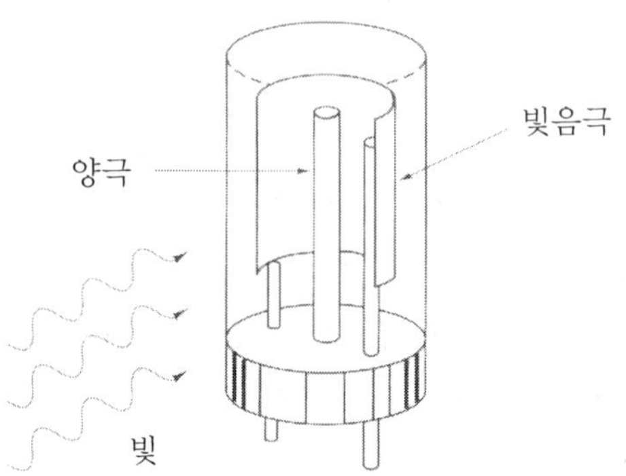

그림 12.5 ▸ **광전관**

외부의 형태는 진공광증배관과 유사하게 head-on형과 side-on형으로 구분되며 빛 음극도 광증배관과 비슷하게 불투명한 것과 반투과형으로 구분된다. 반투과형은 입구 유리창의 안쪽 벽에 증착되는 반면에 불투명한 것은 유리관 내의 금속판에 증착한다. 불투명한 것이 비교적 양극 설계가 간단하고 낮은 전압에서 높은 감도를 얻을 수 있다.

양극에는 여러 가지 형태가 사용목적에 따라 설계될 수 있다. 예를 들어 막대형, 원추형, plate형, frame형, box형, 원통형, disk형, mesh형 등등 매우 다양하다.

제 4 절 반도체 검출기

1. 광전도 검출기

적외선 빛의 광양자는 고체로부터 전자를 축출하기에는 불충분한 에너지를 가지고 있을지라도 반도체 안에서는 자유전자나 정공을 만들어 낼 수 있다. 그리고 그것에 의하여 물질의 전도성을 증가시킨다. 고유의 반도체에서는 필요한 광자에너지가 띠 간격 에너지이다. 그것은 전형적으로 수 마이크로미터(μm) 이하의 파장을 가진 광양자에 해당한다. 황화납(lead sulfide)은 1~4μm 파장에 대하여 공통적으로 사용된다. 그리고 인듐 안티모나이드(indium antimonide)는 7μm까지 파장에 대해서 사용되고 있다.

파장영역은 첨가된 반도체(doped semiconductor)나 반금속(semimetal)을 사용함으로써 확대할 수 있다. 여기서 전자를 **전도띠**(전도대 ; conduction band)로 들뜨게 하는데 필요한 에너지는 작고, 100μm에 이르는 파장에 대하여 만들어지는 광전도(photo-conductive) 검출기가 허용됨으로 해서 임의로 만들어질 수도 있다.

이 검출기들은 다만 전자들의 전도띠로 열적 들뜸이 되는 것을 피하기 위해 낮은 온도에서만 사용될 수 있다. 만약 들뜸 에너지가 E라면 전자가 열적으로 들뜨게 되는 확률은 볼츠만 인자 $\exp(-E/kT)$로 주어진다. 이것은 실제로 10^{-6}보다 작다. 그러므로 100μm 복사를 위한 검출기는 액체 헬륨 온도 4.2° K로 냉각시켜야 한다.

광전도 포자(cell)는 광전도층(layer) 제조과정에 따라 기본적으로 **소결형**(sintering type), **단결정형**(single crystal type)과 **증착형**(evaporating type)으로 나누어진다. 열 검출기에 비해서 광전도는 $10^{-3} \sim 10^{-7}$s 범위의 짧은 반응시간을 가진다.

2. 광기전력 검출기(수광소자)

1) 광기전력 효과

두 종류의 반도체 접합면 및 금속과 반도체의 접촉면에 빛을 입사하면 기전력이 발생한다. 이와 같은 현상을 **광기전력**(photovoltaic) **효과**라 한다. 광기전력을 이용한 수광소자를 광기전력형 수광소자라 한다. 광기전력형의 수광소자는 광전도형 수광소자에 비해 빠른 응답속도를 얻을 수 있다.

광기전력형 수광소자에는 광다이오드와 광트랜지스터가 있다.

2) 광다이오드

광다이오드는 가장 간단한 수광소자로서 반도체의 PN 접합부에 빛을 쪼여주면 빛의 세기에 비례하는 전류가 발생하는 것으로 들어오는 빛의 세기에 대한 출력의 선형성이 높고 넓은 대역의 파장감도, 낮은 잡음, 빠른 응답속도 등의 특성을 가지고 있어서 광통신에 널리 사용되고 있다. 그러나 출력전류가 약한 것이 단점이다.

(1) 광다이오드의 원리 및 구조

광검출소자는 광원에서 에너지를 공급하여 들뜬 원자나 분자가 낮은 에너지로 떨어지면서 빛을 발생하는 현상의 역행이라고 생각할 수 있다. 에너지 준위에 있어 안정상태의 가전자대(원자가 띠)에 있는 자유전자가 빛에너지를 받아 전도대(전도띠)로 전이되면서 전하를 가져 전류를 발생하는 과정에서 검출된 빛의 파장까지 알 수 있게 된다.

(2) 광다이오드의 종류와 용도

광다이오드는 작동 및 구조에 따라서 PN 광다이오드, PIN 광다이오드, 쇼트키

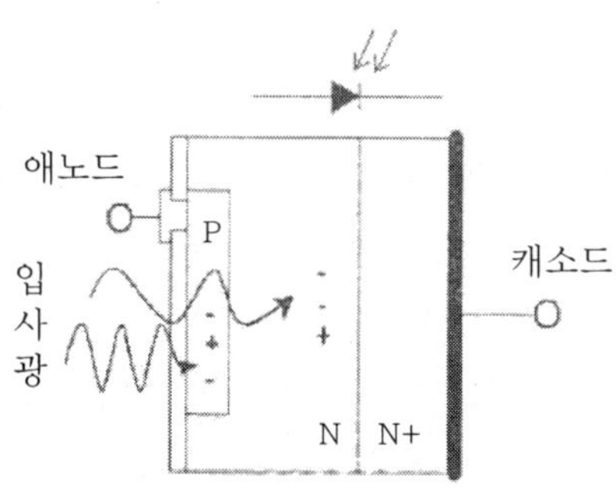

그림 12.6 ▸ 광다이오드의 구조

표 12.2 ▶ 광다이오드의 종류와 용도

종류	특 징	주요용도
PN형	• 자외선부터 적외선까지 광범위한 파장감도를 가진다. • 입사하는 빛의 세기와 전류의 선형성이 높다. • 미약한 빛의 세기에도 좋은 검출감도를 가진다. • 응답특성이 PIN형 광다이오드보다 나쁘다.	조도계, 카메라의 노출계, 오토스트로의 광센서, 연기센서, 분광광도계
PIN형	• 응답특성이 우수하다. • 온도특성이 PN형보다 나쁘다.	광통신, 광리모콘, 레이저 디스크
사태형	• 광전류 증폭작용을 가진다. • 넓은 파장감도를 가진다. • 응답속도가 높다.	광섬유에 의한 광통신

(Schottky)형 광다이오드, 사태(avalanche)형 광다이오드 등으로 구분된다. 또한 광다이오드의 특징에는 대개 뛰어난 선형성, 낮은 잡음, 넓은 파장감도, 기계적 안전성, 가볍고 간단함, 긴 수명 등을 들 수가 있다. 여기서는 PN 광다이오드, PIN 광다이오드 그리고 사태형 광다이오드에 대해서만 살펴보기로 한다.

① PN 접합 광다이오드

LED가 빛을 발생할 때 순바이어스를 걸어 주는 것과는 반대로 PN 접합 광다이오드는 역바이어스를 걸어 주어 동작하는 소자로서 PN 접합 소자와 쇼트키다이오드가 이용된다. 먼저 안정 에너지 준위 상태의 접합소자에 역바이어스를 걸어 주면 P, N 영역 사이에 **고갈층(공핍층 ; depletion layer)**이 넓어진다.

고갈영역으로 빛을 쪼여주면 **원자가 띠**(가전자대)의 전자는 비춰주는 빛의 광양자가 가지고 있는 빛에너지를 받아 전자-정공 쌍이 생성된다. 이 전자-정공 쌍 생성에 의해 드리프트 전류(drift current)가 흐르게 되며 이 전류를 **광전류**라 한다. 여기서 광양자가 전자를 들뜨게 하는 빛에너지의 크기는 물질의 **에너지 틈**(energy gap)만큼의 크기인 빛에너지($E_p = h\nu$)이다.

② PIN형 광다이오드

PN 접합 광다이오드가 응답시간이 빠르지 못하고 고갈영역의 길이가 바이어스 크기에 국한되므로 전력소비가 많이 드는 단점이 있어서 이를 보완하기 위해 PIN 광다이오드가 개발되었다.

PIN 다이오드는 PN 접합 다이오드에서 P영역과 N영역 사이에 진성영역(intrinsic region)을 샌드위치 구조로 도핑(doping)시켜 역바이어스를 걸어 주기 전에 미리 고갈영역을 가진 것과 같이 제작된 소자이다. 그래서 큰 역바이어스 전류가 필요 없이 충분한 고갈영역의 길이를 가진다. 그림 12.8(a)은 PIN 광다이오드의 구조를 나타낸 것이다.

PN 광다이오드의 광전변환 모드에서 약 20~40V 이상의 역바이어스 전압을 필요로 하지만 PIN 광다이오드는 8~10V의 역바이어스로 동작할 수 있다. PIN 광다이오드는 응답속도가 0.5ns로 빠르며 100ps 이하의 상승시간을 가진다. 그래서 초고속 광통신용 수광소자 및 고속 광센서로 이용되고 있다.

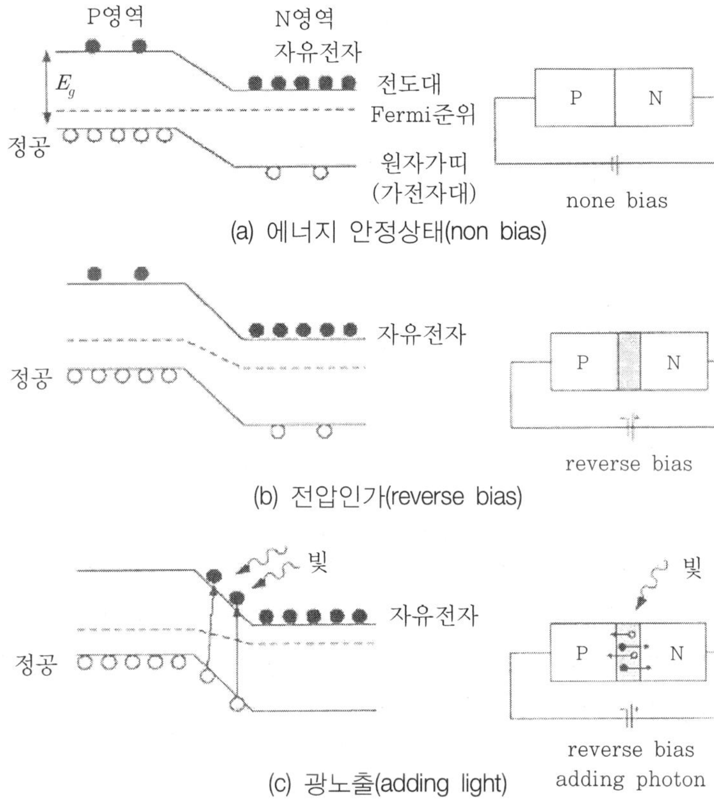

그림 12.7 ▸ PN 접합 광다이오드의 광전효과

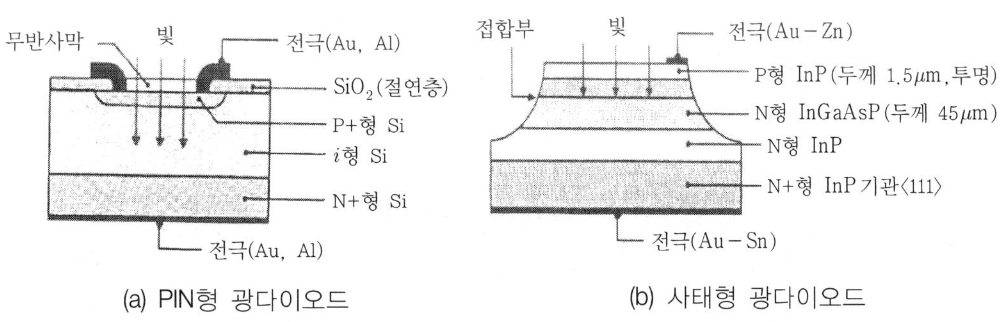

그림 12.8 ▸ PIN형 및 사태형 광다이오드의 구조

③ 사태형 광다이오드

사태형 광다이오드(APD : Abalanche Photo Diode)의 구조는 그림 12.8(b)에 보인 바와 같으며, 사태형 광다이오드는 반도체 수광소자 중에서 가장 감도가 높고 주파수 특성도 우수하다. 사태형 광다이오드는 PN 접합 또는 PIN 접합에 역바이어스를 충분히 걸어 주어서 고갈층을 넓혀 그중에서 전자-정공 쌍을 발생시킨다. **고갈층**의 높은 전장에 의해서 운반자(carrier)가 가속되며, 이것들은 원자와 충돌하여 제 2 운반자를 생성하게 되며 이 과정이 반복된다. 이것을 **사태효과**(avalanche effects)라 하며 신호가 증폭되는 효과를 나타내서 매우 낮은 에너지 빛을 측정하는 데 사용된다.

사태형 광다이오드는 광전자증배관보다 동작전압이 낮고 트랜지스터 회로와도 잘 결합되어 상용이 편리하다. 강한 빛에도 열화되지 않고 100GHz 이상의 이득을 얻을 수 있는 소자도 있다. 응답속도가 매우 빨라 초고속 장거리 광통신용 수광소자 및 고감도 광센서로 사용된다.

3) 광트랜지스터

PN 접합의 2극 소자와 NPN 접합의 3극 소자가 있다. 최근에는 증폭작용이 있는 NPN 접합의 3극 소자가 주로 사용되고 있다. 소재로는 실리콘(Si)과 게르마늄(Ge)이 사용되며 그중에서도 감도와 안정성이 좋은 Si이 많이 사용되고 있다.

빛이 있는지 여부를 감지하여 빛의 세기를 전류로 변환하는 고감도 NPN형 트랜지스터 소자로서 트랜지스터의 베이스에 광다이오드를 역방향으로 접속한 것으로 회로구성이 비교적 간단하고 출력전류도 크기 때문에 저주파의 광센서 회로에 이용된다.

NPN형 실리콘 광트랜지스터의 구조는 그림 12.9에서 보는 바와 같다.

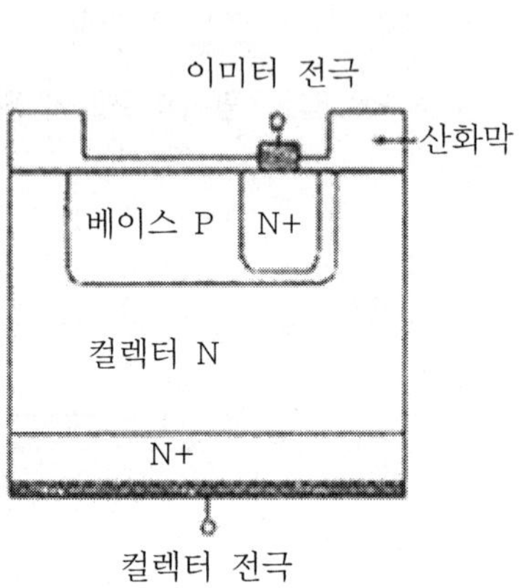

그림 12.9 ▸ 광트랜지스터의 구조

보통의 트랜지스터인 경우에는 베이스(base) 전극이 필요하지만 광트랜지스터의 경우에는 빛이 베이스를 대신해 주기 때문에 전극이 없는 것이 많다. 수광감도는 800nm 근처에서 가장 효율이 좋기 때문에 GaAs 발광다이오드, 또는 텅스텐램프가 가장 좋은 효율을 가지고 빛에너지의 변환을 수행한다. 응답성이 좋아서 고속 스위칭 등에 사용되고 있으며 그 외에도 광출력 전류가 매우 크며, 소형이고 취급하기가 쉬우며, 경년변화가 거의 없고 내구성 및 신호성이 좋을 뿐만 아니라 암전류(dark current)가 극히 적어 안정되어 있다는 특징이 있다.

3. 영상증강장치

영상증강장치(image intensifier)는 빛을 전자로 바꾸어 주는 빛양극, 전자렌즈, 전자를 증폭시키는 MCP(Micro-Channel Plate) 그리고 전자를 빛으로 바꾸어 주는 인스크린(phosphor screen)들이 진공으로 된 관 안에 들어 있다. 일반적으로 이러한 영상증강장치는 제 2세대 영상증강장치라 한다.

입력유리창으로 광섬유 또는 평평한 안면판을 쓰는 등 여러 가지가 있는데 이것은 관의 양 끝으로 갈수록 영상이 변화되는 것을 최소로 하기 위해서이고 광섬유도 출력유리창으로 사용되는 또 다른 영상소자로서 효율적이다.

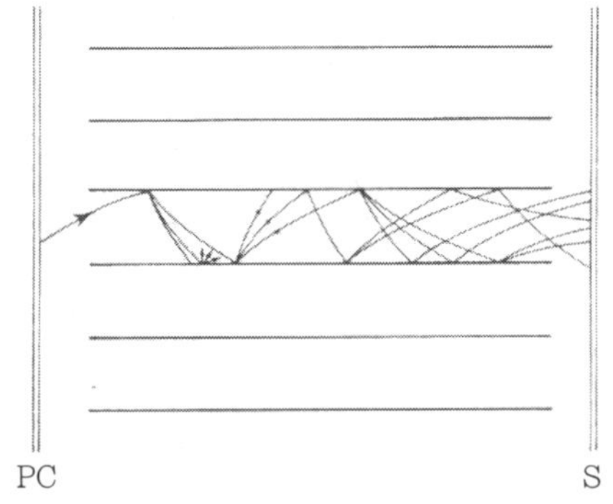

(a) MCP 운용원리

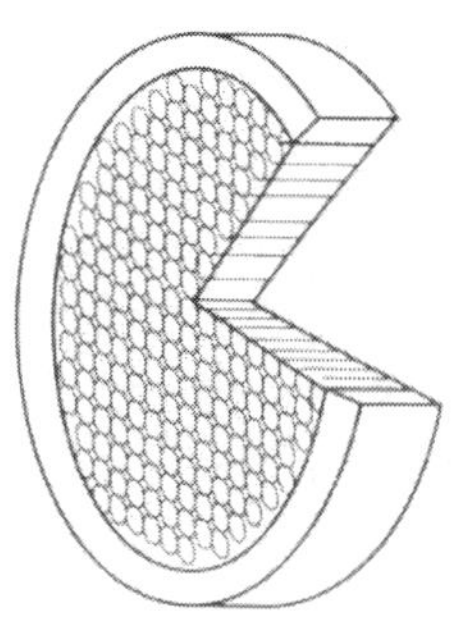

(b) MCP 모양

전자음극 PC로부터 방출된 한 개의 전자가 채널로 들어가 벽을 타격하고 제 2차 전자의 shower를 자극한다. shower발전의 일부를 보였다. 전자들의 큰 다발이 형광스크린 S에 도달한다.

그림 12.10 ▸ MCP의 운용원리 및 구조

광학적인 영상이 빛음극(photocathode)에 집속되면 빛음극에서 전자가 들어오는 영상의 양에 비례하여 광전자가 발생한다. 이러한 영상전자는 증폭되는 MCP에 다시 집속되고 광학영상이 재생되는 인 스크린을 타격하게 된다. 이러한 과정에서 원래의 빛이 약 40,000배 정도로 증폭된다. 따라서 0.05mlx(milli lux) 정도인 낮은 에너지의 빛에서도 물체를 볼 수 있게 된다. 일반적으로 밤에 별에서 나오는 빛의 세기가 0.2～0.3mlx 정도이므로 밤에도 충분한 감도를 가지게 되어 또 다른 조명장치가 필요 없게 된다.

MCP는 제 2차 전자증폭기로서 아주 가는 유리관 수백만 개가 0.48mm 두께와 25mm 직경으로 모아져 있어서 전체적으로 원통형을 이루고 있다. 각각의 유리관은 12μm 직경을 가진다. 전자가 들어가서 유리벽을 타격하면 제 2차 전자가 벽으로부터 나온다. 이러한 전자들은 주어진 압력차에 의해 가속되면 또 다시 벽을 타격하여 또 다른 전자를 방출하게 된다. 이러한 충돌이 유리관 내에서 많이 반복하게 되면 많은 양의 전자(하나 당 수천 개)가 방출된다. MCP는 약 150만 개의 유리관으로 되어 있으며 하나가 영상소자에 해당하고 증폭 역할을 한다.

4. 광전기 영상 검출기

텔레비전 카메라는 카메라 초점에서 전자음극 표면으로부터 방출된 광전자를 개별적으로 헤아리는 것이 아니라 표면 위에 광전자 흐름의 분포만 검출한다. 텔레비전 카메라 관 비디콘에서는 기본적인 효과가 광전자방출 대신에 광전자전도이다. 산화납(PbO)의 층은 광자를 흡수한다. 그리고 조명에 따라 더 많은 또는 더 적은 전도성으로 된다. 산화납층을 주사하는 전자살다발(electron beam)은 일산화납을 통하여 투명한 전도체, 산화주석(stannic oxide)으로 전류를 운반한다. 이 전류의 변화는 텔레비전 신호의 형태로 증폭된다.

빛음극 위에 영상의 단순한 세기의 증폭은 영상증강장치에서 이루어진다. 이것은 광전자를 음극으로부터 인(phosphor) 스크린 상으로 초점을 맞추기 위해 전기광학을 이용한다. 그것은 직접 보이거나 텔레비전 카메라에 의해 주사된다. 초점을 맞추는 일은 음극과 인 스크린 사이에 전기 렌즈를 형성하는 일련의 전극들이나 자기장 코일에 의해 이루어진다.

1) 비디콘

비디콘(vidicon)은 일반적으로 2차원 형태로 된 500×500pixel(화소 ; picture element)들로써 구성되어 있다. 비디콘에서 주요한 것은 실리콘 표적인데 이 표적은

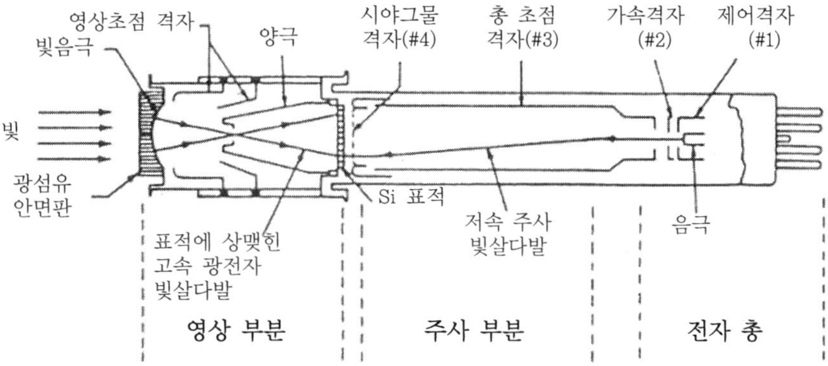

그림 12.11 ▸ 실리콘 - 증강된 표적 비디콘의 구조

P-N 접합의 미세한 배열(array)이 성장된 얇은 결정판으로 되어 있다. 이 배열들은 공통된 양극을 가지며 분리된 음극을 가지고 있다. 이 배열들이 검출하려는 상에 의해서 한쪽 면에 빛이 들어오면 흡수된 광양자들이 전자-정공 쌍들을 만들게 된다.

다이오드들은 역바이어스가 걸려 있고 정공들은 P영역으로 확산하여서 부분적으로 P-N 접합부를 방전(discharge)하게 된다. 만일 다른 쪽 면이 집속된 전자살다발(20μm)에 의해서 구동되면 전자들은 음극이 거의 양극전압이 될 때까지 충전하게 되는데, 이 충전 양(본래 들어온 광양자에 의해서 방전된 양과 같음)이 회로에 의해서 전류펄스로 측정되며 비디오 신호로 측정된다.

일반적으로 300~900nm 영역을 감지하는 파장별 감응도를 갖는데 자외선 쪽의 감도를 높이기 위해서는 화학물질(형광물질)을 사용해서 자외선 쪽의 광양자를 가시광선 영역의 광양자로 바꾸어 준다.

약 1,500개의 전자-정공 쌍들이 한 개의 전자가 표적을 타격할 때마다 생기지만, 빛양극이 실리콘 표적보다는 매우 낮은 양자효율을 가지므로, 실제의 이득은 200배 정도 증가하게 되며 자외선 영역에서는 이보다 더 낮다.

2) 전하결합장치

실리콘 칩 상에 광다이오드의 2차원 배열은 텔레비전 카메라로서 사용하기 위해 충분한 픽셀을 가진 대단히 효율적인 영상 검출기로서 사용될 수 있다. 그러나 각 다이오드를 분리된 철사로 연결한다는 것은 비현실적이다. 전하결합장치(CCD : Charge-Coupled Device)는 자체주사(self scanning) 배열이다. 그 안에서 다이오드의 출력이 그것들의 빛에 의해 노출 후에 순차적으로 읽혀진다.

두 가지 원리가 포함된다 : 전하저장(charge storage)과 전하결합(charge coupling).

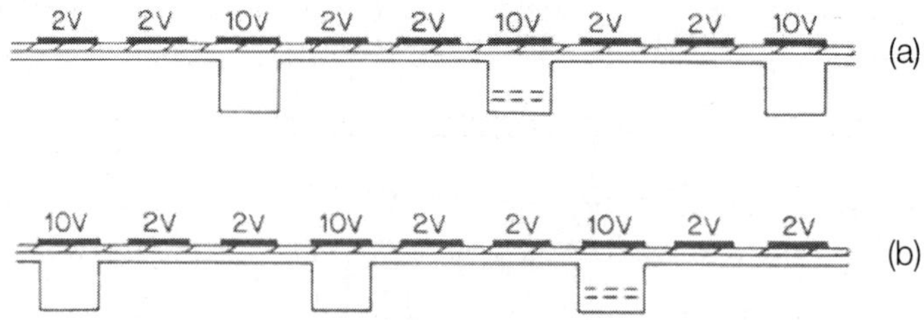

(a)에 그 우물들 중에 하나는 전자들을 축적해 왔고, 그것은 (b)의 이웃 창고로 이동된다. 전압의 3개 위상 순환은 전하들을 그 선을 따라서 점진적으로 움직인다.

그림 12.12 ▶ 높은 전압을 가진 전극들 아래 깊은 위치에너지 우물을 보여주는 전하결합장치

그림 12.12에서 광다이오드는 얇은 산화금속 박막에 의해 반도체 실리콘 물질로부터 절연된 일렬의 전극으로서 나타난다. 그 물질은 통상 P형이며, 전극은 양으로(positively) 치우쳐 있다.

각 전극 아래서 양(positive)의 운반자(hole)들이 밀려나서 양의 전위에서 고갈층(depletion layer)을 떠난다. 이 전위벽 안에서 축적되는 광전자들이 몇 시간의 기간 동안 적은 손실로 축적되며, 예를 들어 천문학적인 사진과 같이 약한 빛의 사진에 대해서는 긴 누적시간을 허용한다. 전하가 모든 세 번째 전극, 큰 전압을 걸어 줌으로써 생성되는 깊은 위치에너지 우물 아래서 누적된다.

그림 12.12(b)에서 보는 바와 같이 이 바이어스 전압의 연속적인 변환에 의해 전하가 일렬의 전극을 따라 전송될 수 있다. 그 작용은 일군의 통들로 연결되고 그 통들은 손에 손으로 통과하여 탱크를 채운다. 그 선상의 마지막 전극은 트랜지스터(transistor) 증폭기로 들어간다. 개별적인 열의 출력은 유사하게 순차적으로 읽혀진다.

효과적인 CCD 배열의 조명은 표면전극이 투명할 것을 요구한다. 그것들은 흔히 폴리실리콘으로 만들어진다. 양자택일로 다이오드 배열은 뒤로부터 조명될 수 있다. 그때는 실리콘 칩(chip)이 위치에너지 샘에 접근하는 광다이오드 작용을 허용하기 위해 얇게 되어야만 한다.

제12장 검출기 및 수광소자

연습문제

[1] 만일 3.1eV의 일함수를 가지는 물질이 있다면 그 물질로부터 광전자를 발생시킬 수 있는 가장 긴 파장(차단파장[cutoff wavelength])은 얼마인가?

[2] 380nm의 파장 빛이 2.48eV의 일함수를 가지고 있는 표면에 입사할 때
(a) 표면으로부터 방출되는 전자의 최대 운동에너지는 얼마인가?
(b) 빛의 차단파장은 얼마인가?

[3] 에너지가 2.48eV인 광양자의 파장은 얼마인가?

[4] 다음 광양자의 에너지는 얼마인가?
(a) 2.4μm의 적외선 (b) 240nm 파장의 자외선

[5] 열검출기의 종류 5가지를 써 보라.

[6] 광전자방출 검출기 종류를 2가지만 들어 보라.

[7] 반도체 검출기의 종류를 크게 나누어 4가지만 열거해 보라.

Chapter

13 색 채

제1절 색채의 삼요소

색채란 가시광선이 사람의 눈을 통하여 대뇌에 일으키는 일종의 자극에 대한 감각이며, 이러한 자극체계의 객관화와 일련의 과정을 과학적으로 분석함으로써 색채에 대한 이해를 넓히고 개념을 더욱 구체화할 수 있다. 모든 물체들이 고유한 색채를 가지고 있다고 해도 일정한 조명 아래 사람의 시감에 의한 주관적인 감각에 의해 느껴지고 있다. 같은 색채도 조명에 따라 다르며 사람마다 색에 대한 감응이 다르기 때문에 개인차가 있게 마련이다. 그러한 어려움이 있지만 과학적으로 색채를 객관화하고 국제적으로 표준화하여 상당한 수준으로 색채값을 통용하고 있다.

색채가 사람의 주관적인 감각임에도 불구하고 객관화된 측량의 대상이 되려면 감각의 개인차를 극복하여 사람의 평균적인 혹은 표준화된 색채시감을 선정해야만 된다. 1931년 국제조명위원회(CIE)는 사람의 표준시감을 설정하여 현재까지 국제적으로 쓰고 있다. 색채는 사람의 개인적 주관적인 감각의 수준이 아니라 광원과 물체의 복사, 반사 등의 과정을 거쳐 사람의 눈에 이르기까지의 과정 즉, 자극광(stimulating light) 자체가 색채로 정의되기에 이르렀다. 따라서 색채는 빛의 구성과 양을 측정하는 물리량이다.

색채가 존재하기 위해서는 세 가지 **요소**가 있어야 한다. 첫째 가시광선을 복사하는 **광원**, 둘째 광원에서 나오는 빛을 반사하거나 투과시키는 **물체**, 그리고 셋째 이 빛을 관찰하는 **관측자**가 있어야 한다. 이것을 **색채의 삼요소**라 한다.

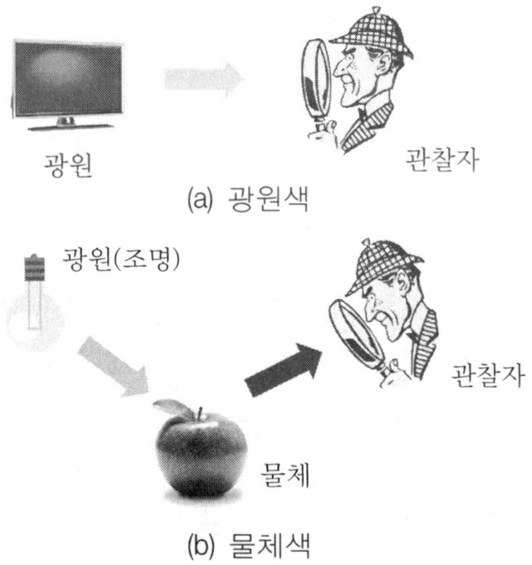

그림 13.1 ▶ 색인지의 구성요소

광원의 복사분포가 색채에 영향을 미치므로 광원은 색채구성의 중요한 요소가 된다. 물체들은 각각 그 고유의 반사율을 가지고 있다. 파장별 반사율을 **분광반사율**이라 한다. 이 분광반사율에 따라 같은 조명 아래에서도 물체에 따라 다른 색채를 나타낸다. 색채의 최종 단계는 자극광을 관찰하는 사람의 **분광감도**에 의해 색채가 형성된다. 관찰되고 형성된 색채는 앞의 눈에 대해서 살펴본 바와 같이 원추신경에 의해 대뇌로 전달된다. **생활 속**에서 색채의 **3원색**은 **빨강**, **노랑**, **파랑**이지만 색채를 **측정**하고 **평가**하는 데는 **3원색**이 **빨강**(700nm), **초록**(546nm) 그리고 **파랑**(436nm)이다.

색온도는 온도가 높아짐에 따라 붉은 색에서 시작하여 주황, 노랑, 백색, 청색 순으로 변한다. 이것을 특정한 **색좌표계**를 이용하여 정량적으로 분석하여 광원의 색채와 온도와의 관계를 직접 연관 지을 수가 있다. 그러므로 모든 광원은 자신의 색채(광원색)와 더불어 고유의 색온도를 가진다.

완전한 복사체(black body : Planckian radiator)가 아닌 경우에는 광원의 색온도는 플랑크의 궤적선상에서 벗어나게 되며, 이러한 경우에도 색좌표 상에서 광원색과 가장 가까운 궤적상의 한 점을 택하여 색온도를 정한다. 이때의 색온도는 완전복사체의 경우처럼 실제온도와는 다를 수 있으며 이와 구분하여 **상관색온도**(correlated color temperature)라 한다.

제 2 절 물체와 색채

1. 발색이론

색채를 나타내는 물체는 입사하는 빛의 각 파장별 반사율이 고유의 분포를 가지고 있다. 염료나 안료의 경우 화학물질의 발색단에서 흡수파장대가 있어서 색채를 나타내게 된다. 염료의 농도가 높아질수록 흡수파장대의 **흡광률**이 점점 증가하여 짙은 색을 나타내지만 반사율은 점점 감소하여 어두워진다. 이러한 혼색을 **감법혼색**이라 하고 반대로 광원색의 경우는 다른 파장의 복사가 합해질수록 색채가 밝아지므로 **가법혼색**이 된다.

염료(안료)는 빛을 흡수하여 재복사하는 과정을 거친다. 반사되는 빛은 전방방향으로 고르게 방사되며 이것은 물체의 표면에서 굴절률 차이에 의하여 반사되는 표면반사와는 구별되어야 한다. 반사색이 분산 반사되는 속성이 있으므로 효율적인 반사색을 얻기 위해서는 입사광선을 분산시킬 수 있는 분산제가 필요하다.

그림 13.2 ▶ 물체색의 감법혼색

그림 13.3 ▶ 광원색의 가산혼합

섬유의 경우는 섬유조직 자체가 분산제 역할을 하지만 플라스틱과 같이 투명한 재질은 분산제를 투입하여 불투명한 물체로 만들어 발색한다. 염료(안료)들은 그 자체로 분산능력이 있으며, 염료의 농도에 따라 반사율의 변화를 분석하여 색채를 맞추는 컴퓨터 자동배색의 경우에도 염료(안료)의 이러한 특성을 고려하여 반사율과 농도를 직접 관련지우는 것이 아니라 산란계수에 대한 흡수계수의 비율로서 농도와 상관관계를 지어 배색 처방을 하는 것이 중요한 핵심이다.

2. 투과색과 반사색

투과색은 매질을 통과하며 파장별 분광투과율의 차이에 의해 색채를 나타내게 된다. 분광투과율의 차이가 생기는 것은 투과물질의 물성에 의한 흡수와 색료에 의한 경우가 대부분이지만 매질면에 굴절률이 다른 물질을 다층으로 박막을 입혀 투과율에 변화를 주기도 한다.

투과색의 대표적인 예로는 교통신호등의 색채, 항해등의 색채 등이 있고 이들은 내장된 전구로부터 나오는 광선을 여과기를 통하여 분광분포가 변조되어 색채를 나타내게 된다. 그 외에도 선팅, 색안경 등 여러 가지를 주변에서 볼 수 있다.

우리가 보는 모든 물체는 색채를 나타내며 그것들의 대부분이 불투명한 물체로서 반사색을 나타내고 있다. 각 물체는 고유의 물성에 따라 같은 색채도 다르게 보이는 질감이 있다. 그것은 대개 그 물질의 표면반사에 의한 광택도에 따라 좌우된다. 대부분의 물체들은 여러 색이 모여서 하나의 색을 이루며 양복지의 경우 여러 색채들의 실올들이 함께 어울려 하나의 색으로 나타난다. 컬러인쇄나 텔레비전 역시 세 가지의 색점들이 섞여서 색채를 나타낸다. 이와 같은 혼색을 **병치색**이라 한다.

3. 표면반사

빛이 굴절률의 차이가 있는 다른 매질로 입사할 때 일부는 투과하고 일부는 반사한다는 것을 이미 살펴보았다. 이러한 반사를 **표면반사**라 한다. 표면의 상태에 따라 **정칙반사**와 **난반사**가 있다.

색채측정에서 표면반사 성분이 커다란 오차의 원인이다. 반짝거리는 검은 색도 광택이 없는 짙은 회색으로 측정되기도 하고 그러한 색과 구분이 안 되는 경우가 있다. 표면반사 성분을 포함하여 측정할 것인가 여부의 판단은 색채 시편에 따라 결정되어야 하고 측정방법도 측정값과 함께 명확하게 기록되어야 한다.

일반적으로 표면이 매끈하고 표면반사가 정칙반사를 하여 표면반사 성분을 제거할 수 있는 시편의 색은 표면반사를 피하여 측정하고, 표면이 거칠어서 표면반사 성분이 필연적으로 포함되는 시편에 대해서는 그 자체를 물체의 색으로 간주한다. 표면반사 외에 최근의 자동차나 매니큐어 색 등에서 금속색채를 자주 접하게 된다. 금속색채는 도료 안에 미세한 금속(알루미늄 등)편을 함께 섞어 사용한다. 금속에 의한 반사 역시 그 도료의 고유한 색으로 포함시켜 측정할 수밖에 없고, 컴퓨터 자동배색 등 반사율을 이용하여 다른 작업을 하는 경우에 방해요인이 된다.

4. 형광현상

색료로 쓰이는 형광안료(염료)들은 주로 자외선을 받아 가시광선 영역의 복사를 하는 것들이 많다. 자외선이 풍부한 광원과 그렇지 않은 광원에 대하여 보이는 색채가 다르게 된다. 광원도 가시광선뿐만 아니라 자외선 영역까지 포함시켜 정의하거나 측정되어야 하며 노력이 필요하지만, 특히 형광물질의 형광성을 정확히 측정하기 위해서 상당히 노력해야 한다.

형광성을 정확히 측정하려면 각 파장별 자외선 복사에 대하여 발생하는 형광색을 다시 분석해야 한다. 형광색채의 형광현상은 자외선뿐만 아니라 가시광선 내에서도 일어날 수 있으며, 반사율이 100%를 초과하는 경우도 발생하여 채도가 높은 색을 구현하기도 한다.

형광성이 있는 안료들이 많이 사용됨에 따라 표준광원도 자외선 복사가 풍부한 **낮빛**(daylight)을 이용하는 경우가 많아지고 있다. 표준색등의 정확성을 요구하는 색채에는 형광물질이 포함된 색료는 피하는 것이 좋다. 반면에 구명복, 교통표시 등 가시성이 강조되어야 하는 경우에 형광색채가 가장 적절하게 활용되고 있다.

제 3 절 색채의 좌표계

1. CIE 색좌표계

국제조명위원회(CIE)의 색좌표는 광원과 시감을 수치화함으로써 객관성을 유지하며 과학적이고 물리적으로 색채를 측정할 수 있도록 되어 있다. 앞에서 언급한 바와 같이 색채는 삼자극치의 값으로 나타내는 입체적인 색채공간을 형성하게 된다. 이때 Y값은 명도값을 나타내고 X는 빨강의 자극치에, Z는 파랑의 자극치에 대체로 각각 일치한다.

광원색의 경우 Y값은 색좌표로서의 의미를 잃고 색상과 채도만으로 색채를 표시할 수 있다. 이때의 변환식은 식 (13.1)과 같으며 2차원으로 표시된다.

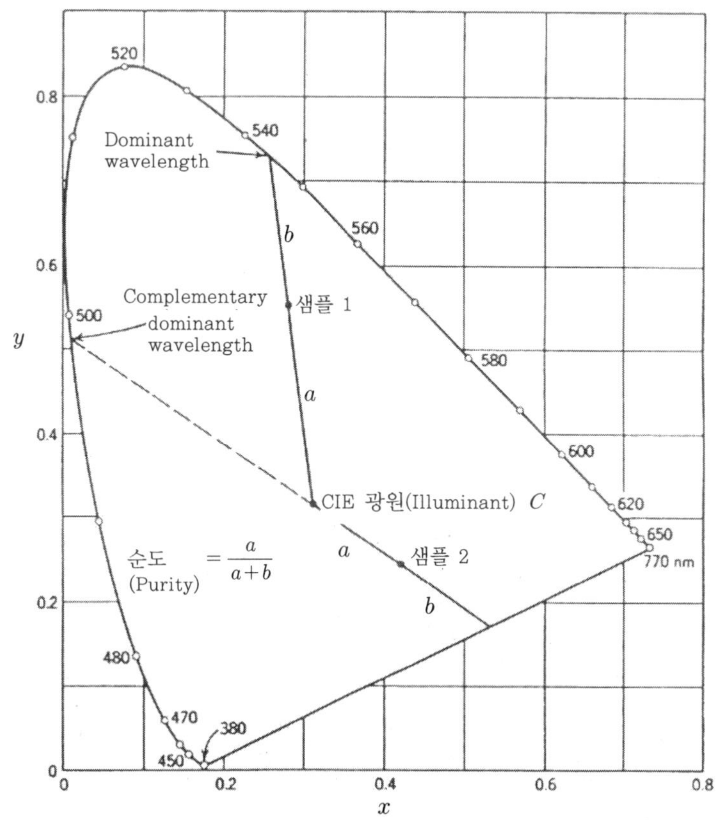

그림 13.4 ▶ CIE 색좌표계

$$\begin{cases} x = \dfrac{X}{X+Y+Z} \\ y = \dfrac{Y}{X+Y+Z} \\ z = \dfrac{Z}{X+Y+Z} \end{cases} \tag{13.1}$$

2. 색차와 색좌표계

앞에서 소개된 색좌표계(chromaticity diagram)는 사람의 색채시감과 커다란 편차를 나타낸다. 위 좌표 상의 두 개의 인접 색의 색차는 좌표 상에서의 거리로 나타내는데 똑같은 거리만큼 떨어진 색채 두 쌍을 비교해 보면 사람이 직접 보고 느끼는 것과 큰 차이가 있다. 초록색 계열의 색채는 좌표 상에서 큰 색차(거리)를 나타내지만 실제로 보면 비슷한 색이다. 반대로 빨간색 계열의 색채에서는 좌표 상에서 작은 색차(거리)를 나타내지만 실제로는 아주 다른 색이다. 그 원인은 이 색좌표계가 전 구간에 대하여 균일성이 없다는 것을 의미한다. 참고적으로 NCS 표색계를 그림 13.6에 제시한다.

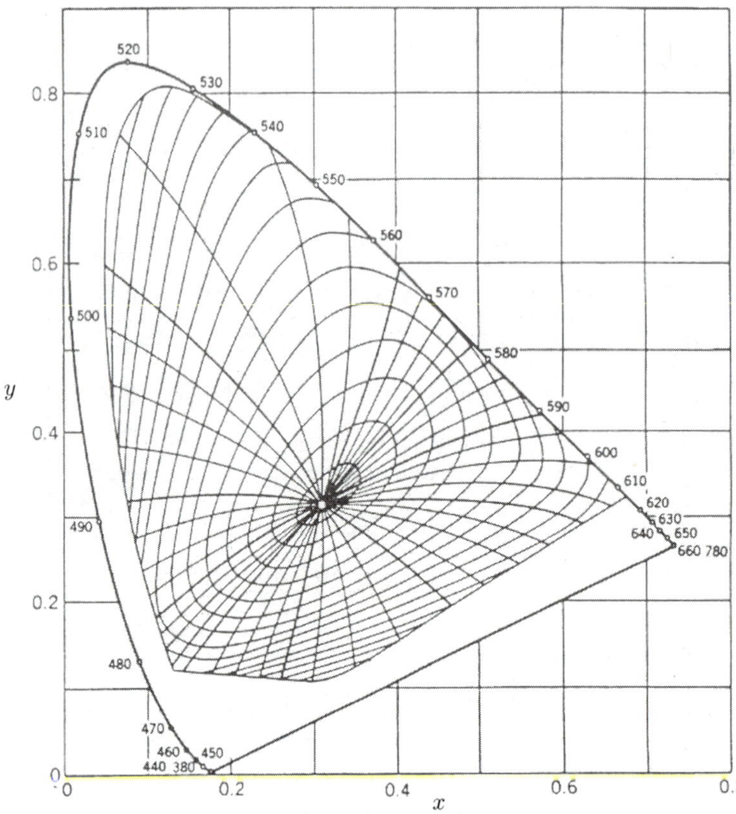

그림 13.5 ▸ 색좌표계의 비균일성

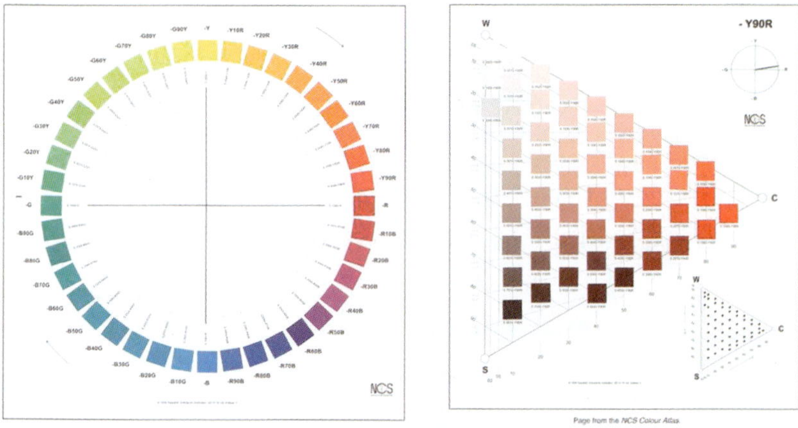

그림 13.6 ▶ NCS 표색계

이런 상황을 더 자세히 살펴보려면 먼셀(Munsell) 좌표 상의 색채들을 이 좌표 위에 투영해 보면 확실하게 불균일성이 드러난다. 먼셀 좌표계는 색상과 채도 평면이 $x-y$ 평면과 일치하며, 먼셀 좌표의 등 간격 색상과 채도는 사람의 시감을 기준으로 설정된 것이기 때문에 색차 감각이 그대로 표현된 좌표라고 할 수 있다.

3. 먼셀 색좌표계

먼셀(Munsell) 좌표계는 사람의 시감에 가장 가까운 표색체계로서 색채의 세 가지 속성인 **색상**(hue), **명도**(value), **채도**(chroma)로 색채를 분류 표시하는 방법이다.

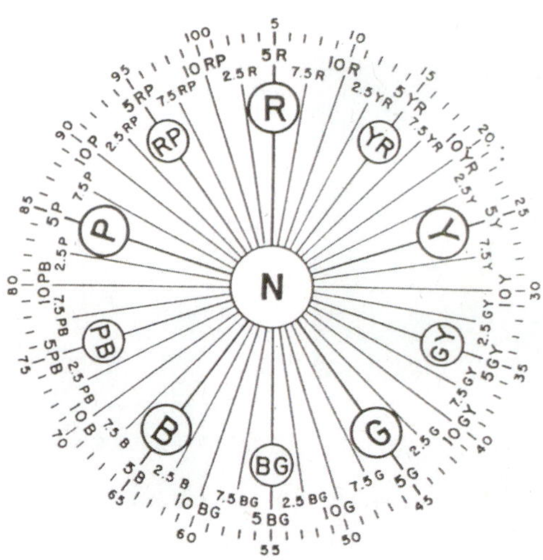

그림 13.7 ▶ 먼셀 색상환의 분할

① **색상(hue)** : 색채의 종류를 나타내며 먼셀(Munsell)계에서는 색상을 빨강, 노랑, 초록, 파랑, 보라의 5가지와 각각의 중간색을 택하여 총 10가지를 기본색으로 지정하였다. 그리고 각 기본색상은 색상감각의 차이가 등 간격이 되도록 그림 13.7과 같이 나누었다.

② **명도(value)** : 빛의 반사율에 따른 색의 밝고 어두운 정도를 나타낸다. 이상적인 흑색을 0, 이상적인 백색을 10으로 하고, 그 사이 밝기의 감각차를 등 간격으로 나누었다.

③ **채도(chroma)** : 회색을 띠고 있는 정도 즉, 색의 순수하고 탁한 정도를 나타낸다. 무채색을 0으로 하여 채도의 시감에 따른 등 간격으로 증가함에 따라 채도 값이 증가하며 그 색상에서 가장 순수한 색의 채도 값이 최대가 된다.

먼셀 표색계의 색을 표시하는 데는 색상 명도/채도의 기호를 쓰도록 되어 있다. 예를 들면 5GY 6/4이면 색상이 연두색의 5GY 명도가 6이며, 채도가 4인 색채를 나타낸다. 무채색의 경우는 N7.5와 같이 명도만을 나타내고 앞에 N을 표기하여 무채색임을 명시한다.

1943년 미국광학회의 먼셀 색의 간격띠기(spacing)에 관한 소위원회의 제안에 의해 원래의 먼셀 색도감이 수정되었다. 수정된 먼셀 색체계의 색에 대한 CIE 표준광원 C에서 x, y, z 좌표 값은 참고문헌에 나와 있고 현재 미국 Macbeth 회사나 일본 색채연구소에서 제작된 색도감은 수정된 먼셀 색도감이다.

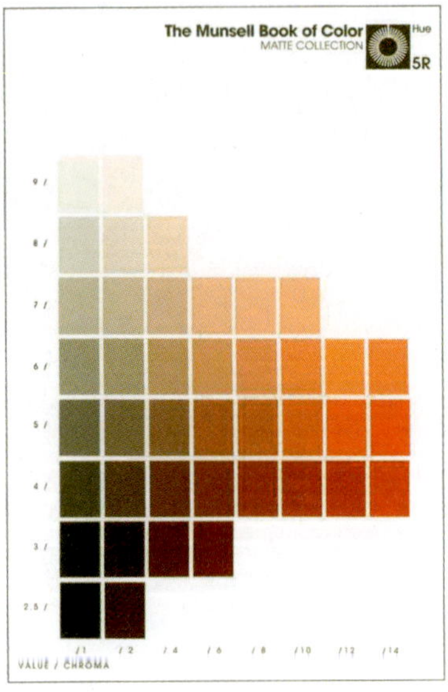

그림 13.8 ▶ 먼셀 표색계

제 4 절 디스플레이 소자

디스플레이는 각종 전자기기로부터 제공되는 화상과 문자 등의 다양한 정보를 사람의 시각적 표시를 하는 장치로서 과거에는 브라운관(CRT : Cathode Ray Tube)이 주류이었으나, 반도체의 발전으로 소형 경량화되는 추세에 따라 평판 디스플레이(FPD : Flat Panel Display)로 발전하였다.

평판 디스플레이도 광원의 유·무에 따라 발광 디스플레이와 수광 디스플레이로 구분된다. 발광 디스플레이에는 PDP(Plasma Display Panel), OLED(Organic Light-Emitting Diode)가 있으며, 수광 디스플레이에는 LCD(Liquid Crystal Display)가 있다. CRT는 TV용 CPT(Color Picture Tube)와 PC 모니터용 CDT(Color Display Tube)가 있으며 평판 디스플레이에는 LCD, PDP, OLED 등이 많이 활용되고 있다.

평판 디스플레이는 CRT보다 가격은 비싸지만 초박형, 경량, 절전 등의 장점이 있어서 요즈음 가전제품의 시장을 크게 점유하고 있다. 평판 디스플레이는 요구되는 용도에 따라 여러 가지로 분류할 수 있으며, 동작 형태에 따라 TFT-LCD, PDP, 전장방출 디스플레이(FED : Field Emission Display), OLED, 전자종이 및 3D 등으로 분류할 수 있다.

1. TFT-LCD

TFT-LCD(박막 트랜지스터 액정 디스플레이)는 Thin-Film Transistor Liquid-Crystal Display의 약자로서 박막 트랜지스터와 액정을 일체화시켜 액정의 광스위칭 특성을 이용한 것으로 평판 디스플레이의 주류를 이루고 있다. 1970년대 일본의 샤프(Sharp)사가 휴대용 계산기(calculator)의 숫자표시에 LCD를 사용하기 시작하여 지금은 노트북 PC나 데스크톱 PC의 모니터, 이동통신용 단말기의 디스플레이, 최근에는 대형 디지털 TV 제품에 많이 적용하고 있다.

LCD는 수동행렬식(passive matrix) 방식의 구동방법을 이용하여 초창기의 노트북 PC의 디스플레이를 구현할 수 있었으나, 해상도가 제한적이기 때문에 발전하는 PC나 TV의 해상도를 구현하기 위해서는 새로운 구동방식, 능동행렬(active matrix) 방식의 구동방법이 필요하게 되었다.

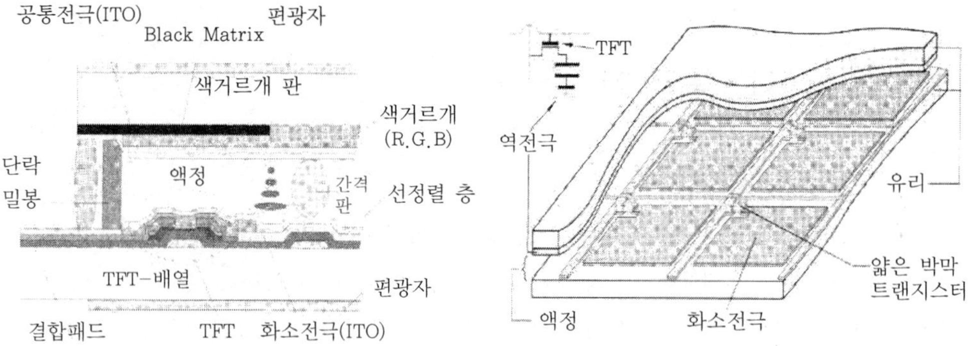

(a) 단면도 (b) 분해도

그림 13.9 ▶ TFT-LCD의 구조

능동행렬 구동방식에서는 각 **화소**(pixel)마다 전기적 신호의 전달 또는 차단 역할을 할 수 있는 스위치가 필요하다. 이러한 스위치 역할을 하기 위해서 반도체 소자 TFT (Thin Film Transistor)를 이용하게 되었다. 능동행렬 구동방식을 사용함으로써 해상력의 증가는 물론 밝기 및 화질의 특성이 많이 개선되었으며, 전에 수동행렬방식과 차별하여 TFT-LCD 디스플레이로 명칭하게 되었다.

오늘날 많이 사용되는 디스플레이는 비정질 실리콘 TFT와 저온 다결정 실리콘 TFT를 이용한 TFT-LCD이다. 비정질 실리콘을 활성층으로 사용한 비정질 실리콘 TFT는 넓은 면적 능동행렬 LCD의 스위칭 소자로 널리 사용되고 있는데, 낮은 가격의 넓은 유리기판을 사용할 수 있는 장점이 있다.

수직 해상도가 1,000 이상인 디스플레이에서도 짧은 시간 동안 화소에 전하를 공급할 수 있을 정도로 스위치를 켜는 데 전류가 충분하고, 1 프레임(frame) 시간(한 장의 영상을 표현하는 데 필요한 시간) 동안에 방전이 거의 없을 정도로 스위치를 끄는 상태의 누설전류가 낮은 장점이 있다.

2. PDP

플라즈마 디스플레이 패널(PDP : Plasma Display Panel)은 두 개의 전극 사이에서 발생되는 플라즈마에 의한 진공 자외선(vacuum ultra violet)이 적색, 녹색, 파란색의 형광물질을 들뜨게 하여 발생하는 가시광선으로 정보를 나타내게 하는 기술이다.

PDP는 현재 상품으로 시판되고 있으며 TFT-LCD와 경쟁을 벌이고 있다. 화질의 고급화, 양산기술, 효율은 높으면서도 전력소모를 최소화하는 기술, 대형화 기술 및 가격을 저렴하게 하는 생산기술이 집중적으로 개발되어야 한다.

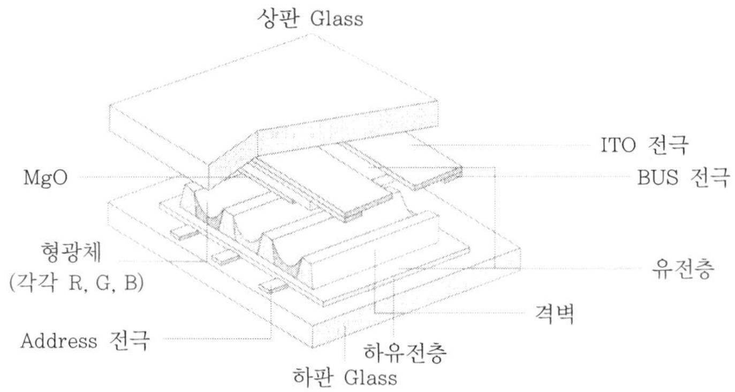

그림 13.10 ▸ PDP의 구조(자료 : 삼성 SDI 홈페이지)

플라즈마란 어떤 물질의 기체의 상태에 더욱 열을 가하여 그 물질이 이온과 전자로 분리되어 전기를 띤 입자로 존재하는 상태를 말한다. 일반적으로 플라즈마를 얻는 데는 열을 가하는 방법보다는 전기적인 방전을 통하여 얻는 방법을 많이 사용한다.

PDP는 인가되는 구동전압 파형의 형태와 방전 셀(cell)의 구조에 따라 직류(DC)형과 교류(AC)형으로 구분된다. 직류형과 교류형의 구조적인 가장 큰 차이는 직류형의 경우 전극이 방전 공간에 그대로 노출되어 있다는 점이다.

직류형은 전류제한을 위해 저항을 외부적으로 만들어 주어야 하고, 수명이 짧은 것이 단점이다. 교류형은 전극이 유전체층에 덮여 있어서 자연적으로 전류가 제한되며, 방전할 때 이온의 충격으로부터 전극을 보호하므로 직류형보다는 수명이 길다는 장점이 있다. 단색 표시에는 좋으나 색깔을 표시하기 위해서는 형광체를 도포하여 사용하면 이온 충격에 의한 수명에 문제가 발생한다. 이런 문제를 해결하기 위한 방법이 교류 면방전형으로서 표시 방전이 일어나는 전극 부분을 한쪽으로 모으고, 형광체를 반대쪽에 위치시켜 방전할 때 이온 충격으로 인한 형광체의 열화를 최소화하였다. 현재까지 PDP의 주류를 이루는 구조는 교류 면방전형이다.

PDP는 아주 강한 비선형성을 가진다. CRT와 달리 그 표시는 오로지 방전의 on, off로만 이루어지며, 방전의 on 상태는 일정한 전압 이상이 되었을 경우에만 가능하다. 그래서 아날로그보다는 디지털 방식에 적합하며 다양한 색을 구현할 수 있다. 또한 형광등과 유사한 원리로서 자체 발광하므로 화면이 클 경우라도 밝기가 균일하고, 명암비가 비교적 높으며, 시야각이 160° 이상이므로 42~60인치 급의 넓은 화면표시로서 적합하다. 두께도 비교적 얇고 무게도 가벼워서 대형화가 가능하다. 지구표면의 자기장의 영향을 받지 않고, 온도의 영향도 거의 없기 때문에 극한 상황에도 유리하며, 기체 방전을 이용한 디스플레이기 때문에 응답속도가 빠르고 동영상을 얻을 수 있는 장점이 있다.

3. OLED

OLED(유기발광다이오드)는 양쪽 전극으로부터 유기발광층으로 전자와 정공이 각각 주입되어 발생된 들뜬 분자들의 재결합에 의해 발생된 빛을 디스플레이에 이용하는 기술이며 작은 화면부터 상용화가 시작되고 있다.

유기발광다이오드는 감성화면 구현, 고속 응답속도, 자발광, 얇은 박형 제작 가능, 낮은 전력소모, 넓은 시야각 등의 우월한 특징이 있어서 미래의 TV 등에 LCD를 대체할 기술로 지목되고 있다. 또한 잘 구부러지는(flexible) 기판을 사용할 수 있으며, 유기물을 핵심 소재로 사용하고 있어 차세대의 미래형 디스플레이로 가장 유력하게 대두되어 국내외에 크게 주목받고 있다. OLED는 자발광이고 낮은 전압구동에 의해 소비전력이 낮고 응답속도가 빠르기 때문에 동영상 구현에 적합하다.

OLED는 소자에 순방향의 전압을 걸어 주면 양극(+)에서 정공주입/수송층(carrier layer)의 높은 분자(HOMO : Highest Occupied Molecular Orbital) 준위로 정공이 주입되고, 음극(−)에서는 전자주입/수송층의 낮은 분자(LOMO : Lowest un-Occupied Molecular Orbital) 준위로 전자가 주입된다. 주입된 전자와 정공은 발광층에서 재결합하여 엑시톤을 형성한다. 엑시톤이 바닥상태로 떨어지면서 빛을 낸다. 따라서 발광효율이 매우 높은 OLED는 전자와 정공의 주입효율이 높고, 발광층에 주입된 전자와 정공의 농도가 균형이 맞아야 한다.

또한 전자-정공의 재결합 영역이 엑시톤 확산거리 이상으로 금속 전극으로부터 떨어져 있어서 금속 경계면에서의 엑시톤 소멸이 일어나지 않도록 해야 한다. 또한 금속 전극이 거울 역할을 하므로 공진효과가 나타나는데 발광영역이 공진효과가 최대로 되는 위치에 있도록 각 유기박막의 두께를 잘 조절해야 한다.

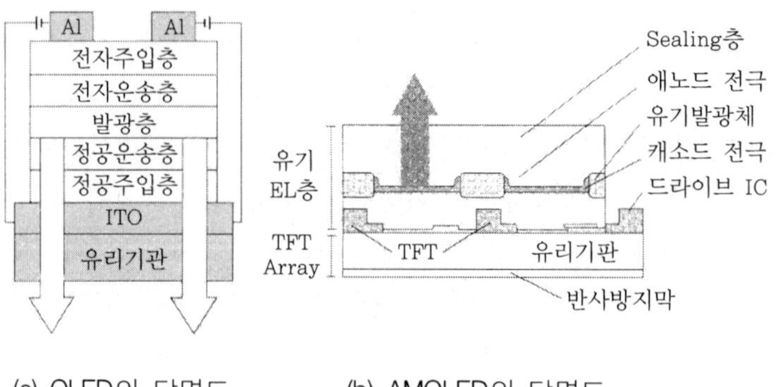

(a) OLED의 단면도 (b) AMOLED의 단면도

그림 13.11 ▸ OLED의 구조(자료 : 삼성 SDI 홈페이지)

4. 전장방출 디스플레이

CRT는 1987년에 발명된 이래 오랫동안 즐겨 사용되어 왔던 디스플레이 제품이다. 사용하기에 편리한 LCD나 PDP 등 평판 디스플레이가 시장을 점유해 가고 있지만 CRT의 우수한 성능을 애호하는 사람들은 현재 시중에 판매되고 있는 LCD나 PDP에 만족을 못하고 원리상, CRT와 유사한 FED(Field Emission Display)에 관심을 많이 가지고 있다.

CRT는 그림 13.12(a)에서 보는 바와 같이 RGB 3개의 전자총에서 열적으로 들떠서 방출되는 전자를 편향시켜 원하는 위치에 도달하게 하는 방식으로 음극선 발광(cathode luminescence) 원리에 의해 자체적으로 모든 색깔을 나타낼 수 있을 뿐만 아니라 빛의 질과 세기를 광범위하게 조절할 수 있다. 발생된 빛은 순도와 세기 그리고 **대비**(contrast)를 유지하며 넓은 시야각을 가지고 제조공정도 간단하여 가격이 저렴한 장점이 있다. 그러나 무게가 무겁고 크며 **내파**(implosion) 및 파괴 가능성이 높은 단점이 있다. 스크린의 크기가 증가할수록 부피 및 무게는 거의 세제곱에 비례하여 증가하므로 큰 화면에 적합하지 못하다.

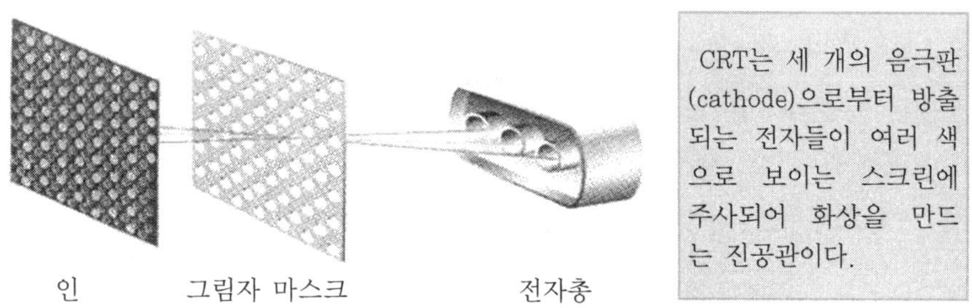

(a) CRT

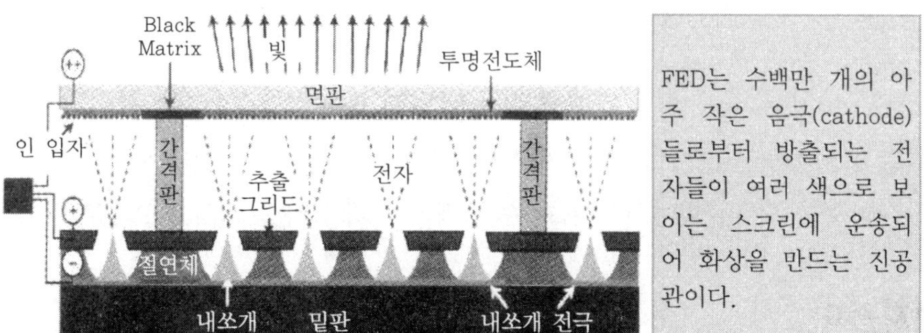

(b) FED

그림 13.12 ▸ CRT와 FED의 비교

FED는 진공 속의 고체(금속 또는 도체) 표면상에 임계전압 이상의 전장이 인가되며, 양자역학적 **터널링 효과**(tunnelling effect)에 의해 전자들이 고체표면으로부터 방출된다. 방출된 전자가 그림 13.12(b)에서 보는 바와 같이 형광체에 충돌하여 형광체를 구성하는 발광원자들을 들뜨게 하며, 들뜬 전자들이 다시 낮은 준위로 전이되면서 빛을 내는 원리를 이용하고 있어서 원리적으로는 CRT와 유사한 점이 많다.

그와 같이 음극선 발광원리로 동작하기 때문에 자체발광으로 발광효율이 높고, 휘도가 높으며 휘도영역도 넓다. 천연색을 잘 나타내며 색의 순도가 높으며 또한 시야각이 넓다. 전송매질이 진공이므로 방사선이나 전자파 장애가 있을 때 또는 주위의 온도가 급격하게 변동(−45°C ∼ +85°C)하여도 작동이 가능하다.

그 외에도 단위 화소(pixel)당 많은 수의 전자총을 가짐으로써 전장 이미터(emitter)가 다소 손상이 있더라도 단위 화소의 동작에 별 지장이 없고 동작속도가 μs 정도로 매우 빠르며, 음극선과 게이트가 동일한 기판 상에서 형성될 수 있으므로 구조가 간단하고, 차가운 음극방식이므로 전력소모가 낮다. 두 기판 사이에 내부적인 지지대를 사용하여 크기에 제한을 받지 않으며, 음극선과 게이트 사이에 매트릭스에 의한 복합(multiplex) addressing이 가능한 장점이 있다.

그림 13.12(b)에서 보는 바와 같이 FED의 구조는 **간격띠개**(spacer)에 의해 유지되는 작은 진공 틈(gap)을 가운데 두고, 위쪽 면판(faceplate)은 형광체로 덮어씌워진 양극(anode)판이며, 아래쪽은 음극선(cathode)과 게이트로 구성되는 음극판(cathode plate)으로 구성되어 있다.

음극판에는 행전극(row electrode)과 열전극(column electrode)이 있으며, 이들을 통해 전장 이미터 배열들이 행렬 구동되어 게이트에 전압이 걸리는 시간 동안 전자가 방출되고 양극 전압에 의해 가속된다. 방출되고 가속된 전자들은 진공 틈을 지나 양극에 코팅된 형광체 화점을 쳐서 발광하게 되는 것이다. 물론 한 화소 안에 빨강(R), 초록(G), 파랑(B) 형광체 화점을 함께 사용함으로써 컬러디스플레이도 가능하게 된다. FED는 전극의 구조에 따라 2극형(diode-type), 3극형(triode-type) 및 4극형(tetrode-type)으로 구분된다.

이와 같이 FED는 CRT의 장점과 평판 디스플레이의 장점을 모두 가지고 있으나 아직은 기술적인 면에서 더 발전시켜야 하는 문제와 경제성의 문제가 남아 있다.

5. 전자종이

전자종이(electronic paper)는 구부러지기 쉬운 기판 위에 TFT 배열과 전자종이 모드인 액정 또는 전기영동(electrophoretic) 디스플레이를 구현하는 것으로 탁월한 시인

성과 대비(contrast), 그리고 넓은 시야각과 같이 실제 종이가 가지는 특성을 가지며 동시에 소비전력이 낮은 특성을 가지고 있다. 전자종이는 유기물을 주로 사용하여 제조되는 디스플레이로서 충격에 강하고 잘 구부러져서 다양한 형태의 디스플레이를 만들 수 있는 것이 장점이다.

구조는 그림 13.13에서 보는 바와 같이 기판부, 구동부 그리고 표시부로 나누어지며, 잘 구부러지는 디스플레이는 기판부에는 구부러질 수 있는 플라스틱 기판, 초박형 유리(thin glass) 기판, 금속호일(metal foil) 기판 등을 사용하게 된다. 구동부에는 기존의 비정질 규소박막 트랜지스터(a-Si thin film transistor), 저온 다결정 규소박막 트랜지스터(LTPS : Low Temperature Poly Silicone Thin Film Transistor)와 아울러 유기박막 트랜지스터(OTFT : Organic Thin Film Transistor)를 사용한다. 표시부에는 기존의 OLED 및 LCD와 더불어 전자종이 기술 등이 사용되고 있다. 특히 기판으로는 플라스틱, 구동소자로는 유기박막 트랜지스터 그리고 표시부 소자로서는 전자종이를 사용하는 연구가 가장 활발하게 이루어지고 있다.

잘 구부러지는 디스플레이에 사용되는 유연기판에는 박형 유리기판, 금속호일 기판 그리고 플라스틱 기판이 있다. 박형 유리에는 기존에 사용되는 유리에 비해 두께가 얇아서 100μm 이하로 쉽게 휘어질 수 있는 특징을 가진 유리를 말하며, 표면평탄도 특성, 수분, 산소 투과도 특성, 라인 공정성 등 여러 면에서 기존 유리 같은 특성이 보이는 장점이 있는 반면에 가격이 비싸고 충격에 약하며 roll-to-roll 공정에 어려움이 있는 단점이 있다.

금속호일은 내충격성과 공정성이 우수하고 수분과 산소 투과도가 탁월한 장점이 있으나 표면평탄도가 나쁘고 박막공정 시작 전 부가적인 전기절연체막 형성이 필요하며 투명한 디스플레이를 만들 수 없다는 단점이 있다. 플라스틱 기판은 잘 구부러지는 디스플레이를 제조하기에 가장 적합한 소재로 주목받고 있는 것으로 무게가 가볍고 형태적인 제약이 없으며 가공이 쉽고 roll-to-roll 공정이 가능한 장점이 있다. 특히 온도에 민감하여 유리보다 공정온도를 낮추어 주어야 한다. 물리적 기계적 특성이 급격히 변하는 온도를 유리 전이 온도라 하는데 이 유리전이 온도가 높은 기판 재료를 개발하는 노력이 필요하다.

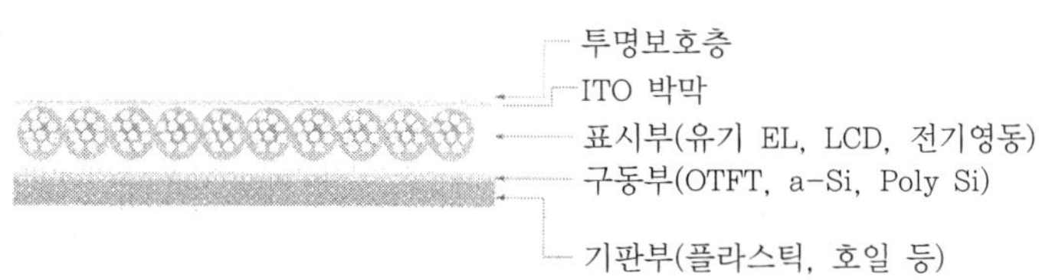

그림 13.13 ▶ 전자종이의 구조(자료 : 삼성 SDI 홈페이지)

제13장 색채

연습문제

[1] 색채의 삼요소를 써 보라.

[2] 생활 속에서 색채의 3원색과 색채를 측정 평가하는 데 3원색을 각각 써 보라.

[3] 삼자극치 $\overline{x}=20$, $\overline{y}=60$, $\overline{z}=20$을 갖는 광원과 삼자극치 $\overline{x'}=20$, $\overline{y'}=10$, $\overline{z'}=20$을 갖는 두 광원으로부터 탁자 위에 수직으로 빛이 입사한다. 두 광원의 색좌표를 구하라.

[4] 표색체계로서 3가지 속성을 써 보라.

[5] 평판 디스플레이를 동작 형태에 따라 분류하여 보라.

Chapter

14 레이저 원리

- 제 1 절 서 론
- 제 2 절 자연방출과 유도방출
- 제 3 절 아인슈타인 계수
- 제 4 절 스펙트럼선의 넓어짐
- 제 5 절 레이저의 종류
- 연습문제

제 1 절 서 론

레이저(LASER)란 Light Amplification by Stimulated Emission of Radiation의 첫머리 글자만 따서 만든 합성어이다. 일반적인 광원에 비해 레이저는 몇 가지 특징이 있다. 레이저 광은 고도의 지향성이 있고 결맞음이 높다. 높은 지향성과 매우 짧은 펄스로 출력할 수 있으며 매우 높은 출력밀도로 발생시킬 수가 있다. 레이저 빛살다발은 다른 광원보다 훨씬 많은 정보를 전달할 수도 있다. 이러한 특징을 이용하여 데이터 처리, 재료가공, 정보통신 등에 응용되며 광학분야는 물론 다른 분야에도 광범위하게 응용되고 있다.

제 2 절 자연방출과 유도방출

그림 14.1에서 보는 바와 같이 외부에 다른 작용 없이도 원자에 구속되어 있는 전자가 높은 에너지 준위에서 낮은 에너지 준위로 전이할 때 진동수

$$\nu = \frac{E_2 - E_1}{h} \tag{14.1}$$

의 빛을 방출한다. 여기서 E_1과 E_2는 에너지 준위를 나타내며 h는 **플랑크 상수**이다. 이러한 현상을 **자연방출** 또는 **자발방출**이라 한다. 그 반대과정은 일어나지 않는다.

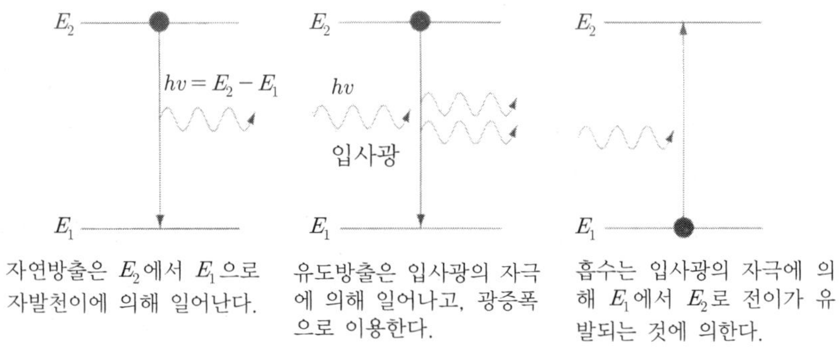

그림 14.1 ▸ 빛의 방출(자연방출, 유도방출 및 흡수)

입자가 높은 에너지 준위에 머물러 있을 수 있는 평균시간을 그 준위의 **수명**이라 하며 자연방출의 확률은 그 수명시간에 반비례한다. 그 반대로 입자가 빛을 흡수하여 높은 에너지 준위 E_2로 올라간다. 그리고 E_2에 존재하는 입자는 빛을 방출하여 E_1으로 전이할 수 있다. 이러한 과정은 외부로부터 빛에 자극을 받아서 일어나기 때문에 **유도전이**(stimulated transition)라 한다. 또한 이러한 방출을 **유도방출**이라 한다.

유도전이에서 준위 E_1의 입자가 빛을 흡수하는 확률은 준위 E_2에의 입자가 방출하는 확률과 같다. 유도방출은 입사광과 진동수, 방향, 위상 및 편광이 같다. 그런 까닭에 유도방출에 의한 레이저 광은 극히 단색성이 높고 지향성이 좋으며 빛살다발의 특성이 좋아서 결맞음일 뿐만 아니라 렌즈에 의해 초점이 잘 맞추어지기 때문에 초점에 높은 세기의 집속이 가능하다.

앞에서 살펴본 바와 같이 물질을 구성하고 있는 원자 혹은 분자의 수많은 에너지 준위 가운데 관심 있는 두 개의 에너지 준위 E_1과 $E_2(E_2 > E_1)$를 선택하여 생각해 보기로 하자. 열평형상태에서 이들 에너지 준위를 가지고 있는 입자의 밀도를 각각 N_1 및 N_2라고 하면 이들의 비는 **볼츠만 분포**

$$\frac{N_2}{N_1} = \exp\left(-\frac{E_2 - E_1}{kT}\right) \tag{14.2}$$

를 따른다. 여기서 k는 볼츠만 상수이며 T는 켈빈 온도이다. 온도 T가 낮은 경우에는 낮은 에너지 준위에 존재하는 입자수가 많고, 온도가 높아질수록 높은 에너지 준위에 존재하는 입자수가 증가한다. 그러나 자연방출에서는 아무리 온도가 올라간다고 해도 결코 $N_2 > N_1$이 되지는 않는다.

두 에너지 준위 사이에서 일어나는 전이에 따라 빛의 방출과 흡수를 고려해 보면 빛을 방출하는 입자수보다 흡수하는 입자수가 더 많은 것이 된다. 두 에너지 준위 사이에서의 빛의 방출 및 흡수의 확률이 같으므로 열평형상태에 있는 매질에서도 전체적으로 보아 흡수가 더 지배적이다.

레이저 매질과 같이 유도방출을 이용한 빛의 증폭작용을 이루기 위해서는 $N_2 > N_1$이 되어야만 한다. 이와 같이 입자의 분포가 열평형상태의 경우와 반대로 되는 상태를 **반전분포**(population inversion)라 하며, 이러한 반전분포를 달성하기 위해서는 외부에서 에너지를 공급해 주어야만 한다.

이와 같이 외부에서 에너지를 공급하여 반전분포를 실현하는 것을 **펌핑**(pumping)이라 한다. 이러한 펌핑 방법은 여러 가지가 있다. 에너지가 높은 빛(Xe등이나 질소 레이저)을 비추어 주는 ① **광학적 펌핑**(optical pumping)이 있고 전기적 에너지를 공급하는 방법이 있다. 또 주로 고체 레이저나 색소 레이저에 많이 이용되고 있다.

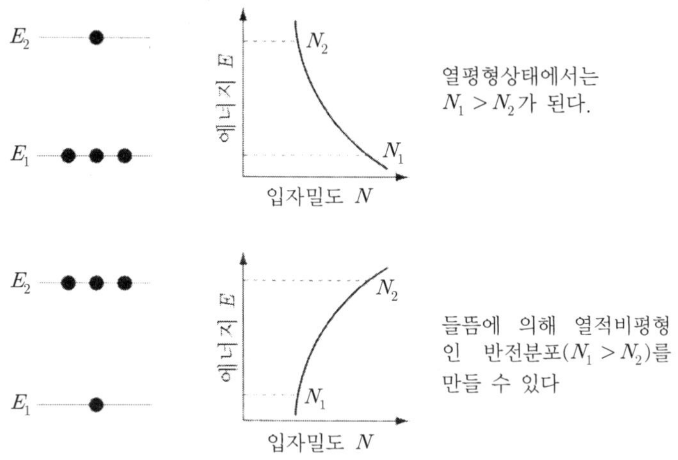

그림 14.2 ▶ 반전분포. 여러 가지 펌핑에 의해 실현된다.

전기적 에너지를 공급하는 방법에는 ② **전기방전**에 의해 전자를 충돌시키는 방법으로 주로 기체 레이저에서 많이 사용되고 있다. 그리고 ③ 전류를 집어넣어 주는 **전류주입** 방법으로 반도체 레이저에서 많이 사용하고 있다. 그 외에도 ④ **화학반응**을 이용하는 방법으로서 HF나 DF 레이저와 같은 화학 레이저에서 사용하고 있으며 ⑤ 전자살다발을 주입하는 **전자살다발주입** 방법으로 전자살다발 레이저나 X-ray 레이저에서 이용된다.

전자기장이 두 개의 에너지 준위 상태에 있는 원자나 분자와 상호작용할 때 3가지 과정에 의해서 설명하였다. 유도방출을 계속 반복하면 빛이 증폭된다. 이것이 레이저의 본질이며 레이저 글자 속에 그 의미가 포함되어 있다.

증폭기의 **증폭계수** γ는 매질의 유도방출 단면적 σ와 반전분포밀도 $\Delta N = N_2 - N_1$에 의해

$$\gamma = \sigma \Delta N \tag{14.3}$$

으로 쓸 수 있다.

증폭계수 γ를 이용하여 **증폭률** G는 입사 레이저의 광세기(light intensity)가 약한 낮은 신호 증폭영역에서는

$$G = e^{\gamma z} \tag{14.4}$$

가 된다. 여기서 z는 증폭매질의 길이이다. 이것으로부터 증폭률은 매질의 길이에 대하여 지수함수적으로 증가한다(그림 14.3).

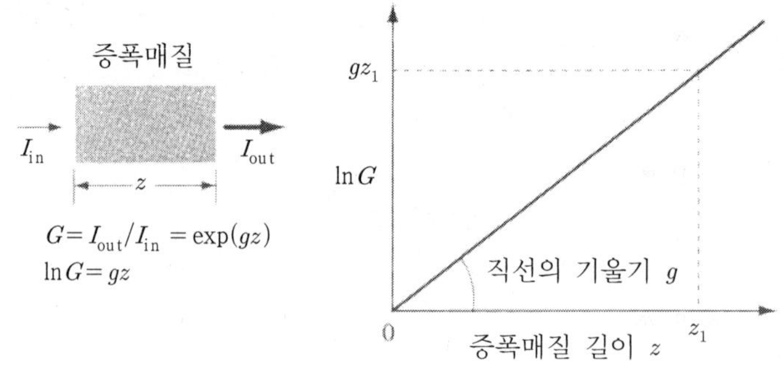

그림 14.3 ▶ 매질의 길이에 대한 증폭률의 증가

예를 들어 YAG 레이저는 이트리움-알루미늄-가네트 결정 안에 네오디뮴을 조금 첨가한 것으로 네오디뮴 이온의 농도는 $1 \times 10^{20}/\text{cm}^3$ 정도이다. 또 **유도방출단면적은** $\sigma = 6 \times 10^{-19}\,\text{cm}^2$ 정도이다. **광학적 펌핑**으로 1% 정도의 네오디뮴 이온을 들뜨게(excite) 할 수 있고, 이때 증폭계수 $\gamma = \sigma \Delta N = 0.6/\text{cm}$이 된다. 10cm 길이의 Nd : YAG 레이저에서는 식 (14.4)에 의해 $G = e^6 = 400$의 증폭률이 된다.

제 3 절 아인슈타인 계수

1. 아인슈타인 계수

전자장이 두 에너지 상태에 있는 원자나 분자들과 상호작용하는 과정을 자발적인 방출과 자발적 흡수 그리고 유도방출의 세 가지로 설명하였다. 이때 전자장이 **스펙트럼에너지 밀도함수**로서 이들 관계, **유도방출률** P_{21}과 **유도흡수율** P_{12} 및 **자발적 방출률** S_{21}은 각각 식 (14.5)와 같이 주어진다.

$$\begin{cases} P_{21} = B_{21} N_2 u(\nu) \\ P_{12} = B_{12} N_1 u(\nu) \\ S_{21} = A_{21} N_2 \end{cases} \tag{14.5}$$

여기서 A_{21}, B_{21}, B_{12}은 **아인슈타인(Einstein) 계수**이다. 열평형상태의 계(system)에서는 아래쪽으로의 천이 순비율은 위쪽으로의 천이 비율과 같아야 한다.

$$N_{21}A_{21} + N_2B_{21}u(\nu) = N_1B_{12}u(\nu)$$

N_1으로 양변을 나누어 주면

$$\frac{N_2A_{21}}{N_1} + \frac{N_2B_{21}u(\nu)}{N_1} = B_{12}u(\nu)$$

으로 되고, 좌변의 $\frac{N_2}{N_1}$를 공통으로 묶어 주면

$$\frac{N_2}{N_1}[A_{21} + B_{21}u(\nu)] = B_{12}u(\nu) \tag{14.6}$$

로 되며, 양변을 $A_{21} + B_{21}u(\nu)$으로 나누어 주면

$$\frac{N_2}{N_1} = \frac{B_{12}u(\nu)}{A_{12} + B_{21}u(\nu)} \tag{14.7}$$

로 된다.

2. A와 B 계수 사이의 관계

주위 온도가 T인 열평형상태의 전자기장 내에서 스펙트럼 에너지 밀도는

$$u(\nu) = \frac{8\pi h\nu^3}{c^3}\frac{1}{e^{h\nu/k_BT} - 1} \tag{14.8}$$

온도 T인 열평형상태에서 원자의 population 밀도 N_1과 N_2는 볼츠만(Boltzmann) 관계를 만족한다.

$$\frac{N_2}{N_1} = e^{-(E_2 - E_1)/k_BT} = e^{-h\nu_0/k_BT} \tag{14.9}$$

이 관계는 율방정식 식 (14.6)과 식 (14.7)에 의해 부과된 요구들에 비교될 수가 있다. 열평형상태에서 population 밀도의 변화율은 0이 되어야 한다. **정상상태**(steady state ; 즉 이들 식 중에서 어느 하나에 좌변을 0으로 놓으면)에 있는 식 (14.6)과 식 (14.7)을 풀이하여 정리하면 다음 결과를 얻는다.

$$\frac{A_{21}}{B_{21}} = \frac{8\pi h\nu_0^3}{c^3} \tag{14.10}$$

그리고

$$B_{12} = B_{21} \tag{14.11}$$

제 4 절 스펙트럼선의 넓어짐

1. 균일넓어짐

원자 분자나 결정에서 나오는 빛의 스펙트럼은 유한한 선폭을 가진다. 어느 에너지 상태는 수명(τ)을 가지고 불확정성 관계에 의해 본래 스펙트럼은 선이 아닌 선폭을 가지고 있다. 이것을 **수명선폭**이라 한다.

$$\Delta\nu(\mathrm{cm}^{-1}) = \frac{5.3}{\tau(ps)} \tag{14.12}$$

들뜬상태에서 최소 폭은 자연방출 수명에 의해 결정되어 **자연선폭**이라 하며 자연방출의 속도는 ν^3에 비례한다. 전자가 들뜬상태에서 자연수명이 10ns라 하면 선폭은 5×10^{-4}/cm 이지만 분자회전의 수명은 10^3s이다. 그러므로 선폭은 5×10^{-15}/cm 로 아주 좁다. 수명에는 원자 · 분자의 충돌 영향이 포함되어 있다.

충돌 혹은 **소리알**(phonon)에 의해 산란되면 정현파(sinusoidal wave)로 지속해야 하는 파가 흩어지거나 위상이 변한다. 이를 **횡완화**라 한다. 들뜬상태는 에너지를 잊어버리는 경우도 있다. 이를 **종완화**라 한다. 이러한 완화에 의해 수명이 짧아지고, 스펙트럼 선폭은 넓어지게 된다(그림 14.4). 이렇게 넓어지는 것을 **충돌넓어짐**(collision broadening)이나 **압력넓어짐**(pressure broadening)이라 한다.

이러한 단계에서 선폭이 넓어지는 것은 **균일넓어짐**(homogeneous broadening)이라 하고, 그 스펙트럼의 모양은 **로렌츠 모양**(Lorentzian shape)이 된다.

$$g(\nu) = \frac{1}{2\pi}\frac{\Delta\nu_h}{(\nu-\nu_0)^2+(\Delta\nu_h/2)^2} \tag{14.13}$$

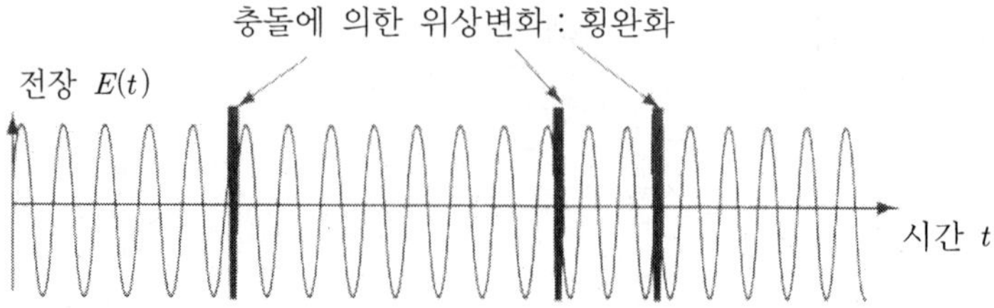

그림 14.4 ▸ 방출된 광전장의 시간변화

스펙트럼 모양함수가 되며 이 함수는 $\nu = \nu_0$에서 균일넓어짐 함수의 **반치폭**(full-width at half maximum)을 가지게 된다. $\Delta\nu_h$은 **전이선폭**(transition line width) 또는 **이득띠폭**(gain bandwidth)이라 한다. 그 값은 식 (14.14)로 근사됨을 잘 보여줄 수 있다.

$$\Delta\nu_{1/2} = \frac{1}{2\pi}\left(\frac{1}{\tau_2} + \frac{1}{\tau_1} + 2r_{\text{충돌}}\right) \tag{14.14}$$

여기서 τ_2와 τ_1은 각각 전이에 참여하는 높은 에너지 준위와 낮은 에너지 준위의 수명이다. 그 항들은 **수명넓어짐**(lifetime broadening)이라 하는 과정으로부터 일어나는 이들 수명들을 포함한다. 식 (14.14)의 우변에 나머지 압력넓어짐에 유래되는 것으로서, 이득매질 안에서 이득 원자의 서로 상호간 그리고 다른 종류와의 충돌률 $r_{\text{충돌}}$에 비례하는 항에 기여한다. 이 항들은 기체 매질 안에서는 가장 으뜸가는 항이다.

예제 14.1

CO_2 레이저에서 균일넓어짐 전이를 고려해 보자.

(a) $\tau_2 = 10\mu s$이고 $\tau_1 = 0.1\mu s$일 때 이 전이에서 균일넓어짐에 기여하는 수명넓어짐을 구하라.

(b) 이 전이의 선폭이 1GHz로 측정되었다. 이 전이의 선폭에 기여하는 압력넓어짐을 구하라.

(c) 이득 띠폭은 흔히 진동수퍼짐보다 파장퍼짐으로 나타낸다. 그 빛이 10.6μm을 가진 전이와 공진하도록 주어진 파장퍼짐으로서 이 전이의 선폭을 구하라.

풀이 (a) 식 (14.14)에 의해 선폭에 기여하는 균질 수명넓어짐은

$$\Delta\nu_{h,\tau} = \frac{1}{2\pi}\left(\frac{1}{\tau_2} + \frac{1}{\tau_1}\right) = \frac{1}{2\pi}\left(\frac{1}{10^{-5}} + \frac{1}{10^{-7}}\right) = 1.61(\text{MHz})$$

(b) 압력넓어짐 $\Delta\nu_{h,p}$에 의한 기여는

$$\Delta\nu_{h,p} = \Delta\nu_h - \Delta\nu_{h,\tau} = 1\text{GHz} - 0.00161\,\text{GHz} \approx 1\text{GHz}$$

선폭 1GHz에 이르는 작동 조건 아래에서는 압력넓어짐이 지배적이다.

(c) 선폭과 관련되는 **파장퍼짐**은 $d\nu = d(c/\lambda) = -(c/\lambda^2)d\lambda$을 살펴봄으로써 구해진다. 그러면 작은 퍼짐에 대해서 파장퍼짐의 크기는

$$\Delta\lambda = \lambda^2\Delta\nu/c = (10.6\times10^{-6}\text{m})^2(10^9\text{Hz}/3\times10^8\text{m/s}) = 3.75\times10^{-10}\text{m} = 0.375\,\text{nm}$$

2. 불균일한 넓어짐

다른 환경에 있는 분자 · 원자는 다른 발광 스펙트럼을 낸다. 이들의 스펙트럼이 겹쳐지면 선폭은 넓어진다. 이것을 **불균일넓어짐**(inhomogeneous broadening)이라 한다. **도플러 효과**가 대표적인 것으로 스펙트럼 모양은 **가우스 모양**이 된다(그림 14.5). 스펙트럼 모양함수는

$$g(\nu) = \frac{2}{\Delta\nu_D}\sqrt{\frac{\ln 2}{\pi}}\, exp\left[-4(\ln 2)\frac{(\nu-\nu_0)^2}{\Delta\nu_D^2}\right] \tag{14.15}$$

로 표현된다. 여기서 ν_0은 그것들의 정지 구조에서 원자로부터 방출하는 중심 진동수이고, $\Delta\nu_D$는 **도플러 넓어짐 선 모양함수**의 **반치폭**이다.

분자가 진동수 ν인 빛을 방출하는 경우를 고려해 보자. 분자가 관측자에 가까워지는 경우, 원자는 그 속도 v의 영향으로 ν보다 높은 진동수 ν'을 방출하고 있는 것처럼 보인다. 멀어져 갈 경우에는 ν의 부호가 (−)로 된다. 즉

$$\nu' = \frac{\nu}{1-v/c} \tag{14.16}$$

이것을 **도플러 효과**(Doppler effect)라 한다.

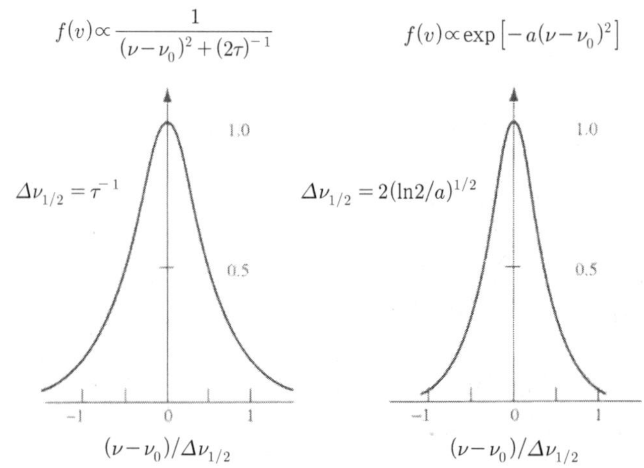

(a) 로렌츠 모양 (b) 가우스 모양

그림 14.5 ▸ 스펙트럼의 모양

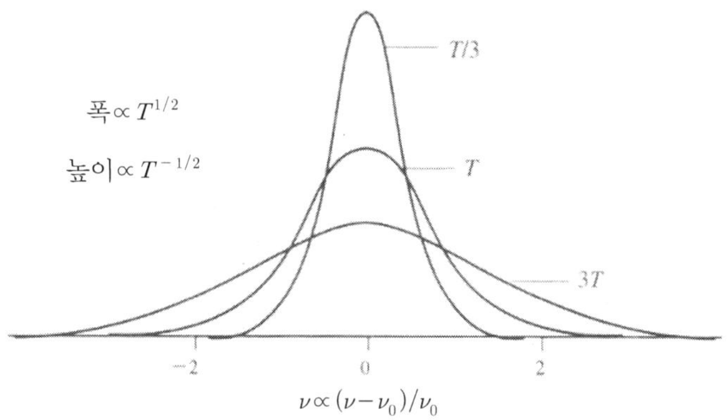

그림 14.6 ▸ 원자의 스펙트럼은 Maxwell의 속도분포와 같은 형상

정지해 있는 관측자는 도플러 이동된 진동수를 검출한다. 결국, 관측되는 스펙트럼의 모양은 시선에 평행한 원자의 속도분포를 반영하는 것이 된다.

제 5 절 레이저의 종류

레이저는 이득매질에 따라 기체, 액체 및 고체 레이저로 분류된다. 반도체 레이저는 고체 레이저에 속하지만 전류로 들뜨게 하고, 더욱이 작다는 특징이 있어 별도로 분류하기도 한다. 파장에 따라서는 연 X-선, 진공자외선, 자외선, 가시광, 적외선 및 원적외선으로 나눌 수도 있다. 들뜸방법에 따라서 광, 방전, 전자 빛살 및 화학 들뜸 레이저로 분류된다.

펄스폭으로는 연속발진인 CW 레이저, nano초 레이저, pico초 및 femto초 등의 초단펄스 레이저로 분류된다.

자유전자 레이저와 연 X-선 레이저는 최근에 개발된 것으로 지금도 계속 발전하고 있다. 자유전자 레이저는 자외선에서 원적외선까지 발진이 가능하다. 레이저의 특징을 나타내는 다음과 같은 이름의 레이저도 있다. 면 발광 레이저(반도체 레이저의 일종), 광섬유 레이저, holsteric 레이저(전고체 레이저), 작은 구형(micro-sphere) 레이저 및 눈-안전(eye-safe) 레이저 등이다. 레이저 빛을 파장 변환한 빛도 레이저와 같은 결 맞는 빛이다.

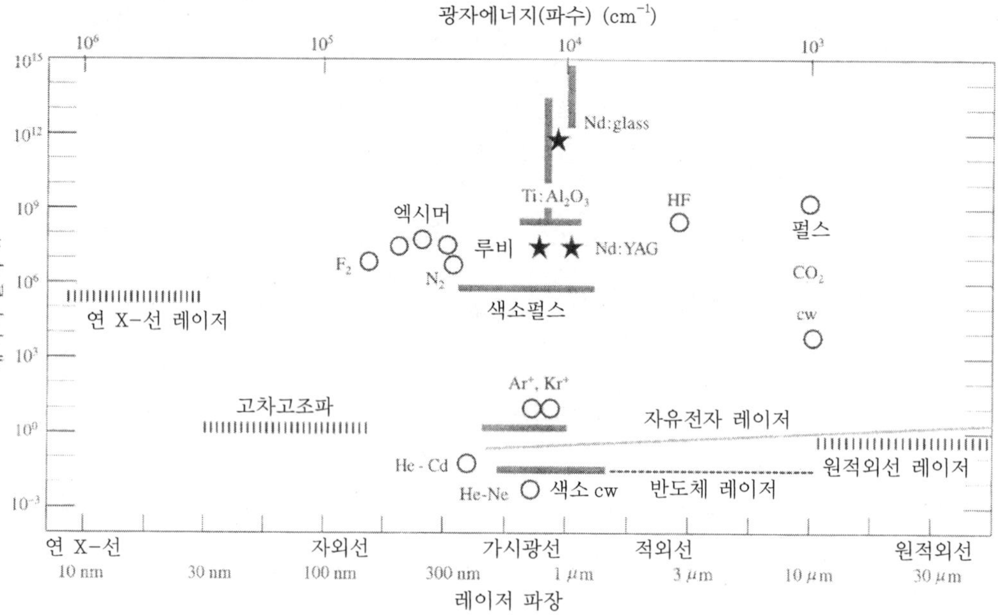

그림 14.7 ▶ 주요 레이저와 그의 발진 파장 및 출력

1. 일반적인 구조

레이저는 들뜬상태로 원자나 분자계를 들뜨게 하는 데 필요한 에너지 공급원이 필요하다. 전류나 전기방전으로 들뜨게 할 경우에 전원공급장치가 필요하며 빛으로 들뜨게 할 때는 광원이 필요하다. 펌핑은 **이득매질**을 필요로 하고 들뜨게 될 때 밀도반전에 도달하면서 레이저를 발진한다. 이 매질을 **레이저 매질** 또는 **활성매질**(active medium)이라 하기도 한다. 이 매질은 고체, 액체 혹은 기체일 수 있고 레이저 발진이 가능한 수천 개의 물질 중에 하나가 될 것이다.

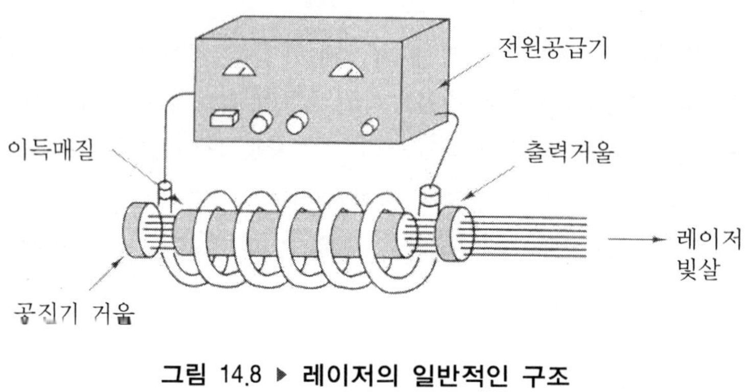

그림 14.8 ▶ 레이저의 일반적인 구조

공진기(cavity)는 선택적인 것이다. 몇몇 계통은 레이저 증폭기(laser amplifier)처럼 만들어졌다. 이러한 증폭기는 공진기가 없다. 그러나 대부분의 레이저 계통은 **레이저 공진기**(laser oscillator)들로 되어 있다. 빛이 평행한 두 거울의 광공진기에 의해 여러 번 왕복하게 된다. 이것을 빛의 **되먹임**(feedback)이라 한다. 여기에 매질은 **되먹임**과 추가적인 증폭을 시켜주는 공진기로 둘러싸여 있다.

일반적으로 공진기는 서로 마주보는 반사경으로 구성된다. 반사경 중 하나는 거의 100% 반사율을 가지며 또 다른 반사경은 그보다 반사율이 낮으며 **출력거울**이라 한다. 계통이 들뜬상태(excited state)로 올리어질 때 초기에는 적은 수의 광양자(photon)가 방출한다. 이러한 광양자는 좀 더 많은 광양자의 방출을 유도하여 광파가 계속적으로 증가하는 **사태**(avalanche)를 유발한다. 광파가 두 반사경 사이에서 앞뒤로 반사되기 때문에 더 많은 방출이 유도된다. 그래서 레이저 공진기는 레이저 증폭기보다 훨씬 더 효과적이다. 이러한 과정들, 즉 들뜸, 밀도반전, 사태현상들은 유도방출에 필수적이다. 즉 이러한 현상들이 레이저 발진을 현실화시켰다.

2. 고체 및 액체 레이저

최초의 레이저는 루비 레이저로서 3준위 고체 레이저이다. 고체나 액체에서는 완화가 있는 것이 특징으로 이것을 교묘하게 이용한다. 들뜨게 된 위의 준위와 아래 준위 사이의 에너지 차가 큰 경우, 발광이 지배적이므로 레이저를 발진시키는 유도방출이 되고 작으면 매질이 진동이나 소리알로 에너지가 전달된다. 그러므로 3준위 및 4준위 레이저가 가능하게 된다(그림 14.9).

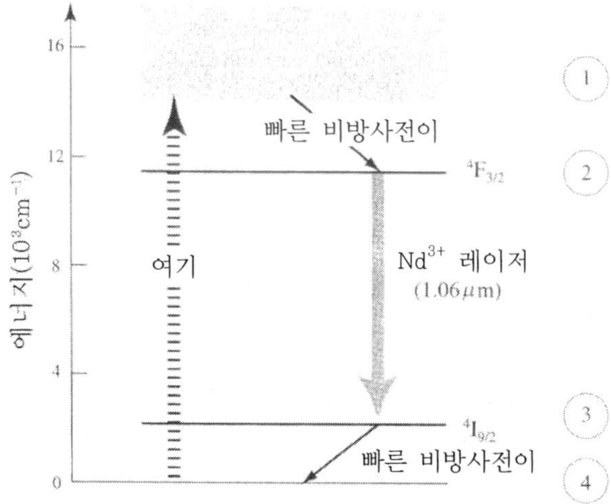

그림 14.9 ▸ Nd^{3+} 레이저는 전형적인 4준위 레이저

표 14.1 ▶ 고체 · 액체 레이저의 분광학적 특징

대표	특징	천이	진동자 세기	형광수명	형광파장 (nm)	형광선폭/cm
Nd^{3+}	고출력	4f−4f	$10^{-6} \sim 10^{-8}$	$10^{-5} \sim 10^{-2}$	200 ~ 5,000	10
Ti^{3+}	파장가변 초단펄스	3d−3d	$10^{-2} \sim 10^{-6}$	$10^{-6} \sim 10^{-3}$	660 ~ 2,500	10 ~ 3,000
Rhodamine 6G	파장가변 초단펄스	$\pi - \pi$	$1 \sim 10^{-3}$	$10^{-12} \sim 10^{-6}$	270 ~ 1,300	1,000 ~ 4,000

주변의 매체와 상호작용이 크기 때문에 빛의 전이 스펙트럼은 3,000/cm를 넘는 것도 있다. 이것을 이용한 **파장가변 레이저**가 실현되고, CW에서 초단펄스 발생이 가능하다. 들뜸방법은 광들뜸(빛으로 들뜨게 함)이 주류를 이룬다. 레이저 발진 파장영역은 매체가 광학적으로 투명한 자외선에서 근적외선까지이다.

3. 기체 레이저

원자, 이온 및 분자의 전자상태, 진동과 회전준위 간의 차이, 그리고 그 조합상태 사이에서 레이저가 발진한다. 그 결과 발진선은 아주 많고, 파장영역도 진공 자외선에서 밀리미터파까지 포함하고 있다. 또 고체 · 액체 계에서 볼 수 있었던 완화의 효과가 적기 때문에 레이저의 스펙트럼 폭은 원래 좁은 것이 기체 레이저의 특징 중에 하나이다.

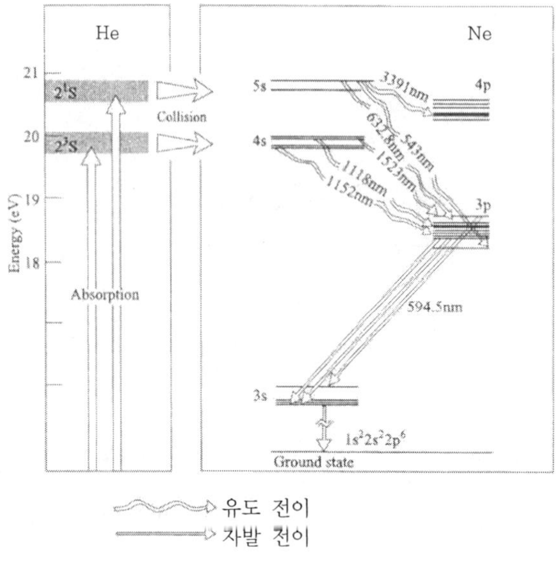

그림 14.10 ▶ He-Ne 레이저 에너지 준위

들뜨게 하는 방법은 방전 등에 의한 전자충돌이 주류를 이루고 있다. 원적외선 레이저에서는 빛으로 들뜨게 하는 것이 유효하며, 화학반응을 이용한 화학 레이저도 있다.

엑시머 레이저의 엑시머는 방전에 의해 만들어진다. 바닥상태에서는 안정하지 않기 때문에 고효율 레이저이고, 1nm 정도의 스펙트럼 폭을 가진다. 50 ~ 500Hz로 동작시킬 수 있고, 펄스당 수십에서 1,000mJ의 출력이 얻어진다. 전자빛살을 들뜨게 하는 Ar_2 레이저(126nm) 등도 알려져 있다.

가시광 기체 레이저인 He-Ne 레이저는 0.2 ~ 1.33μm에 걸쳐 수많은 발진 스펙트럼선이 있지만 632.8nm가 대표적이다. Ar 이론 레이저는 이온화된 Ar 원자의 에너지 준위 사이에서 발진한다. 10W(514.5nm)와 8W(488.0nm) 등의 출력이 있다. He-Cd 레이저의 파장은 325.0nm 및 441.6nm 등이다. 구리증기 레이저는 고반복 펄스로 510.5nm 등에서 발진한다.

적외선 기체 레이저의 적외선 영역에서는 진동회전 준위 사이에 수많은 발진 스펙트럼선이 알려져 있다. CO_2 레이저는 9 ~ 11μm에서 발진하고, 변환효율은 5 ~ 40%로 높으며, CW 및 펄스 발진 모두 가능하다. 적외선 다 광양자 반응이나 가공 등에 사용된다. 옥소 레이저(1.315μm), HF(DF) 화학 레이저(2.6 ~ 4.3μm), CO 레이저(4.9 ~ 5.7μm)와 원적외선 레이저로 H_2O와 CH_3F 등(28 ~ 1,222μm)이 있다.

참고로 He-Ne 레이저의 구조를 그림 14.11에 보였다. 일반적인 구조에서 보는 바와 같은 전형적인 구조이며 편광된 빛을 얻기 위해 Brewster 창(window)을 사용하고 있다. 기체 레이저의 대부분이 이러한 구조로 되어 있다. 공진기는 왼쪽 거울이 완전반사경이고 오른쪽이 출력거울이다.

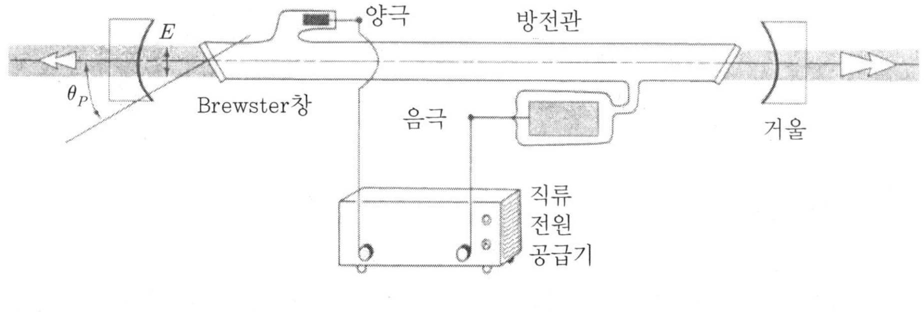

그림 14.11 ▸ He-Ne 레이저의 구조

4. 액체(색소) 레이저

활성물질을 용매에 녹여 쓰는 액체 레이저에서는 고체 레이저에서와 같이 강한 들뜬 빛이나 발진된 빛에 의해 파괴되는 것이 없고, 매질의 광학적 균질성을 유지하면서 체적을 크게 할 수 있으며, 활성물질의 농도를 용이하게 조절할 수 있는 것이 특징이다. 다른 종류의 분자를 첨가하여 레이저 효율을 높이고 발진시간을 연장할 수 있는 장점도 있다. 그러나 액체에서는 이온이나 분자의 열운동 때문에 빛을 발생하는 곳 주위의 환경이 시간에 따라 변하여 선폭이 넓어지거나 들뜬 광에 의해 이득매질이 가열되면 굴절률에 변화를 주어 액체에 의한 광산란을 일으켜 발진문턱 값이 높아지는 단점이 있다.

액체 레이저에는 Nd^{3+}, Eu^{+3} 및 Tb^{3+}등 희토류 이온들이 갖는 에너지 준위 사이의 전이를 이용하여 레이저 발진특성이 희토류 고체 레이저와 비슷한 무기액체 레이저, 유기분자 사이에 희토류 이온이 결합되어 있는 킬레이트(chelate) 화합물에 의한 킬레이트 레이저, 그리고 유기화합물의 진동준위 사이의 형광스펙트럼을 이용하는 독특한 특성을 갖는 색소(dye) 레이저가 있다.

색소 레이저는 발진파장이 자외선 영역부터 적외선 영역까지 연속적으로 가변 가능하여 임의의 파장을 갖는 레이저 빛을 얻을 수 있기 때문에 **파장가변 레이저**라고도 한다. 다른 레이저에 없는 많은 특징을 가지고 있다. 발진 형태는 연속발진 및 펄스발진 모두가 가능하며 펄스폭이 femto초의 극초단 펄스발진이 가능하다. 색소는 들뜬 빛에 대하여 흡수계수가 크기 때문에 발진효율이 좋고 고출력이며 레이저 준위의 수명이 10^{-8}초 정도로 짧은 것이 특징이다.

그 외에도 이득매질이 균질하고, 임의의 모양으로 만들 수 있으며 값이 저렴하고 순환시켜 사용할 경우 냉각이 필요 없고 변질되거나 성능이 떨어지지 않는다. 이득매질인 색소의 농도와 혼합비를 자유롭게 조절할 수 있고, 온도제어도 쉬우며 소형으로 높은 이득, 높은 출력을 얻을 수 있는 장점이 크다.

5. 반도체 레이저

레이저 중에서도 가볍고 크기가 작은 반도체 레이저는 1962년에 발명되었다. 광들뜸과 전자빛살 들뜸에 의한 반도체 레이저도 있지만, 일반적으로는 PN 접합에 순방향 전압을 걸어서 반전분포를 달성하는 주입형 레이저가 널리 이용되고 있다. 반도체에서 전자와 **정공**(hole)의 재결합 발광을 이용하고, 주로 가시광에서부터 적외선 영역에 걸쳐 발진한다.

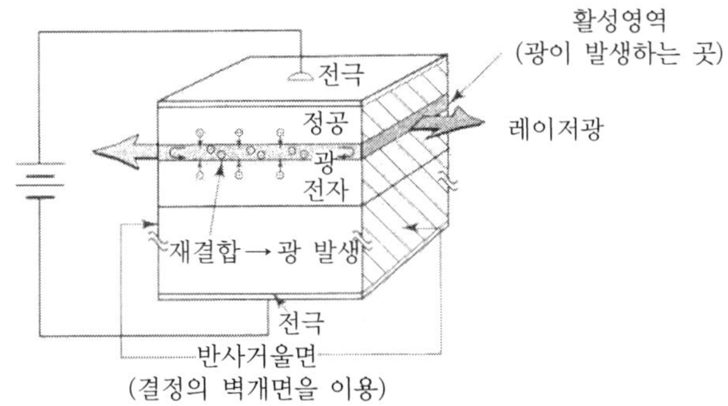

그림 14.12 ▸ 이중 헤테로 접합형 반도체 레이저의 개략도

최근에 반도체 레이저는 이중 헤테로 접합을 기초한 각종 형태의 접합이 개발되어 반전분포상태를 어떻게 효과적으로 만들고, 고성능 고효율의 레이저를 발진시키는가에 주안점을 두어 수많은 성과가 발표되고 있다.

그림 14.12는 기초가 되는 이중 헤테로 접합형 반도체 레이저의 개략도이다. 직접 전이형 발광층이 되는 **띠 간격**(band gap)이 좁은 반도체 재료를, 그것보다 띠 간격이 조금 넓은 반도체 재료로 감싼 PN 접합을 형성하고 있다. 공진기는 결정의 **갈라진 틈**(벽개 ; cleave)을 이용하여 형성한다.

6. 기타 레이저

1) 색 중심 레이저

적외선 영역인 0.8~4.0μm의 파장대에서 사용되는 레이저로서 이득매질은 LiF, NaF, KF, NaCl과 같은 할로겐화 알칼리 결정체이다. 단순한 결정체는 레이저 이득물질로서 적합하지 못하고 이온들이 빠져나간 격자공간에 전자가 가두어져 있는 형태의 결함이 있는 매질이어야 한다. 이러한 매질을 **결함중심**(defect center) 혹은 **색 중심**(color center)이라 한다.

이러한 색 중심 이득매질에는 F_A, F_B, F_2^{+2}, N_2을 비롯하여 KCl:Li $F_A(II)$ 등 여러 가지가 있지만 여기서는 $F_A(II)$ 색 중심만 언급하기로 한다. $F_A(II)$는 Li^+ 옆에 있어야 할 Cl^- 이온 자리에 전자가 박혀 있는 것으로, 이 전자는 하나의 이온에 속해 있는 것은 아니지만 수소 원자형 전자이다. 옆의 Li^+은 K^+ 이온과 다르게 들뜬상태의 겹침(degenerate)은 제거되어 있다. 광펌핑으로 들뜬 후 곧 주위의 Li^+과 Cl^- 이온이 자리 이동을 하여 2중 구조를 이룬다. **전이율**(transition rate)은 매우 크며 스토크스 이동이 크다. 상온에서는 작동할 수 없고 저온에서만 레이저 발진이 가능하며 수명이 짧은 것이 단점이다.

2) 자유전자 레이저

자유전자 레이저가 다른 어떤 레이저와도 뚜렷하게 구별되는 것은 원자 에너지 준위 사이의 전이에 의한 빛의 발생이 아니라, 엄청난 에너지의 전자가 공간적으로 교대로 배열된 자기장을 지나가면서, 방향을 바꿀 때 나오는 빛을 이용하는 것이다. 따라서 그 빛의 진동수는 자석의 배열주기와 전자의 에너지에 따른다. 이론적으로는 어떤 파장의 빛도 얻을 수 있으나, 현재는 주로 원적외선 영역의 레이저가 분광학적 연구 등에 많이 활용되고 있다.

3) X-선 레이저

레이저의 파장이 짧을수록 빛살다발을 더 작게 모을 수 있기 때문에 미세한 회로 제작이나 리소그래피(lithography), X-선 영상 그리고 홀로그래피 등에 활용될 수 있다. 핵폭발에 의한 X-선 레이저 개발이 비밀리에 진행되어 왔으나 최근에는 실험실에서 소규모의 X-선 레이저가 개발되었다.

예를 들어 Se 레이저는 강력한 0.5ns의 532nm Nd : glass 레이저로서 Se의 얇은 판을 펌핑하여 플라즈마를 형성하고 Se^{24+} 이온에서 전이가 일어나면서 주위의 들뜬 이온들을 유도방출하게 되어 20.6nm, 20.9nm 파장의 레이저를 얻게 되었다. 지금까지 가장 짧은 X-선 레이저는 W^{46+}로부터 얻은 4.32nm와 Pt^{50+}에서 얻은 3.5nm 파장을 내는 레이저이다.

4) 화학 레이저

이것은 밀도 반전이 화학반응으로 이루어지는 레이저이다. 가장 잘 알려진 화학 레이저 중에 하나인 HF 레이저를 예로 들어 보면 이들은 간단히

$$F + H_2 \rightarrow H + HF^* \tag{14.17}$$

$$HF^* \rightarrow HF + h\nu \tag{14.18}$$

로 나타낼 수 있고 2.6~3.0μm 사이에 여러 가지 파장을 낸다. 파장이 3.52~4.05μm인 DF 레이저는 수분에 의한 흡수가 적어서 대기 중에서 멀리까지 보낼 수가 있고, 전기적인 펌핑이 필요 없기 때문에 높은 에너지 레이저 무기체계나 군사적 목적의 라이더(lidar) 등에 사용되고 있다.

이 외에도 He-Cd 레이저, 구리 증기 레이저, 금 증기 레이저 등 이온화된 금속 증기 레이저, 질소 레이저(337.1nm), CO 레이저(5~7μm), 원적외선 영역에서 CO_2 레이저로 메탄올 등을 펌핑한 40~1,220μm 파장의 원적외선 레이저 등 많은 레이저가 있다. 또한 비선형 광특성을 이용한 OPO 레이저는 색소 레이저를 완전히 대치하고 자외선과 근적외선 영역에서 사용할 수 있게 되었다.

제14장 레이저 원리

연습문제

[1] 만일 레이저 활동이 들뜬상태에서 바닥상태 $E_1 = 0$로 천이에 의해 일어나며 546nm의 파장을 가진 빛을 발산한다면 들뜬상태의 에너지 준위 E_2는 얼마인가?

[2] 천이는 준안정상태 E_3와 바닥상태 위인 에너지 상태 E_2 자리에서 일어난다. 만일 복사가 632.8nm이고 $E_2 = 4.0 \times 10^{-20}$J이라면 E_3 상태에는 얼마의 에너지가 포함되어 있을까?

[3] 준안정상태 E_3와 바닥상태 위인 에너지 상태 E_1에서 전이가 일어난다. 만일 복사가 1.2μm이고 $E_2 = 4.0 \times 10^{-20}$J이라면 E_3 상태에는 얼마의 에너지가 포함되어 있는가?

[4] 스펙트럼선의 넓어짐을 열거하라.

[5] 레이저 펌핑 방법을 아는 대로 써 보라.

Chapter

15

레이저의 특성과 응용

제1절 공 진 기

1. 광공진기의 동작

그림 15.1에서 보는 바와 같이 두 장의 거울로 구성된 **광공진기**(optical resonator)를 고려해 보자. 이득매질에서 들뜨게 된 소수 원자의 방출에 의해 서로 다른 파장, 위상 및 편광을 가지는 빛이 생겨 여기저기에서 모든 방향으로 전파하게 된다. 이렇게 하여 생긴 자발방출된 빛이 계기가 되어 점점 유도방출이 일어나고 빛은 증폭된다. 그중에서 광축방향으로 진행하는 빛은 한쪽 거울에 의해 반사된다. 이 빛이 다시 이득매질 안으로 되돌아온다. 이 같은 빛이 평행한 두 거울의 광공진기에 의해 여러 번 왕복하게 된다. 이것을 빛의 **되먹임**(feedback)이라 한다.

거울 사이의 거리는 빛의 파장에 비해 상당히 길지만 파장의 정수배가 되면 정재파가 생겨 유도방출이 급격히 진전된다. 이것을 **공진현상**이라 하며 그 때문에 레이저가 발진된다. 공진기 안에서는 각 원자에서 유도된 파의 길이는 짧지만 공진기 안에서 공진하는 빛은 모두 같은 위상이기 때문에 전체로 보면 연속되는 광파가 된다.

광공진기 안에서 발진상태가 된 빛을 밖으로 내보내려면 일반적으로 한쪽 거울이 어느 정도 투과성을 가져야 한다. 그러나 빛의 증폭도를 고려하면 손실에 직접 관여하므로 투과율을 함부로 높일 수 없다. 약간의 투과율을 가지고 발진된 레이저 빛을 내보내는 거울을 **출력거울**이라 한다.

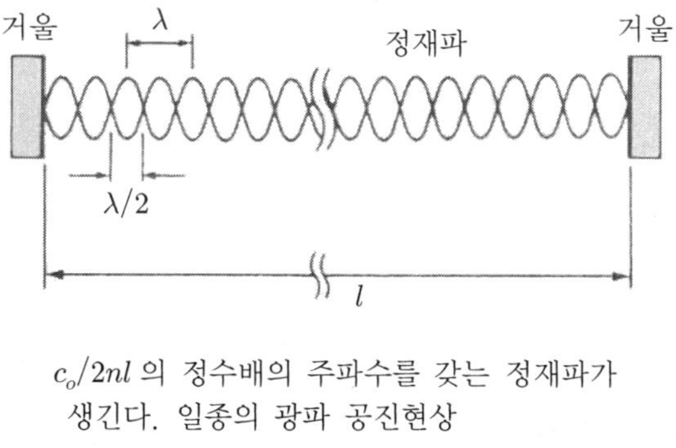

그림 15.1 ▶ 평행한 거울 사이의 정재파

2. 광공진기의 구성

광공진기의 두 거울 사이에서는 레이저 빛이 수없이 많이 반사하여 왕복하기 때문에 반사면의 손실을 줄이기 위해 유전체 박막으로 처리해야 한다. 두 거울 사이의 평행도가 떨어지면 광로가 광축으로부터 벗어나서 손실이 일어나 발진을 못하는 경우가 발생한다. 그래서 증폭도가 비교적 낮은 레이저 장치에서는 오목거울을 사용하는 경우가 있다.

그림 15.2(a)는 평행한 거울로 구성된 경우이며, 이러한 경우에 특히 손실을 감소시키기 위해서는 두 거울을 평행하게 정확히 맞춰 주어야 한다. (b)는 거울간격 l보다 거울의 곡률 반지름이 작은 경우로, 거울 M_1과 M_2의 곡률 반지름을 R_1과 R_2라 할 때 $(R_1 + R_2) < l$이면, M_1의 곡률중심 O_1을 통과하는 빛살다발이 M_2에서 반사될 때 빛살다발의 광로가 확산되어 간다.

$$(R_1 + R_2) < l \tag{15.1}$$

이면, O_1을 통과하는 빛살다발은 M_2에서 반사 후에도 집속되는 방향으로 진행하여 반복 반사가 가능하다. (c)는

$$R_1 > l \text{과 } R_2 > l \tag{15.2}$$

인 경우로, 양쪽 거울의 곡률중심이 각 거울의 뒤편에 있어 어떤 경우라도 반복 반사된

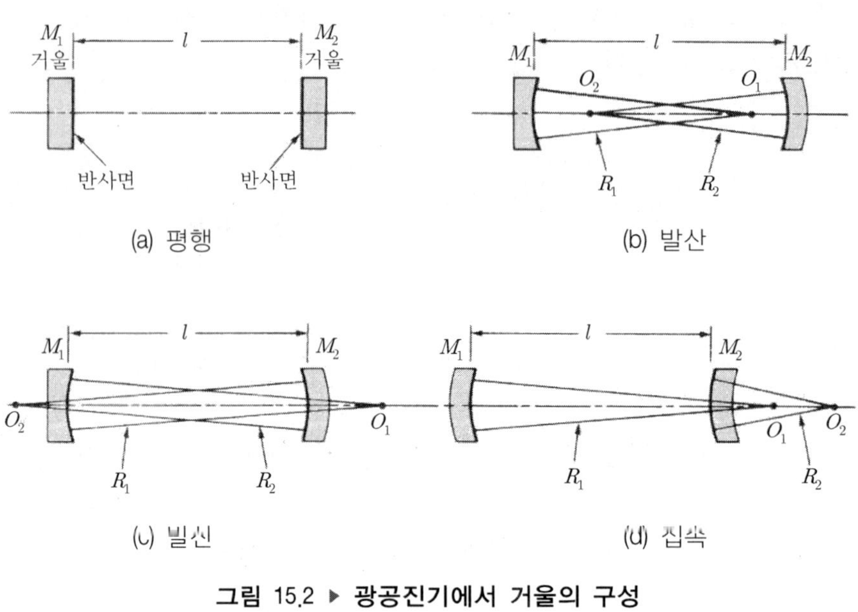

그림 15.2 ▸ 광공진기에서 거울의 구성

빛살다발은 집속방향으로 향하기 때문에 반복 반사는 안정된 상태가 된다. 그러나 R_1과 R_2가 너무 크면 평면거울과 같이 취급하여 평행도가 정확하게 선정렬을 해야 한다. (d)는 M_1이 오목거울이고 M_2가 볼록거울인 경우이다. 이것은 얼핏 생각하면 확산할 것 같지만 $R_2 < 0$이고

$$R_1 > l,\ (R_1 + R_2) < l \tag{15.3}$$

인 경우, 즉 M_1의 곡률중심 O_1이 M_2와 M_2의 곡률중심 O_2와의 사이에 있을 경우만 광속은 집속하는 방향으로 반사되어 반복반사가 가능하다.

광공진기를 구성하는 두 거울 사이에서 빛살다발이 반복 반사하여도 공진기 안에 그대로 머물러 있는 상태가 되면 이 공진기는 안정하다고 하고, 반사하여 거울을 통하지 않고 공진기 밖으로 나가게 되면 불안정하다 한다. 일반적으로 공진기의 안정기준은 거울의 곡률 반지름 R_1, R_2 및 거울간격 l에 의해 표현된 식을 사용한다. 광선행렬을 이용하여 이들의 관계를 나타낸 식

$$0 \le \left(1 - \frac{l}{R_1}\right)\left(1 - \frac{l}{R_2}\right) \le 1 \tag{15.4}$$

의 조건을 만족시킬 때 **안정공진기**가 되고 이를 만족시키지 못할 때 **불안정공진기**라 한다.

제 2 절 레이저 모드

레이저 발진은 광공진기 안에서 생기는 정재파에 따라 모드가 다양하다. 그림 15.3과 같이 현의 진동에서 정재파의 배가 한 개일 경우 기본 진동하는 것과 배가 두 개 또는 네 개일 때 제 2고조파 또는 제 4고조파로 진동하는 것도 있다. 이와 같이 여러 가지 모드를 **진동모드**라 한다. 광공진기에서도 마찬가지로 여러 가지 진동모드가 존재한다.

1. 종모드

그림 15.3에서와 같은 광공진기에서 만들어지는 정재파의 진동수, 즉 공진진동수는 공진기의 간격 l, 빛의 파장을 λ, 그리고 진동수를 ν라 할 때 빛이 광공진기 안에서 1번 왕복했을 때 위상변화량이 $2kl$이 2π의 정수배가 된다.

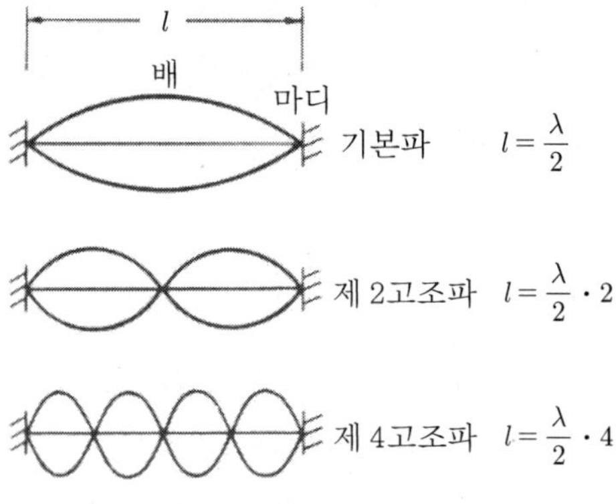

그림 15.3 ▶ 현의 진동모드

즉, 평면파 근사 공진조건인 $kl=m\pi$이고, $k=2\pi/\lambda=(2n\pi\nu/c)$이다. 여기서 m번째의 공진진동수는 공진기 안의 매질의 굴절률이 n이고

$$\nu_m=\frac{mc}{2nl} \tag{15.5}$$

로 구할 수 있고, $m+1$번째와 m번째의 공진진동수 간격 ν_p는

$$\nu_p=\nu_{m+1}-\nu_m=\frac{c}{2nl}=\frac{\nu_m}{m} \tag{15.6}$$

이 된다. ν_p을 **종모드**(axial, longitudinal mode) **간격**이라 한다.

식 (15.5)에 의하면 굴절률이 1이고 $m=1$일 때 공진기 간격이 1m라 하면 진동수는 150MHz가 되지만 진동수가 150MHz 정도인 빛은 없기 때문에 정재파는 생기지 않는다. 실제로 가시광의 진동수는 $10^{14}\sim10^{15}$Hz 정도이다. 길이가 1m인 광공진기는 기

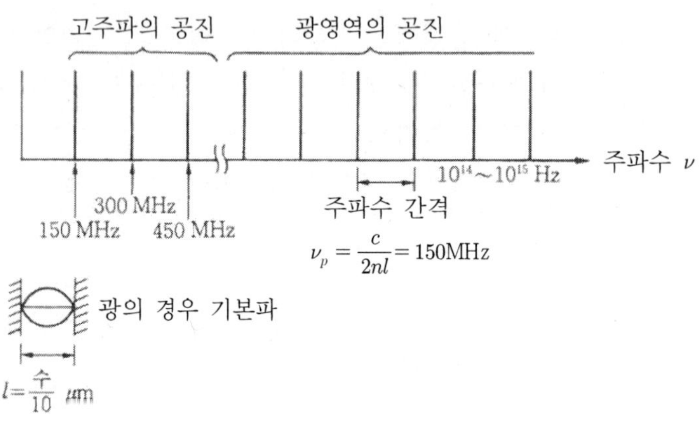

그림 15.4 ▶ 광공진기의 공진진동수

본진동의 $10^6 \sim 10^7$차 정도의 고조파가 발생하는 것이다. 그러므로 기본진동이 정재파로 되는 길이 l은 $\sim 10^{-6}$mm일 때이다(그림 15.4). 이와 같이 광공진기의 공진진동수는 $\nu_p = c/2nl$ 간격으로 무수히 존재한다.

광공진기를 구성하여 레이저를 발진시키려 할 때는 공진기 안에 있는 이득매질의 에너지 준위에 의해 정해진 $\nu = (E_2 - E_1)/h$와, 공진기의 간격에서 정해지는 몇 번째 의 고조파 $\nu_m = mc/2nl$을 일치시켜 정재파를 만들어야 한다. 여기서 공진기 간격 l을 $\lambda/2$의 1/10 정도로 정밀하게 미세 조정해야만 한다. 이같이 안정한 레이저 발진을 얻는다는 것은 매우 어려운 것이다. 그러나 다음의 이유에서 광공진기 내에 거울의 평행도 조정만으로도 쉽게 발진시킬 수 있다.

He-Ne 레이저의 경우를 예로 들어 보면 도플러 폭은 약 1,500MHz이고, 이 폭을 갖는 증폭곡선의 한 진동수와 광공진기의 진동수는 일치하게 된다. 이렇게 일치된 진동수만이 유도방출되어 레이저가 발진된다. 이와 같이 도플러 폭이 존재하기 때문에 광공진기 간격의 $\lambda/2$ 수준에서 미세한 조정은 필요하지 않게 된다. 공진기의 길이 1m인 He-Ne 레이저의 경우 도플러 폭 안의 주파수와 일치하는 광공진기에 의한 진동수는 10개 정도 있고, 이들이 각각 발진한다.

2. 횡모드

레이저의 출력거울 바로 앞에서 형성되는 레이저 광속의 수직 단면의 세기분포를 **횡모드**(transverse mode)라 한다. 종모드와 달리 가시광 영역에서 연속 발진하는 레이저 빛살다발이라면 직접 그 모양을 관측할 수도 있다. 횡모드는 광공진기의 구조나 특성에 의해 좌우된다.

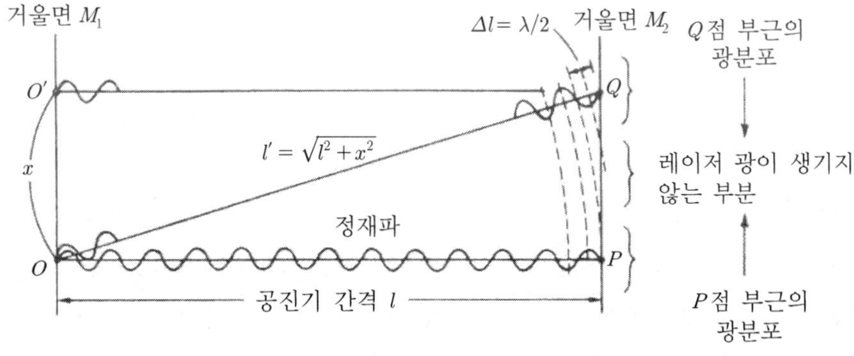

그림 15.5 ▶ 거울면 위의 파면 위상과 레이저 빛의 분포

그림 15.5에서 보는 바와 같이 평면거울의 광공진기에서 그 간격이 l이라 하고 한쪽 거울 M_1의 중심 O점에서 출발하는 광파에 대해 생각해 보자. O점에서 출발한 빛은 회절에 의해 구면파로 되어 입체적으로 넓어진다. 그러므로 O점에서 광축을 따라 반대쪽 거울의 P점에 도달하는 것과 광축에서 조금 벗어난 Q점에 도달하는 광파도 있다. 여기서 O점에서 Q점까지의 광로정을 l'이라 하면

$$l'^2 = \sqrt{l^2 + x^2}\ (x = \overline{PQ}) \tag{15.7}$$

이고, $x \ll 1$이라 가정하면 근사적으로 $l' \fallingdotseq l + \left(\frac{x^2}{2l}\right)$으로 되며 l'과 l의 광로정차 Δl은

$$\Delta l = \frac{x^2}{2l} \tag{15.8}$$

로 된다. 또 $\Delta l = \lambda/2$이면 P점과 Q점은 위상이 π만큼 차이가 난다. 그러므로 이 두 빛이 만나면 소멸간섭이 되어 정재파가 안 생긴다. 즉 레이저 광이 발진하지 않는 부분이 생기는 것이다. 만일 M_1 위의 O점에서 x만큼 떨어진 O'점에서 동시에 출발하는 OP에 나란한 빛이 Q점에서 중첩되면 상호 소멸되어 빛이 약하게 된다. 더욱이 광로정차 $\Delta l = \lambda$로 되는 x의 위치에서는 두 개의 광파가 서로 보강이 된다. 이와 같이 광공진기의 거울 면 위에서는 간섭과 회절현상으로 인하여 광공진기의 특성에 따라 빛의 분포가 복잡한 모드로 된다. 이것을 **횡모드** 또는 **공간모드**라 한다.

일반적으로 레이저는 전자파이고 전장성분과 자장성분으로 구성되는 횡파이기 때문에 **횡전자파**(Transverse Electromagnetic wave)의 앞 글자를 써서 TEM파라 한다. TEM파의 여러 가지 모드를 구별하기 위해 TEM_{mn}과 같이 표기한다. 그림 15.6에서 맨 위 줄에는 종모드만 있는 경우이고 맨 왼쪽 열은 횡모드만 있는 경우이다. 가장 단순한 단일모드는 TEM_{00}라 하고 그 외에 것은 고차 모드로서 TEM_{mn}과 같이 나타낸다. 횡모드가 복잡하게 나타나는 레이저는 시간적으로나 공간적으로 결맞음 정도가 낮다.

TEM_{00} 모드 발진을 위해서 그림 15.7에서 보는 바와 같은 방법을 이용한다. 첫 번째는 레이저 이득물질에서 유용한 영역을 좁혀 광축에 가까운 빛살다발만을 선택, 광공진기 안의 어느 부분에서도 광로차가 생기지 않도록 하는 것이다. 두 번째는 거울의 곡률반경을 $R_1 = R_2 = l/2$ 또는 $R_1 = \infty$, $R_2 = l$로 하면 O점에서 출발하는 구면파의 파면과 거울면의 곡률이 일치하여 어느 점에서도 위상이 어긋나지 않도록 하는 것이다.

공진기의 간격 l이 거울의 진동 등으로 조금씩이라도 변하면 광공진기에서 발진이 안 되는 영역, 즉 회절손실이 큰 부분이 생기게 되어 발진이 불안정하다. 이 때문에 특히 아주 이득이 작은 레이저에서는 사용하지 않는다. 그래서 소형 레이저에서는 곡률반경이 짧은 거울로 구성된 공진기를 사용하고, 출력이 큰 레이저는 주로 곡률반경이 큰 거울로 구성된 공진기를 사용하여 TEM_{00} 모드를 얻는다.

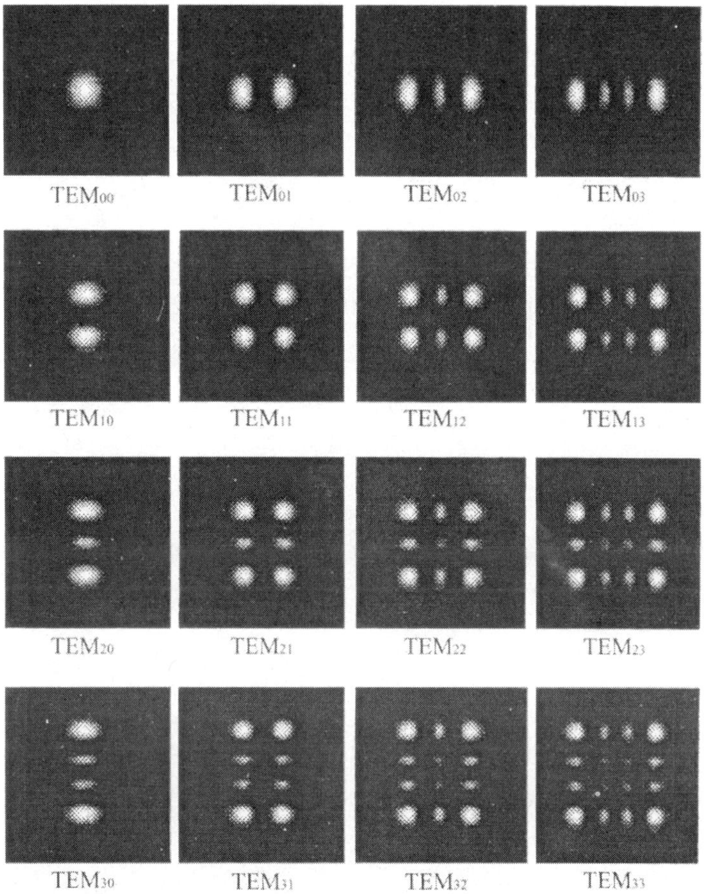

그림 15.6 ▸ 여러 가지 모양의 횡모드

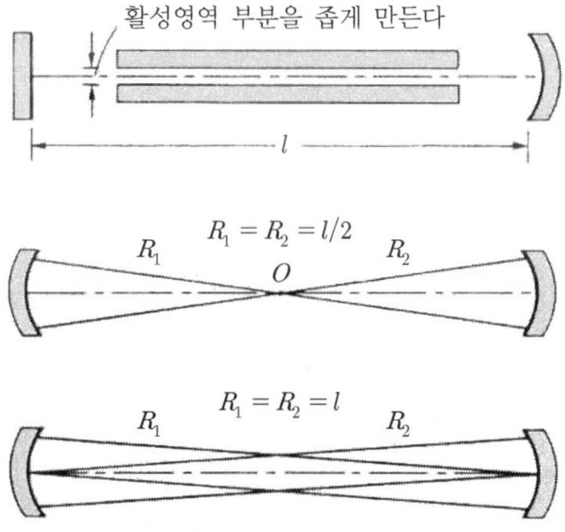

그림 15.7 ▸ TEM_{00} 모드 발진방법

주로 평면거울을 사용하는 고체 레이저의 경우, 공진기 안에서 고차모드가 발생하는 것을 억제하기 위해 공진기 안에 빛을 좁히는 조리개를 설치하는 등의 방법으로 TEM_{00} 모드를 얻고 있다. 그러나 이 경우에 광공진기로 인한 손실이 커지기 때문에 다소 출력이 낮아진다.

제 3 절 펄스 레이저

1. Q 스위치 발진

Q 스위치 발진은 높은 첨두(peak) 출력에 짧은 펄스를 얻기 위한 방법 중에 하나이다. 레이저 이득물질을 들뜨게 하면 높은 에너지 준위의 밀도가 올라간다. 들뜬상태에서 수명이 지나면 자연방출에 의해 빛이 방출된다. 이 방출되는 빛이 다시 유도방출에 의해 증폭된다. 이 증폭률이 광공진기의 손실보다 커지면 발진에 도달한다. 그러나 광공진기의 손실이 커지면 공진기 안에서는 그다지 유도방출은 일어나지 않고, 빛이 소실된다. 이때 들뜬상태의 밀도는 들뜸이 계속되는 한 높아진다.

광공진기 안에 Q 스위치를 넣어서 레이저의 이득보다도 광공진기의 손실이 크게 되고 반전분포는 만들어지지만 레이저 발진은 일어나지 않는다. 이러한 공진기 안에 손실과 관련하여 모드 진동수가 ω_0인 경우에 공진기의 Q(quality factor)값을 정의한다.

$$Q = \omega_0 \times \frac{\omega_0 \text{ 모드에 저장된 에너지}}{\text{단위시간당 에너지 손실}} = \omega_0 \frac{W(t)}{(-dW/dt)} \tag{15.9}$$

정의로부터

$$W(t) = W(0)e^{-\omega_0 t/Q} \tag{15.10}$$

을 얻을 수 있다. 공진기 안에 에너지가 처음의 $1/e$로 줄어드는 시간을 **공진기수명시간** $\tau_c = Q/\omega_0$가 된다.

반전분포량을 크게 하기 위해서 광공진기의 손실을 크게, 즉 Q값을 작게 하여 발진 문턱 값을 높여야 한다. 여기서 들뜨게 되는 사이에 인위적으로 광공진기의 Q값을 작게 해두고 반전분포량이 충분히 커졌을 때 갑자기 Q값을 원래대로 높게 만들면 반전분포량, 즉 이득계수는 발진문턱값보다 아주 큰 값이 되어 순간적으로 강력한 레이저를 발진시킬 수 있다. 이 같은 기술을 **Q스위치**라고 하고, 이렇게 얻은 강력한 펄스 빛을 **거대펄스**(giant pulse)라 한다.

Q스위치 방법에는 회전거울이나 회전프리즘을 이용하는 기계적인 방법, 가포화성 색소 같은 비선형 흡수체를 이용하는 방법, 초음파 포자의 음향광학(AO : Acoustic Optics) 효과를 이용하는 방법 그리고 Pockel 포자나 Kerr 포자의 전기광학적 효과를 이용하는 방법이 있다.

2. 모드 잠금

스펙트럼 선폭이 균일하지 못하게 넓어지는 특성을 가지는 레이저에서는 많은 수의 종모드가 동시에 발진할 수 있다. 길이가 l인 평면 공진기 내부에 N개의 종모드가 발진한다고 생각해 보자. 모드 간격이 각진동수

$$\Delta\omega = \omega_{m+1} - \omega_m = \frac{\pi c}{l} \tag{15.11}$$

로 주어진다(그림 15.8).

그림 15.9는 모드 잠금(mode locking)이 된 레이저의 스펙트럼과 시간 파형을 나타낸 것이다.

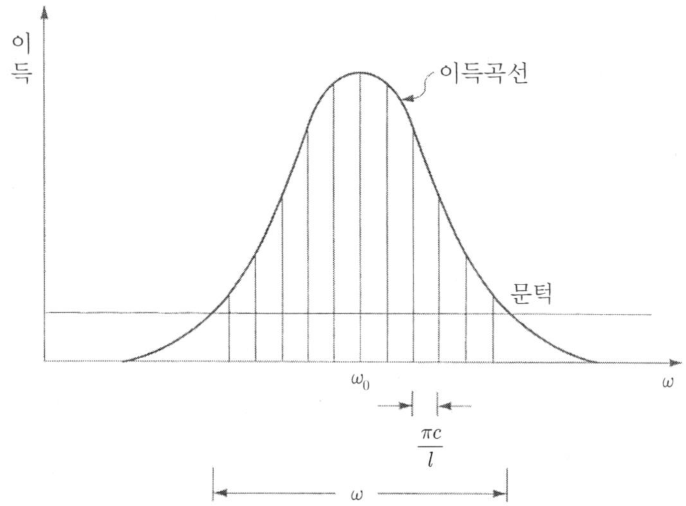

그림 15.8 ▶ ω_0을 중심으로 한 레이저 이득매질의 이득곡선

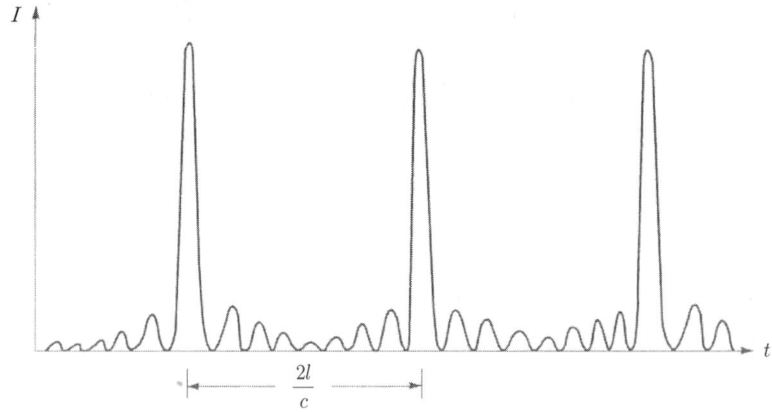

그림 15.9 ▶ 모드 잠금 레이저 펄스의 형태

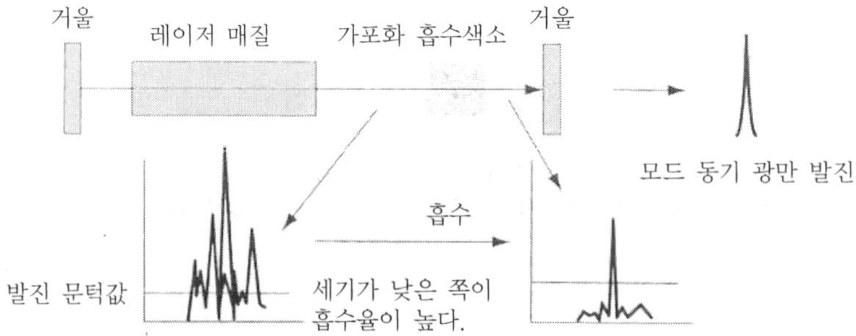

(a) 수동식 모드 잠금

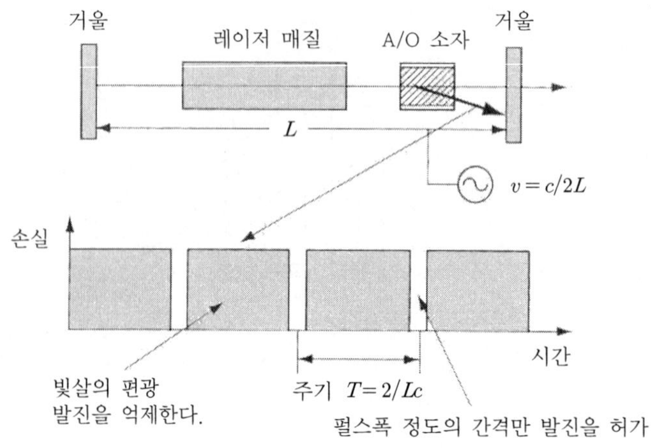

(b) 능동식 모드 잠금

그림 15.10 ▶ 모드 잠금장치의 구성 예와 원리

모드 잠금 방법에는 공진기의 왕복주기에 맞는 변조를 얻기 위해 매우 짧은 시간에 셔터를 열어 손실을 증대시켜서 발진광의 제멋대로의 발진을 억제하는 전기광학 변조기, 음향광학 변조기 등을 사용하여 외부에서 공급하는 능동식이 있고, 포화흡수체를 공진기 내부에 넣어서 변조를 하는 것과 같은 수동식이 있다. 이 외에도 모드 잠금된 레이저 빛을 씨앗 빛으로 발진기에 입사시켜 그 모드를 끌어들이는 **주입잠금**(injection locking) 등이 있다.

제 4 절 Gaussian 빛살다발 특성

1. 복사조도의 윤곽

빛살다발의 윤곽(profile)은 빛살다발의 직경을 가로지르는 에너지 분포를 의미한다. TEM_{00} 모드에서 레이저가 작동하면 빛의 세기는 가우스 분포를 가진다. 광축으로부터 주어진 거리 ρ에 따라서 빛의 세기는 다음과 같이 지수함수적으로 감소한다.

$$I(\rho, z) = I_0 e^{-4\rho^2/w^2(z)} \tag{15.12}$$

여기서 I_0는 **빛살다발 허리**(beam waist)의 중심에서 일어나는 최대 빛의 세기이다. 즉 $I_0 = I(0, 0)$이다. 빛살다발의 폭은 빛의 세기가 I_0인 광축으로부터 I_0/e^2로 떨어진 곳에서의 반지름 w의 2배로 정의한다.

빛살다발은 광공진기의 안팎에서 빛살다발의 윤곽을 그대로 유지하며 다만 빛살다발이 진행할 때 이 윤곽이 단순히 늘어나거나 줄어드는 효과만 나타난다. 예를 들어 공초점 공진기에서는 (또는 동심공진기 그리고 긴반지름 공진기에서도) 빛살다발은 가장 적은 지름을 가지거나 혹은 반사경 사이의 중간에서 빛살다발 허리를 가진다. 거기에서 반지름은

$$w_0 = \sqrt{\frac{L\lambda}{2\pi}} \tag{15.13}$$

이다. 여기서 L은 공진기의 반사경 사이의 거리이다. 그러므로 빛살다발 허리에서 빛살다발의 지름은 반지름의 2배이다. 그 크기는 단순히 공진기 밖의 빛살다발의 모양이 안쪽 모양의 연장이기 때문에 빛살다발 발산의 근거이며 그 관계는 그림 15.11에서 나타난다.

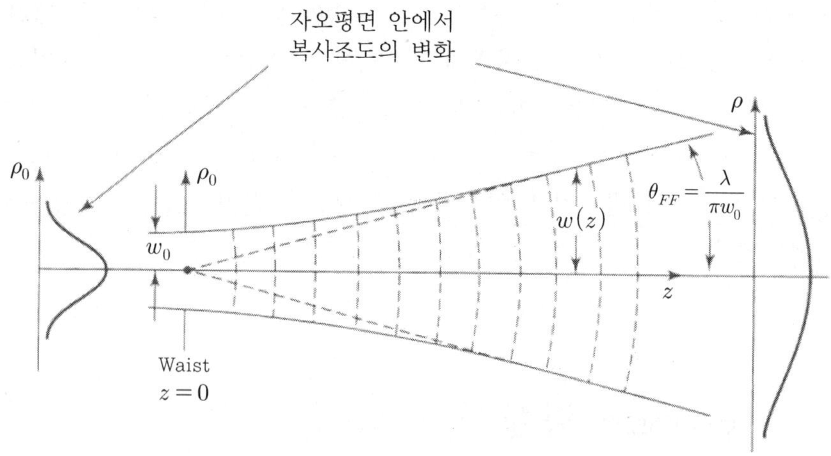

빛살다발 허리($z=0$)에서 spot 크기는 w_0로 정의된다. 빛살다발의 발산반각 $\theta_{FF}=\lambda/(\pi w_0)$은 먼 시야에서만 유효하다.

그림 15.11 ▶ z방향으로 전파하는 Gaussian 구면 빛살다발

2. 빛살다발의 퍼짐

레이저로부터 멀리 떨어진 원거리에서 빛살다발의 모양이 선형함수로 나타낼 수 있으며 광축과 각 θ를 갖는 빛살다발의 윤곽은

$$\theta_{FF} \approx \tan\theta_{FF} = \frac{\lambda}{\pi w_0} \tag{15.14}$$

이다. 이 각의 2배가 총발산각(full-angle divergence)이며

$$2\theta = \frac{2\lambda}{\pi w_0} \tag{15.15}$$

이다. 빛살다발의 발산이 그 허리에서의 반지름 w_0에 반비례함을 알 수 있다. 빛살다발의 허리의 반지름이 작을수록 발산은 크다.

빛이 진행하는 경로에 수렴렌즈를 놓아 초점에 빛살다발을 집속시켜 보자. 초점은 비록 일시적이지만 본질적으로 평면파의 파면이 있는 곳에 생긴 또 다른 빛살다발의 허리가 된다. 빛살다발의 허리를 벗어나면 다시 빛살다발은 넓어진다. 빛살다발의 반지름이 r이고 수렴렌즈의 초점거리가 f라면 빛살다발의 **반퍼짐각**(half-angle vergence)은 $\theta=\frac{r}{f}$이다. 이 각을 식 (15.14)와 연립하여 r에 대해 풀면

$$r = \frac{f\lambda}{\pi w_0} \tag{15.16}$$

를 얻는다. 여기서 r은 수렴렌즈 초점에서 빛살다발의 반지름이다. 전형적인 He-Ne 레이저의 빛살다발 발산각은 1 milli radian(mrad)이다. 다시 말해서 빛살다발이 1m 진행하면 1mm 크기로 지름이 증가한다. 그렇다면 He-Ne 레이저로부터 1km 떨어진 스크린에는 빛살다발의 지름이 1m 더 넓어진다는 것이다.

빛살다발의 발산원인에는 회절도 있다. 그 크기는 레일리 기준으로 알 수 있다.

$$\theta_{회절} \approx 1.22\frac{\lambda}{D} \tag{15.17}$$

여기서 D는 레이저 구경의 지름이거나 빛살다발을 확대하였을 때 렌즈 구경의 지름이다. 대부분의 기체 레이저는 회절 발산이 빛살다발 허리 부분의 발산크기보다 2배가 된다.

제 5 절 레이저의 응용

대부분의 레이저의 응용을 크게 두 가지 일반적인 분류로 나눌 수 있다.

① 레이저와 물질과의 상호작용

② 레이저와 정보

첫 번째 분류에서는 물질과 레이저의 상호작용과 영구적으로나 일시적으로 필요한 변화를 일으키는 것을 이용하는 것이고, 두 번째는 정보를 전송, 검출, 저장 그리고 처리 등에 이용하는 것이다(표 15.1).

고출력 연속 레이저를 이용하여 금속을 절단하거나 용접하기도 하며 파이프 내에 특정한 부분을 열처리하는 데 이용된다. 산소를 연소하며 자르거나 용접을 할 때는 많은 부분이 열로 녹아 손실이 큰 데 비해 레이저를 집속하여 가공을 하면 훨씬 깨끗하고 예민하게 가공할 수 있다. 그리고 산소연소로는 기계부품 안쪽에는 열처리가 불가능하지만 레이저 빛살다발을 집속하여 광학적으로 처리하면 간단하게 기계부품 안쪽에도 열처리가 가능해진다.

몰리브덴이나 텅스텐과 같은 금속에 구멍을 뚫을 때 정확한 모양으로 아주 작게 뚫을 수 있고 담배 필터에 공기구멍도 레이저로 뚫고 있다. 금속뿐만 아니라 옷감을 자를

표 15.1 ▶ 레이저 응용의 분류

레이저와 상호작용	레이저와 정보
재료 가공	광통신
절단	정보처리
용접	광학적 감지
열처리	거리측정
의학	광학적 정보저장
마킹과 scribing	프린터/복사기
정밀가공	광계측
레이저 분광학	홀로그래피
레이저 유도 에너지	선정렬(alignment)
레이저 무기	광주사(optical scanning)
냉각과 덫치기(trapping)	연예와 디스플레이 – 조명

때에도 레이저를 사용하면 올이 풀어지지 않고 깨끗하게 잘라지며 가구장식품 조각에도 사용된다.

의학적으로는 시술할 때 레이저 빛살다발을 집속시켜 절개를 하면 모세관의 출혈이 적으며 절개 부분을 작게 시술할 수 있다. 특히 안과 시술에서는 절개하지 않고도 레이저를 투과 집속시켜 눈 내부의 수술을 가능하게 함으로써 수술로 인한 상처자국이 없이 망막이나 눈 내부의 환부를 치료할 수 있게 되었다. 피부에 자외선 레이저를 사용하여 화학작용을 일으켜 환부를 치료하기도 한다. 치료뿐만 아니라 검진으로도 이용된다. 신경성 질환이나 암세포의 분포 등을 감지하여 매우 높은 신뢰도를 가지고 진단하고 있다.

군사용으로는 표적을 탐지, 표적을 지적, 탄도를 유도 그리고 적의 무기체계를 무력화시키는 데 응용되고 있다. 전술통신에 레이저를 이용함으로써 보안성을 매우 높일 수가 있다. 지능 포탄이나 지능 지뢰 등 스스로 전장을 감시하며 적절한 시기, 적절한 장소에서 폭발하도록 한다. 낮은 에너지 레이저로는 야간감시 장비의 검출기를 무력화시키며 소총 사수나 비행기 및 전차 조종사의 눈을 상하게 하여 전투력을 상실하게 하는 데 이용되고 있다. 개발 중에 있지만 높은 에너지 레이저 무기는 유도탄의 탄두를 파괴하거나 무력화시키며 전투비행기의 엔진을 공격하여 떨어뜨리는 데 활용하려 한다. 높은 에너지의 레이저 무기가 실용화될 경우 무기체계에 많은 변화를 일으킬 것이다. 특히 인공위성을 이용하면 별들의 전쟁이 현실화될 것이다.

레이저 빛살다발과 레이저 빛살다발의 상호작용을 이용하면 긴 파장을 짧은 파장 두 가지로 나누기도 하고 두 개의 짧은 파장을 합하여 긴 파장을 얻기도 한다. 또한 파장을 약간 다르게 변화시켜 사용할 수도 있다. 높은 에너지, 높은 출력 레이저는 핵융합에 이용하기 위하여 연구개발 중이고, 동위원소 분석에는 지금도 활용되고 있다.

원거리 감지로 공기오염이나 유독 가스 살포를 감지하여 분석할 수 있으며, 인공위성이나 항공기에 탑재한 레이저 감지기는 자원관리, 해양연구, 기상예보 등에도 활용되고 있다. 요즈음 통신이 많이 발달한 것도 레이저 광통신 발전의 혜택이다.

광파는 마이크로파에 비해 파장이 짧고 선폭이 좁아서 작은 크기로 많은 회선의 전화를 이용할 수 있게 되었다. 광메모리는 대량의 정보를 작은 공간 안에 저장할 수 있게 하였다. 앞으로 광컴퓨터가 개발되어 실용화되면 지금보다 더 작은 크기의 컴퓨터가 더 많은 양의 계산을 더 신속하게 처리할 수 있게 된다.

인공위성이나 항공기 촬영에 의한 정보를 처리하여 실수요자가 판독할 수 있도록 정보처리를 하고 있으며, 유형인식(pattern recognition)은 보안이나 정찰업무에 원활하게 이용되고 있다. 문자전송이나 사진정보를 통해 비행기나 무기체계, 차량 등의 형태를 분별하여 전쟁 중에 적의 사정을 보다 신속 정확하게 판단할 수 있게 만든다.

레이저 광의 간섭을 이용하여 넓은 범위에 수 nm까지 정밀한 측정이 가능하게 되었다. 첨단 장비를 생산할 때 지금보다 더 넓은 범위를 실시간으로 보다 정밀하게 측정함으로써 생산성을 높일 수 있게 된다. 복잡한 기계장치를 조립할 때 특히 정밀광학계의 선정렬(alignment)을 정확히 실행할 수 있도록 도움을 주어 정밀기계 가공에 활용된다. 거리를 실시간으로 정확하게 측정할 수 있어서 측량이나 전장에 사격통제를 신속정확하게 실행할 수 있게 되었다.

홀로그래피에 응용은 3차원적인 영상이 구현되며 홀로그래피 간섭계는 실시간으로 물체의 변형이나 역학적 힘의 분포를 측정할 수 있도록 한다. 연예활동에 조명효과를 크게 높여 화려한 무대를 마련해 준다. 그리고 전시효과가 커서 광고나 3차원 영화를 기대해 보게 된다. 연설문을 연사 앞에 띄워서 청중은 모르게 연설문을 읽을 수 있도록 해준다.

연습문제

[1] 루비의 굴절률 $n = 1.765$이다. 만일 결정이 3.2cm 길이에 파장이 694.3 nm이고 TEM_{00} 모드에서 레이저 동작이 일어난다면 공진기에 발진하는 최소의 정상파 수는 얼마인가?

[2] 처음에 폭이 2mm이고 후에 10m의 거리에서 12mm의 직경으로 퍼져나간 빛살다발의 발산각은 얼마인가?

[3] 만약 CO_2 레이저에서 나온 빛살다발의 폭이 4.0mm라면 작은 점 0.2mm의 직경으로 빛살다발의 초점을 맞출 렌즈의 초점거리는 얼마인가? 단, CO_2 레이저의 파장은 10.6μm이다.

[4] 1mW의 출력을 가진 He-Ne 레이저가 직경 2.0mm의 광속을 투영하고 5.0mrad의 발산각으로 눈에 투영된다. 또렷한 눈의 초점거리 22.5mm를 사용하면 얼마나 큰 초점이 망막에 형성될까?

[5] 광공진기 거울의 곡률반경이 각각 R_1, R_2이고 거울 사이의 거리가 l이라 할 때 안정공진기가 되는 조건식을 써 보라.

연습문제 풀이 및 해답

제 1 장 파동과 빛

[1] 파장 $\lambda = \frac{L}{n} = \frac{5.0\text{m}}{2.5} = 2.0\text{m}$, 진동수 $f = \frac{v}{\lambda} = \frac{10\text{m/s}}{2.0\text{m}} = 5/\text{s} = 5\text{Hz}$

각진동수 $\omega = 2\pi f = (2\pi)(5) = 10\pi(\text{rad/s})$, 전파수 $k = \frac{2\pi}{\lambda} = \frac{2\pi}{2.0\text{m}} = \pi/\text{m}$

해답 : 파장 2.0m, 진동수 5Hz, 각진동수 10πrad/s, 전파수 πm^{-1}

[2] 진폭 $A = 10\text{cm} = 0.1\text{m}$, $y = 0.1\text{m}\sin(10\pi t - \pi x)$

해답 : 파동함수 $y = 0.1\text{m}\sin(10\pi t - \pi x)$

[3] 파장 $\lambda = \frac{60\text{cm}}{3} = 20\text{cm} = 0.2\text{m}$

파의 진행속도 $v = f\lambda = (2\text{Hz})(0.2\text{m}) = 0.4\text{m/s}$

해답 : 파동의 진행속도 0.4m/s

[4] 진동수 $f = \frac{c}{\lambda} = \frac{3\times10^{8}\text{m/s}}{632.8\times10^{-9}\text{m}} = 4.74\times10^{14}\text{Hz}$

해답 : $4.74\times10^{14}\text{Hz}$

[5] (a) $n = \frac{L}{\lambda} = \frac{1.0\times10^{-3}\text{m}}{(480.0\times10^{-9}\text{m})} = 2083.3$

(b) $f = \frac{c}{\lambda} = \frac{3.0\times10^{8}\text{m/s}}{480.0\times10^{-9}\text{m}} = 6.25\times10^{14}\text{Hz}$

해답 : (a) 2083개, (b) $6.25\times10^{14}\text{Hz}$

제 2 장 반사와 굴절

[1] 벗어기각(편각) $\delta = 2\alpha = (2)(15°) = 30°$

해답 : 30°

[2] 거울의 최소 높이 $h_{\min} = \frac{y}{2} = \frac{178\text{cm}}{2} = 89\text{cm}$

해답 : 89cm

[3] 벗어기각(편각) $\delta = 2\alpha = (2)(45°) = 90°$
해답 : 90°

[4] $n = \dfrac{360°}{60°} + 1 = 7$개
해답 : 7개

[5] M_1 거울에서 $\dfrac{180° - 25°}{60°} + 1 = 3.6$
M_2 거울에서 $\dfrac{180° - 35°}{60°} + 1 = 3.4$
해답 : M_1 거울에서 3개, M_2 거울에서 3개, 도합 6개

[6] 겉보기 깊이 $L' = L/n = \dfrac{1.2\text{m}}{4/3} = 0.9\text{m}$
해답 : 0.9m

[7] 겉보기 두께 $d' = \dfrac{1.5\text{m}}{1.32} = 1.136 = \cong 1.14\text{m}$, $d - d' = 1.5\text{m} - 1.14\text{m} = 0.36\text{m}$
해답 : 0.36m 더 가까이 보인다.

[8] $n = \dfrac{\sin(A + \delta_{\min})/2}{\sin A/2}$, $\sin(A + \delta_{\min})/2 = n\sin(A/2) = 1.6204(0.5) = 0.8102$
$60° + \delta_{\min} = 2\sin^{-1}(0.8102) = 108.2°$
해답 : 최소 편각 $\delta_{\min} = 48.2°$

[9] $n = \dfrac{\sin(A + \delta_{\min})/2}{\sin A/2} = \dfrac{\sin(60° + 48°)/2}{\sin 60°/2} = 1.6180$
해답 : 1.6180

[10] $\sin\theta_c = \dfrac{n_a}{n_w} = \dfrac{1.0}{4/3} = 3/4$, $\theta_c = \sin^{-1}(3/4) = 48.6°$
해답 : 임계각은 48.6°

[11] 최대로 멀리 비추려면 상거리가 무한대가 되어야 한다. 즉 $l' = \infty$
이때의 물체거리는 제1초점거리이며 $f = \dfrac{r}{2}$
따라서 $r = 2f = (2)(-1.5\text{cm}) = -3.0\text{cm}$
해답 : 곡률반경 3.0cm인 오목거울 형태의 포물경

제 3 장 가우스 광학

[1] $\dfrac{1}{l_1'} - \dfrac{1}{l_1} = \dfrac{1}{f_1'}$, $f_1' = \dfrac{l_1 l_1'}{l_1 - l_1'} = \dfrac{(-30)(20)}{(-30) - (20)} = 12\text{cm}$

$l_2 = (20-5)$, $l_2' = (20+10-5) = 25$

$$f_2' = \frac{l_2 l_2'}{l_2 - l_2'} = \frac{(15)(25)}{(15)-(25)} = -37.5\text{cm}$$

해답 : 볼록렌즈의 초점거리 12cm, 오목렌즈의 초점거리 −37.5cm

[2] $n = 1.62$, $r = -3\text{cm}$, $l = -6\text{cm}$, $y = 2\text{cm}$, $l' = ?$, $y' = ?$

$$\frac{n'}{l'} - \frac{n}{l} = \frac{n'-n}{r}, \quad \frac{n'}{l'} = \frac{n}{l} + \frac{n'-n}{r} = \frac{n(r-l)+n'l}{rl}$$

$$l' = \frac{n'rl}{n(r-l)+n'l} = \frac{(1.62)(-3)(-6)}{-3+6+(1.62)(-6)} = -4.34\text{cm}$$

$$m = \frac{l'}{l}\frac{n}{n'} = \frac{(-4.34)(1.0)}{(-6)(1.62)} = 0.4465$$

$$y' = my = (2)(0.4465) = 0.893\text{cm}$$

해답 : 오목구면 앞 4.34cm, 높이 0.893cm

[3] $n = 1.5$, $r = -3\text{cm}$, $l = -6\text{cm}$, $y = 2\text{cm}$, $l' = ?$, $y' = ?$

$$l' = \frac{n'rl}{n(r-l)+n'l} = \frac{(1.5)(-3)(-6)}{-3+6+(1.5)(-6)} = -4.5\,\text{cm}$$

$$m = \frac{l'}{l}\frac{n}{n'} = \frac{(-4.5)(1.0)}{(-6)(1.5)} = 0.5$$

$$y' = my = (2)(0.5) = 1.0\,\text{cm}$$

해답 : 오목구면 앞 4.5cm, 높이 1.0cm

[4] $n = 1.62$, $r = 3\text{cm}$, $l = -6\text{cm}$, $y = 2\text{cm}$, $l' = ?$, $y' = ?$

$$l' = \frac{n'rl}{n(r-l)+n'l} = \frac{(1.62)(3)(-6)}{3+6+(1.62)(-6)} = 40.5\,\text{cm},$$

$$m = \frac{l'}{l}\frac{n}{n'} = \frac{(40.5)(1.0)}{(-6)(1.62)} = -4.17$$

$$y' = my = (2)(-4.17) = -8.34\,\text{cm}$$

해답 : 볼록구면 뒤 40.5cm, 높이 −9.0cm

[5] 뒤집어서 생각해 보자. $n = 4/3$, $n' = 1.0$, $r = -5.0\text{m}$, $l = -2\text{m}$, $l' = ?$

$$l' = \frac{n'rl}{n(r-l)+n'l} = \frac{(-5)(2)}{(4/3)(-5+2)+(-2)} = 1.67\,\text{m}$$

$$m = \frac{l'}{l}\frac{n}{n'} = \frac{(1.67)(4/3)}{(-2)(1)} = -1.11$$

해답 : 볼록면 앞 1.67m에 1.11배의 거꾸로 된 상(도립실상)

[6] $\frac{1}{l'} + \frac{1}{l} = \frac{2}{r}$, $\frac{1}{l'} = \frac{2}{r} - \frac{1}{l} = \frac{2l-r}{rl}$, $l' = \frac{rl}{2l-r} = \frac{(-3)(-6)}{(2)(-6)+3} = -2.0\,\text{cm}$

$$m = -\frac{l'}{l} = -\frac{-2}{(-6)} = -\frac{1}{3}, \quad y' = my = \left(-\frac{1}{3}\right)(2) = -\frac{2}{3}\,\text{cm}$$

해답 : 거울 앞 2cm, 높이 $-\frac{2}{3}$cm

[7] $\frac{1}{l'}+\frac{1}{l}=\frac{2}{r}$, $\frac{1}{l'}=\frac{2}{r}-\frac{1}{l}=\frac{2l-r}{rl}$, $l'=\frac{rl}{2l-r}=\frac{(3)(-6)}{(2)(-6)-3}=1.2\,\text{cm}$

$m=-\frac{l'}{l}=-\frac{1.2}{(-6)}=0.2$, $y'=my=(0.2)(2)=0.4\,\text{cm}$

해답 : 거울 뒤 1.2cm, 높이 0.4cm

[8] $\frac{1}{l'}-\frac{1}{l}=\frac{1}{f'}$, $\frac{1}{l'}=\frac{1}{f'}+\frac{1}{l}$, $l'=\frac{lf'}{l+f'}=\frac{(-20)(5)}{(-20)+5}=\frac{20}{3}\,\text{cm}=6.67\text{cm}$

$m_T=\frac{l'}{l}=\frac{20/3}{-20}=-\frac{1}{3}$, $m_L=m_T^2=\frac{1}{9}$, $m_A=\frac{M_T}{M_L}=-3.0$

해답 : 렌즈 뒤 6.67cm, 횡배율 -1/3, 종배율 1/9, 각배율 -3.0배

[9] 등가굴절능 $K=(n-1)\left[\frac{1}{r_1}-\frac{1}{r_2}+\frac{(n-1)d}{nr_1r_2}\right]$

$$=(1.5-1)\left[\frac{1}{10}-\frac{1}{-20}+\frac{(1.5-1)(1.5)}{(1.5)(10)(-20)}\right]=0.07375\,\text{cm}^{-1}$$

$$f'=\frac{1}{K}=13.56\,\text{cm}$$

제 1주점의 위치 $\delta_1=-\frac{dk_2}{nK}=-\frac{(1.5)(0.025)}{(1.5)(0.07375)}=-0.34\,\text{cm}$

제 2주점의 위치 $\delta_2=\frac{dk_1}{nK}=\frac{(1.5)(0.05)}{(1.5)(0.7375)}=0.68\,\text{cm}$

주점이 좌표 원점이 되므로

물체거리 $L=l+\delta_1=-40-0.34=-40.34\,\text{cm}$

$\frac{1}{L'}=\frac{1}{f'}+\frac{1}{L}$, $L'=\frac{f'L}{f'+L}=\frac{(13.56)(-40.34)}{13.56-40.34}=20.43\,\text{cm}$

$l'=L'-\delta_2=20.43-0.68=19.75\,\text{cm}$

$m_T=\frac{L'}{L}=\frac{20.43}{-40.34}=-0.506$

$y'=m_Ty=(-0.506)(2.0)=-1.012\,\text{cm}$

해답 : 초점거리 13.56cm

제 1주점의 위치 ; 첫 번째 면 오른쪽 0.34cm

제 2주점의 위치 ; 두 번째 면 왼쪽 0.68cm

상의 위치 ; 두 번째 면의 오른쪽 19.75cm

상의 크기 ; 1.012cm의 거꾸로 선 상

[10] 등가굴절능 $K=(n-1)\left[\frac{1}{r_1}-\frac{1}{r_2}+\frac{(n-1)d}{nr_1r_2}\right]$

$$=(1.62-1)\left[\frac{1}{-8}-\frac{1}{12}+\frac{(1.62-1)(0.82)}{(1.62)(12)(-8)}\right]=-0.131/\text{cm}$$

$$f'=\frac{1}{K}=-7.63\,\text{cm}$$

제 1주점의 위치 $\delta_1 = -\dfrac{dk_2}{nK} = -\dfrac{(0.82)(-0.0517)}{(1.62)(-0.131)} = -0.200\,\text{cm}$

제 2주점의 위치 $\delta_2 = \dfrac{dk_1}{nK} = \dfrac{(0.82)(-0.0775)}{(1.62)(-0.131)} = 0.299\,\text{cm}$

주점이 좌표 원점이 되므로

물체거리 $L = l + \delta_1 = -40 - 0.200 = -40.2\,\text{cm}$

$\dfrac{1}{L'} = \dfrac{1}{f'} + \dfrac{1}{L}$, $L' = \dfrac{f'L}{f'+L} = \dfrac{(-7.63)(-40.2)}{-7.63-40.2} = -9.42\,\text{cm}$

$l' = L' - \delta_2 = -9.42 - 0.299 = -9.72\,\text{cm}$

$m_T = \dfrac{L'}{L} = \dfrac{-9.42}{-40.2} = 0.234$

$y' = m_T y = (0.234)(2.0) = 0.468\,\text{cm}$

해답 : 초점거리 −7.63cm
제 1주점의 위치 ; 첫 번째 면 오른쪽 0.200cm
제 2주점의 위치 ; 두 번째 면 왼쪽 0.299cm
상의 위치 ; 두 번째 면 왼쪽 9.72cm
상의 크기 ; 0.468cm의 바로 선 상

[11] $K = K_1 + K_2 - dK_1K_2 = \dfrac{1}{8} - \dfrac{1}{12} + (4)\left(\dfrac{1}{8}\right)\left(\dfrac{1}{12}\right) = 0.0833\,\text{cm}^{-1}$

$f' = \dfrac{1}{K} = 12.0\text{cm}$

$\delta_1 = -\dfrac{dk_2}{K} = \dfrac{(4)(-1/12)}{1/12} = -4.0\,\text{cm}$, $\delta_2 = \dfrac{dk_1}{K} = \dfrac{(4)(1/8)}{1/12} = 6.0\,\text{cm}$

해답 : 굴절능 ; 0.0833cm^{-1}, 초점거리 ; 12cm,
제 1주요점의 위치 ; 첫 번째 렌즈 오른쪽 4.0cm
제 2주요점의 위치 ; 두 번째 렌즈의 왼쪽 6.0cm

[12] (a) 입사동 : $l = -2\text{cm}$, $f' = 10\text{cm}$, $l' = \dfrac{lf'}{l+f'} = \dfrac{(-2)(10)}{-2+10} = -2.5\,\text{cm}$ (뒤집어서)

$m_T = \dfrac{l'}{l} = \dfrac{-2.5}{-2.0} = 1.25$, $y' = m_T y = (1.25)(2.0) = 2.5\,\text{cm}$

(b) 출사동 : $l = -2\text{cm}$, $f' = 8\text{cm}$, $l' = \dfrac{lf'}{l+f'} = \dfrac{(-2)(8)}{-2+8} = -2.67\,\text{cm}$

$m_T = \dfrac{l'}{l} = \dfrac{-2.67}{-2.0} = 1.335$, $y' = m_T y = (1.335)(2.0) = 2.67\,\text{cm}$

해답 : (a) 입사동의 위치 ; 첫 번째 렌즈 뒤 2.50cm, 직경 ; 2.50cm
(b) 출사동의 위치 ; 두 번째 렌즈 앞 2.67cm, 직경 ; 2.67cm

[13] (a) 입사동 : $l = -2\text{cm}$, $f' = 6\text{cm}$, $l' = \dfrac{lf'}{l+f'} = \dfrac{(-2)(6)}{-2+6} = -3.0\,\text{cm}$ (뒤집어서)

$m_T = \dfrac{l'}{l} = \dfrac{-3.0}{-2.0} = 1.5$, $y' = m_T y = (1.5)(1.0) = 1.5\,\text{cm}$

(b) 출사동 : $l=-2\text{cm}$, $f'=-8\text{cm}$, $l'=\dfrac{lf'}{l+f'}=\dfrac{(-2)(-8)}{-2-8}=-1.6\,\text{cm}$

$$m_T=\frac{l'}{l}=\frac{-2.67}{-2.0}=1.34,\ \ y'=m_T y=(1.34)(1.0)=1.34\,\text{cm}$$

해답 : (a) 입사동의 위치 ; 첫 번째 렌즈 뒤 3.0cm, 직경 ; 1.5cm
(b) 출사동의 위치 ; 두 번째 렌즈 앞 1.6cm, 직경 ; 1.34cm

[14] $F/\# = \dfrac{f}{D}=\dfrac{50\text{mm}}{12.5\text{mm}}=4.0$

해답 : 4.0

[15] $l'=\dfrac{lf'}{l+f'}=\dfrac{(-25)(5)}{(-25)+5}=6.25\,\text{cm}$

유효경 $D=\dfrac{f'}{F/\#}=\dfrac{5}{8}=0.625\,\text{cm}$

유효 $F/\#=\left|\dfrac{l'}{D}\right|=\dfrac{6.25}{0.625}=10$

해답 : 유효 $F/\#$; 10.0

[16] (a) $K_1=(n_1-1)\left(\dfrac{1}{r_{11}}-\dfrac{1}{r_{12}}\right)=(1.5-1)\left(\dfrac{1}{4}+\dfrac{1}{4}\right)=0.25$

$$K_2=(n_2-1)\left(\frac{1}{r_{21}}-\frac{1}{r_{22}}\right)=(1.6-1)\left(\frac{1}{6}+\frac{1}{6}\right)=0.2$$

$$K=K_1+K_2-\frac{dK_1K_2}{n}=0.25+0.2-\frac{(2.0)(0.25)(0.2)}{(4/3)}=0.375$$

(b) $f'=\dfrac{1}{K}=2.67\,\text{cm}$

(c) $\delta_1=-\dfrac{dk_2}{nK}=-\dfrac{(2.0)(0.2)}{(4/3)(0.375)}=-0.8\,\text{cm}$, $\delta_2=\dfrac{dk_1}{nK}=\dfrac{(2.0)(0.25)}{(4/3)(0.375)}=1.0\,\text{cm}$

해답 : (a) 굴절능 ; 0.375cm^{-1}
(b) 초점거리 2.67cm
(c) 제1주점의 위치 ; 첫 번째 렌즈 제1주점의 오른쪽 0.8cm
제2주점의 위치 ; 두 번째 렌즈 제2주점의 왼쪽 1.0cm

제4장 수 차

[1] $d=(f_1'+f_2')/2=(8+4)/2=6\,\text{cm}$

$$K=K_1+K_2-dK_1K_2=\frac{1}{8}+\frac{1}{4}-6\left(\frac{1}{8}\right)\left(\frac{1}{4}\right)=\frac{3}{16}$$

$$f'=\frac{1}{K}=\frac{16}{3}=5.33\text{ cm}$$

해답 : 간격 ; 6cm, 등가 초점거리 ; 5.33cm

[2] $K = \dfrac{1}{25\text{cm}} = 0.04/\text{cm}$, $K_1 = \dfrac{V_1 K}{V_1 - V_2} = \dfrac{(64.1)(0.04)}{64.1 - 36.3} = 0.0922/\text{cm}$, $f_1' = 10.8\text{cm}$

$K_2 = \dfrac{V_2 K}{V_2 - V_1} = \dfrac{(36.3)(0.04)}{36.3 - 64.1} = -0.0522$, $f_2' = -19.1\text{cm}$

해답 : 초점거리 10.8cm인 볼록렌즈와 초점거리 19.1cm인 오목렌즈

[3] $P = P_1 + P_2 = 16 - 8 = 8$(디옵터)

$P_1 = \dfrac{V_1}{V_1 - V_2} P = \dfrac{(50.0)(8)}{50.0 - V_2} = 16$, $16V_2 = (50.0)(16 - 8)$, $V_2 = 25.0$

$V = \dfrac{n-1}{n_F - n_c}$, $n_2 = 1 + (25.0)(0.026) = 1.650$

해답 : 색지움 프리즘의 굴절능 ; 8디옵터

프린트 유리의 굴절률 ; 1.650

아베상수 ; 25.0

[4] $\text{LCA} = \dfrac{P}{V} = \dfrac{12.0}{64.2} = 0.187$(디옵터)

해답 : 프리즘 색수차 ; 0.187디옵터

[5] **해답** : (1) 구면수차 : 종구면수차, 횡구면수차

(2) 코마

(3) 비점수차

(4) 만곡수차

(5) 왜곡수차

제 5 장 광학기기

[1] (a) 각배율 $M_A = D_{en}/D_{ex} = 40.0/2.0 = 20$

(b) $M_A = f_0/f_e$, $f_e = f_0/M_A = 32.0/20.0 = 1.6\,\text{cm}$

해답 : 각배율 20, 대안렌즈의 초점거리 1.6mm

[2] $f_e = \dfrac{1}{-25}\text{m} = -0.04\text{m}$, $M_A = \dfrac{f_o'}{f_e}$

$f_0' = -M_A f_e = (3.0)(0.04\text{m}) = 0.12\text{m}$

$L = f_0 + f_e = 0.12\text{m} - 0.04\text{m} = 0.08\text{m}$

해답 : 8cm

[3] $M = M_o M_e = \dfrac{150\text{mm}}{10\text{mm}} \times 5 = 75$

해답 : 75배

[4] $M = M_o M_e = \dfrac{160\text{mm}}{1.60\text{mm}} \times 10 = 1000$

해답 : 1,000배

[5] 첫 번째 거울에서 $\dfrac{1}{l_1'} - \dfrac{1}{l_1} = \dfrac{2}{r_1}$, $l_1' = \dfrac{r_1}{2} = -\dfrac{40}{2} = -20\text{cm}$

두 번째 거울에서 $l_2 = -20 - (-16) = -4\text{cm}$, $\dfrac{1}{l_2'} + \dfrac{1}{l_2} = \dfrac{2}{r_2}$

$l_2' = \dfrac{r_2 l_2}{2l_2 - r_2} = \dfrac{(-8)(-4)}{(2)(-4) - (-8)} = \infty$

해답 : 무한대

[6] (a) $M_A = \dfrac{f_0'}{f_e'} = \dfrac{24\text{cm}}{3\text{cm}} = 8$

(b) 출사동의 직경 $D_e = \dfrac{D_0}{M_A} = \dfrac{40\text{mm}}{8} = 5\text{mm}$

(c) $l' = \dfrac{l f_e'}{l + f_e'} = \dfrac{(-27\text{cm})(3\text{cm})}{(-27\text{cm} + 3\text{cm})} = 3.375\text{cm}$

해답 : (a) 8배 (b) 5.0mm (c) 대안렌즈 뒤 3.375cm

[7] 사람의 눈의 입체시 $R_0 = \dfrac{\overline{PD}}{\theta_0} = \dfrac{62\text{mm}}{\tan 30''} = 426.281 \times 10^3\text{mm} = 426.28\text{m}$

쌍안경을 이용할 때 입체시

$R = M_A \dfrac{S}{\theta_0} = (8)\dfrac{150\text{mm}}{\tan(1/120°)} = 8250.592 \times 10^3\text{mm} = 8.25\text{km}$

해답 : 이 사람의 입체시 거리 ; 426.3m

쌍안경을 사용할 때 입체시 거리 ; 8.25km

[8] $K_1 = -\dfrac{1}{100\text{mm}} = -0.01/\text{mm}$, $K_2 = \dfrac{1}{40\text{mm}} = 0.025/\text{mm}$, $d = 20\text{mm}$

$K = \dfrac{1}{f'} = -0.01/\text{mm} + 0.025/\text{mm} + (20\text{mm})(0.01/\text{mm})(0.025/\text{mm}) = 0.02/\text{mm}$

$f' = 50\text{mm}$, $\delta_2 = \dfrac{dK_1}{nK} = \dfrac{(20\text{mm})(-0.01/\text{mm})}{(1)(0.02/\text{mm})} = -10.0\text{mm}$

$f_b = f' - \delta_2 = 50\text{mm} - (-10\text{mm}) = 60\text{mm}$

해답 : 초점거리 50mm, 후초점거리 60mm

[9] $K_1 = 1/40\text{mm} = 0.025/\text{mm}$, $K_2 = \dfrac{1}{-80\text{mm}} = -0.0125/\text{mm}$, $d = 16.0\text{mm}$

$K = 0.025/\text{mm} + (-0.0125/\text{mm}) + 16(0.025/\text{mm})(0.0125/\text{mm})$

$= 0.0175/\text{mm} = \dfrac{1}{f'}$

$f' = 57.14\text{mm}$, $\delta_2 = \dfrac{dK_1}{nK} = \dfrac{(16\text{mm})(0.025/\text{mm})}{(1)(0.0175/\text{mm})} = 22.86\text{mm}$

$f_b = f' - \delta_2 = 57.14\text{mm} - 22.86\text{mm} = 34.28\text{mm}$

해답 : 초점거리 57.14mm, 후초점거리 34.28mm

제 6 장 간 섭

[1] $d\sin\theta_m = m\lambda$, $d\dfrac{y_m}{L} = m\lambda$, $\Delta y = y_{m+1} - y_m = \dfrac{L}{d}\lambda = \dfrac{1{,}000\text{mm}}{0.8\text{mm}}\lambda = 2.0\text{mm}$

$\lambda = \dfrac{0.8}{1000}(2.0\text{mm}) = 1.6\mu\text{m}$

해답 : 1.6μm

[2] $y_m = (m - 1/2)\dfrac{L}{d}\lambda = (2.5)\dfrac{1{,}200\text{mm}}{0.2\text{mm}}(633 \times 10^{-6}\text{mm}) = 9.495\text{mm}$

해답 : 9.5mm

[3] $2n_f d\cos\theta = (m + 1/2)\lambda$, $m = 2n_f d\cos 0° = \dfrac{(2)(1.42)(320\text{nm})}{(550\text{nm})} - 0.5 = 1.15$

해답 : 1차

[4] $2d = \dfrac{x^2}{R} = \left(m + \dfrac{1}{2}\right)\lambda$

$R = \dfrac{x^2}{(m + 1/2)\lambda} = \dfrac{(2.3\text{mm}/2)^2}{(5.5)(580 \times 10^{-6}\text{mm})} = 4.15 \times 10^2\text{mm} = 0.415\text{m}$

해답 : 41.5cm

[5] $2t = 2x\alpha = \dfrac{2xd}{L} = \left(m + \dfrac{1}{2}\right)\lambda$

$\lambda = \dfrac{2xd}{L(m + 1/2)} = \dfrac{(2)(12.0\text{mm})(0.1\text{mm})}{(50.0\text{mm})(100.5)} = 4.78 \times 10^{-4}\text{mm} = 478\text{nm}$

해답 : 478nm

[6] $\sin 30° = 1.38\sin\theta$, $\theta = \sin^{-1}(\sin 30°/1.38) = 21.2°$

$2n_f d\cos\theta = (m - 1/2)\lambda$, $d_{\min} = \dfrac{\lambda}{4n_f\cos 21.2°} = \dfrac{546.1\text{nm}}{(2)(1.38)\cos 21.2°} = 106\text{nm}$

해답 : 106nm

[7] $R = \dfrac{x^2}{m\lambda} = \dfrac{(12.0\text{mm})^2}{(120)(546 \times 10^{-6}\text{mm})} = 2.20 \times 10^3\text{mm} = 2.20\text{m}$

해답 : 2.20m

[8] $d = (\Delta x/x)(\lambda/2) = (1.2\text{mm})/(2.0\text{mm})(546\text{nm}/2) = 163.8\text{nm} \approx 164\text{nm}$

해답 : 약 164nm

[9] $d = (\Delta x/x)(\lambda/2) = (4.45\text{mm})/(2.5\text{mm})(633\text{nm}/2) = 564\text{nm}$

해답 : 564nm

[10] $d = (\Delta x/x)(\lambda/2) = (1.45\text{mm})/(2.23\text{mm})(633\text{nm}/2) = 206\text{nm}$

해답 : 206nm

제 7 장 간 섭 계

[1] $2d = m\lambda,\ \lambda = \dfrac{2d}{m} = \dfrac{(2)(0.12\text{mm})}{500} = 4.8 \times 10^{-4}\text{mm} = 480\text{nm}$

해답 : 480nm

[2] $2(n-1)d = m\lambda,\ d = \dfrac{m\lambda}{2(n-1)} = \dfrac{(300)(587\text{nm})}{(2)(1.62-1.0)} = 142 \times 10^{3}\text{nm} = 0.142\text{mm}$

해답 : 0.142mm

[3] (a) $2d = m_0\lambda,\quad m_0 = \dfrac{2d}{\lambda} = \dfrac{(2)(2.0\text{mm})}{500 \times 10^{-6}\text{nm}} = 8 \times 10^{3}$

(b) $m = m_0 - p = 8{,}000 - 6 = 7994$

해답 : 가운데 무늬의 차수 ; 8000

중심으로부터 6번째 어두운 무늬의 차수 ; 7994

[4] (a) $2L(n-1) = N\lambda,\quad n = 1 + \dfrac{N\lambda}{2L}$

(b) $N = \dfrac{2L(n-1)}{\lambda} = \dfrac{2(100\text{mm})(1.0005-1)}{587 \times 10^{-6}\text{mm}} = 170$

해답 : (a) $n = 1 + \dfrac{N\lambda}{2L}$, (b) 170개

[5] (a) $\theta_p = \sqrt{\dfrac{p\lambda}{d}} = \sqrt{\dfrac{(1)(632.8\text{nm})}{25{,}000\text{nm}}} = 0.159\text{rad}$

(b) $\theta_p = \sqrt{\dfrac{(10)(632.8\text{nm})}{25{,}000\text{nm}}} = 0.503\text{rad}$

해답 : (a) 0.159rad, (b) 503rad

[6] $\Delta d = \dfrac{\Delta x}{x}(\lambda/2) = (1/4)(632.8\text{nm}/2) = 79.1\text{nm}$

해답 : 최대 79.1nm

[7] (a) $F = \left(\dfrac{2r}{1-r^2}\right)^2 = \left(\dfrac{(2)(0.99)}{1-0.99^2}\right)^2 = 9{,}900$

(b) $\psi = \dfrac{\pi r}{1-r^2} = \dfrac{\pi(0.99)}{1-0.99^2} = 156$

(c) $\delta_{1/2} = \dfrac{\pi}{\psi} = \dfrac{1-r^2}{r} = 0.0201$

해답 : (a) 예리도계수 9,900 (b) 예리도 156 (c) 반치폭 0.0201

[8] (a) $m = \dfrac{2d}{\lambda} = \dfrac{(2)(1.2\times10^{-3}\text{m})}{(546\times10^{-9}\text{m})} = 4396$

(b) $\psi = \dfrac{\pi r}{1-r^2} = \dfrac{\pi(0.96)}{1-0.96^2} = 38.5$

(c) $(\Delta\lambda)_{\min} = \dfrac{\lambda}{P} = \dfrac{546\text{nm}}{1.69\times10^5} = 3.23\times10^{-3}\text{nm}$

(d) $P = m\psi = (4396)(38.5) = 1.69\times10^5$

해답 : (a) 모드의 수 4396
(b) 예리도 38.5
(c) 최소 분해 파장 간격 3.23×10^{-3}nm
(d) 분해능 1.69×10^5

제 8 장 프라운호퍼 회절

[1] (a) $y_1 = \dfrac{\lambda f}{b} = \dfrac{(632.8\text{nm})(500\text{mm})}{0.12\text{mm}} = 2.64\times10^6\text{nm} = 2.64\text{mm}$

(b) $\Delta y = \dfrac{\lambda f}{b}(2-1) = \dfrac{\lambda f}{b} = 2.64\text{mm}$

해답 : (a) 2.64mm (b) 2.64mm

[2] $\dfrac{2\lambda f}{b} = \dfrac{(2)(632.8\text{nm})(200\text{cm})}{b} = \dfrac{3.164}{2}\text{cm}$

$b = \dfrac{(2)(632.8\times10^{-6}\text{mm})(200\text{cm})}{3.164/2\text{cm}} = 0.16\text{mm}$

해답 : 0.16mm

[3] $\dfrac{4\lambda_1 f}{b} = \dfrac{6\lambda_2 f}{b}$, $\lambda_2 = \dfrac{4}{6}\lambda_1 = \dfrac{2}{3}(620\text{nm}) = 413.3\text{nm} \approx 413\text{nm}$

해답 : 약 413nm

[4] $b\sin\theta = m\lambda$, $\sin\theta \approx \theta = \dfrac{m\lambda}{b}$, $\theta_1 = \dfrac{\lambda}{b} = \dfrac{550\text{nm}}{0.2\text{mm}} = 2750\times10^{-6} = 2.75\text{mrad}$

$\theta_2 = 5.50\text{mrad}$, $\theta_3 = 8.25\text{mrad}$, $\theta_4 = 11.0\text{mrad}$

$y_1 = f\theta_1 = 2.0\text{m}\times2.75\times10^{-3}\text{rad} = 5.5\text{mm}$, $y_2 = 11.0\text{mm}$

$y_3 = 16.5\text{mm}$, $y_4 = 22.0\text{mm}$

해답 : 회절각 ; 2.75mrad, 5.5mrad, 8.25mrad, 11.0mrad
무늬 위치 ; 5.5mm, 11.0mm, 16.5mm, 22.0mm

[5] (a) 단일 슬릿은 $\left(\dfrac{\sin(1.43\pi)}{1.43\pi}\right)^2 = 0.0472$

(b) 원형개구에서는 $\left(\frac{2J_1(v)}{v}\right)^2 = 0.0175$

해답 : 단일 슬릿 ; 0.0472, 원형개구 ; 0.0175

[6] $D_{\text{Airy disk}} = 2L\frac{1.22\lambda}{D_o} = (2)(7.2\text{m})\frac{(1.22)(546\times10^{-9}\text{m})}{0.6\text{m}} = 1.60\times10^{-5}\text{m} = 16\mu\text{m}$

해답 : 16μm

[7] 중앙극대로부터 2차 최소 점까지의 거리는 $y_2 = 3.0\text{cm}/2 = 1.5\text{cm}$

$y_2 = \frac{2\lambda L}{b}$, $\lambda = \frac{by_2}{2L} = \frac{(0.15\text{mm})(1.5\text{cm})}{(2)(200\text{cm})} = 5.625\times10^{-4}\text{mm} = 562.5\text{nm}$

해답 : 562.5nm

[8] $\Delta d_{\min} = L\frac{1.22\lambda}{D} = 10.0\times10^3\text{m}\times\frac{(1.22)(500\times10^{-9}\text{m})}{5.0\times10^{-2}\text{m}} = 1.22\times10^{-1}\text{m} = 12.2\text{cm}$

해답 : 12.2cm

[9] (a) $a = \frac{n}{m}b = 4b = 0.12\text{mm}\times4 = 0.48\text{mm}$

(b) $I/I_0 = \left(\frac{\sin(3\pi/4)}{3\pi/4}\right)^2 = 0.090$

해답 : (a) 0.48mm (b) 0.090

[10] (a) $\alpha = ka\sin\theta/2 = \frac{\pi a}{\lambda}\frac{x}{f}$, $\beta = kb\sin\theta/2 = \frac{\pi b}{\lambda}\frac{y}{f}$

$$I(x, y) = I_0\left(\frac{\sin\alpha}{\alpha}\right)^2\left(\frac{\sin\beta}{\beta}\right)^2 = I_0\left[\frac{\sin(\pi ax/\lambda f)}{\pi ax/\lambda f}\right]^2\left[\frac{\sin(\pi by/\lambda f)}{\pi by/\lambda f}\right]^2$$

(b) $\frac{\pi ax_1}{\lambda f} = \pi$, $x_1 = \frac{\lambda f}{a} = \frac{(5.46\times10^{-4}\text{mm})(1{,}000\text{mm})}{0.2\text{mm}} = 2.73\text{mm}$

$\frac{\pi by_1}{\lambda f} = \pi$, $y_1 = \frac{\lambda f}{b} = \frac{(5.46\times10^{-4}\text{mm})(1{,}000\text{mm})}{0.3\text{mm}} = 1.82\text{mm}$

(c) $\alpha = \pi(0.2\text{mm})(1.0\text{mm})/(546\times10^{-6}\text{mm})(10^3\text{mm}) = 0.366\pi$

$\beta = \pi(0.3\text{mm})(1.0\text{mm})/(546\times10^{-6}\text{mm})(10^3\text{mm}) = 0.549\pi$

$I = I_0\left[\frac{\sin(0.366\pi)}{0.366\pi}\right]^2\left[\frac{\sin(0.549\pi)}{0.549\pi}\right]^2 = 0.166I_0$, $I/I_0 = 0.166$

(d) $\alpha = \pi(0.2\text{mm})(2.0\text{mm})/(546\times10^{-6}\text{mm})(10^3\text{mm}) = 0.733\pi$

$\beta = \pi(0.3\text{mm})(3.0\text{mm})/(546\times10^{-6}\text{mm})(10^3\text{mm}) = 1.65\pi$

$I = I_0\left[\frac{\sin(0.733\pi)}{0.733\pi}\right]^2\left[\frac{\sin(1.65\pi)}{1.65\pi}\right]^2 = 3.08\times10^{-3}I_0$

$I/I_0 = 3.08\times10^{-3}$

해답 : (a) $I(x, y) = I_0\left[\frac{\sin(\pi ax/\lambda f)}{\pi ax/\lambda f}\right]^2\left[\frac{\sin(\pi by/\lambda f)}{\pi by/\lambda f}\right]^2$

(b) $x_1 = 2.73\text{mm}$, $y_1 = 1.82\text{mm}$

(c) $I/I_0 = 0.166$

(d) $I/I_0 = 3.08 \times 10^{-3}$

[11] (a) $\dfrac{d\theta}{d\lambda} = \dfrac{m}{a\cos\theta} = \dfrac{1}{2.5\text{cm}/12500} = 5000/\text{cm} = 500/\text{mm}$

(b) $\dfrac{\lambda}{\Delta\lambda} = Nm = 12500$, $\Delta\lambda = \dfrac{\lambda}{12500} = 500\text{nm}/12500 = 0.04\text{nm}$

해답 : (a) 500/mm (b) 0.04nm

제 9 장 편광 및 복굴절

[1] $I_\theta = I_0\cos^2\theta = I_0\cos^2 45° = 0.5I_0$, $I_\theta/I_0 = 0.5 = 50\%$

해답 : $I_\theta = I_0\cos^2\theta = I_0\cos^2 45° = 0.5I_0$

[2] $\theta_B = \tan^{-1}(n'/n) = \tan^{-1}(1.33) = 53.06°$

해답 : 53.1°

[3] 선형편광기는 편광되지 않은 빛을 한 평면상에서만 진동하는 선형편광을 얻으며 다른 선형편광 뒤에 놓으면 각도에 따라 $\cos^2\theta$에 해당하는 선형편광을 얻는다. 그러나 $\lambda/4$위상지연판은 선형편광 뒤에 놓으면 원형편광을 얻는다.

[4] $\beta = \kappa L\rho$ 설탕용액의 $\kappa = 66.45°/(10\text{cm} \cdot 1\text{g/cm}^3) = 6.645°/(\text{g/cm}^2)$

따라서 $\beta = 6.645°/(\text{g/cm}^3)(100\text{cm})(10\text{g}/1000\text{cm}^3) = 6.645°$ 회전된다.

해답 : 6.645° 회전

[5] 표 9.2로부터

KDP : $a = 11 \times 10^{-12}\text{m/V}$, $n_o = 1.51$

$$V_{\lambda/2} = \frac{633 \times 10^{-9}\text{m}}{(2)(11 \times 10^{-12}\text{m/V})(1.51^3)} = 8.36 \times 10^3\text{V}$$

ADP : $a = 8.56 \times 10^{-12}\text{m/V}$, $n_o = 1.48$

$$V_{\lambda/2} = \frac{633 \times 10^{-9}\text{m}}{(2)(8.56 \times 10^{-12}\text{m/V})(1.48^3)} = 11.4 \times 10^3\text{V}$$

해답 : KDP 8.36×10^3V, ADP 11.4×10^3V

[6] 표 9.2로부터 $a = 30.9 \times 10^{-12}\text{m/V}$, $n_o = 2.29$

$$|\Delta n| \cong \frac{a}{2}n_o^3 V = \frac{30.9 \times 10^{-12}\text{m/V}}{2}(2.29^3)(4.26 \times 10^6\text{V/m}) = 7.90 \times 10^{-4}$$

$$\delta = \frac{2\pi}{\lambda_0}|\Delta n|d = \frac{2\pi}{6.33 \times 10^{-7}\text{m}}(7.90 \times 10^{-4})(1.0 \times 10^{-2}\text{m})$$

$$= 0.784\text{rad} = 44.9°$$

해답 : 44.9°

[7] 표 9.3에서 $K=0.036\times10^{-12}\mathrm{m/V^2}$이다. $E=3000\mathrm{V}/1.5\mathrm{cm}=2.0\times10^5\mathrm{V/m}$

$\Delta n=(0.036\times10^{-12}\mathrm{m/V^2})(2\times10^5\mathrm{V/m})^2\lambda=(1.44\times10^{-3}/\mathrm{m})\lambda$

$\Gamma=\Delta nd=\lambda/2,\quad d=\dfrac{\Gamma}{\Delta n}=\dfrac{\lambda/2}{1.44\times10^{-3}\lambda}\mathrm{m}=347\mathrm{m}$

해답 : 포자의 길이가 너무 길어서 실용성이 없다.

[8] $\beta=VBd$에서 $V=0.112/60(°/\mathrm{Gcm})$, $B=9.0\times10^3(\mathrm{G})$

$d=\dfrac{\beta}{VB}=\dfrac{45°}{(0.112/60°/\mathrm{Gcm})(9.0\times10^3\mathrm{G})}=\dfrac{(45)(60)}{(0.112)(9.0)}\times10^{-3}\mathrm{cm}=2.68\mathrm{cm}$

해답 : 2.68cm

제10장 광 섬 유

[1] $I_0=\sin^{-1}\sqrt{n_2^2-n_1^2}=\sin^{-1}\sqrt{1.72^2-1.52^2}=53.6°$

해답 : 53.6°

[2] $I_0=\sin^{-1}\sqrt{n_2^2-n_1^2}=\sin^{-1}\sqrt{1.54^2-1.32^2}=52.49°$

해답 : 약 52.5°

[3] $NA=\sqrt{n_2^2-n_1^2}=\sqrt{1.62^2-1.52^2}=0.560$

해답 : 0.56

[4] 해답 : (1) 계단형 광섬유 (2) 언덕형 광섬유

[5] 해답 : (1) 작은 지름의 코어를 갖는 광섬유 사용
(2) 언덕형 광섬유를 사용
(3) 단일모드 사용

제11장 광 원

[1] $\lambda_{\max}=\dfrac{2.8978\times10^6}{6000\mathrm{K}}=483\,\mathrm{nm}$

해답 : 483nm

[2] $\lambda_{\max}=\dfrac{2.8978\times10^6}{310\mathrm{K}}=9.35\times10^3\,\mathrm{nm}=9.35\mu\mathrm{m}$

해답 : 9.35μm

[3] $\dfrac{X}{1273}=2.3\times10^3,\quad X=(2.3\times10^3)(1273)=2.9279\times10^6$

$$\frac{2.9279\times10^6}{T}=580,\quad T=\frac{2.9279\times10^6}{580}=5048\text{K}$$

해답 : 5048K

[4] $$\lambda=\frac{1240}{1.6}=775\,\text{nm}$$

해답 : 775nm

[5] **해답** : (1) 소형 경량이다.
(2) 출력광의 스펙트럼폭이 좁아서 집광이 용이하다.
(3) 임계값 이상의 전류를 흘리면 레이저가 발진하여 광출력이 증가한다.
(4) 출력은 보통 수 mW 정도이지만 수십 W 정도에 이르는 대출력 레이저도 있다.
(5) 변조가 쉽고, 전류변화를 통하여 발광하는 빛의 상태를 변화시킬 수 있다.
(6) 고휘도이다.
(7) 저소비전력이다.
(8) 파장 선택범위가 0.33~28μm로서 넓다.

제12장 검출기 및 수광소자

[1] $$\lambda_{th}=\frac{1.24}{3.1}=0.4\,\mu\text{m}$$

해답 : 0.4μm

[2] (a) $$E_{\text{kmax}}=h\nu-W=\frac{(6.63\times10^{-34}\text{Js})(3\times10^8\text{m/s})}{(380\times10^{-9}\text{m})(1.6\times10^{-19}\text{J/eV})}-2.48\text{eV}=0.79\text{eV}$$

(b) $$\lambda_{\text{th}}=\frac{1.24}{2.48}=0.5\mu\text{m}=500\text{nm}$$

해답 : (a) 0.79eV (b) 500nm

[3] $$\lambda=\frac{1.24}{2.48}=0.5\mu\text{m}=500\text{nm}$$

해답 : 500nm

[4] (a) $$E=\frac{1.24}{2.4}=0.517\text{eV}$$

(b) $$E=\frac{1.24}{0.24}=5.17\text{eV}$$

해답 : (a) 0.517eV (b) 5.17eV

[5] **해답** : (1) 볼로미터 (2) 연전대 (3) 열전대더미

(4) 초점검출기 (5) Golay 검출기

[6] 해답 : (1) 광증배관 (2) 광전관

[7] 해답 : (1) 광전도 검출기 (2) 광기전력 검출기(수광소자) (3) 영상증강장치 (4) 광전기 영상검출기

제13장 색 채

[1] 해답 : 광원, 물체, 관측자

[2] 해답 : 생활 속에서 3원색 ; 빨강, 노랑, 파랑
색채를 측정 평가하는 데 3원색 ; 빨강, 초록, 파랑

[3] (a) $x = \dfrac{\bar{x}}{\bar{x}+\bar{y}+\bar{z}} = \dfrac{20}{20+60+20} = 0.2,\quad y = \dfrac{\bar{y}}{\bar{x}+\bar{y}+\bar{z}} = \dfrac{60}{20+60+20} = 0.6$

$z = \dfrac{\bar{z}}{\bar{x}+\bar{y}+\bar{z}} = \dfrac{20}{20+60+20} = 0.2$

(b) $x' = \dfrac{\overline{x'}}{\overline{x'}+\overline{y'}+\overline{z'}} = \dfrac{20}{20+10+20} = 0.4,\quad y' = \dfrac{\overline{y'}}{\overline{x'}+\overline{y'}+\overline{z'}} = \dfrac{10}{20+10+20} = 0.2$

$z' = \dfrac{\overline{z'}}{\overline{x'}+\overline{y'}+\overline{z'}} = \dfrac{20}{20+10+20} = 0.4$

해답 : (a) $x=0.2$, $y=0.6$, $z=0.2$ (b) $x'=0.4$, $y'=0.2$, $z'=0.4$

[4] 해답 : 색상, 명도, 채도

[5] 해답 : TFT-LCD, 전장방출 디스플레이(FED), OLED, 전자종이, 3D

제14장 레이저 원리

[1] $E_2 - E_1 = h\nu = \dfrac{hc}{\lambda}$

$$E_2 = E_1 + \frac{hc}{\lambda} = 0 + \frac{(6.63\times10^{-34}\mathrm{Js})(3.0\times10^{8}\mathrm{m/s})}{546\times10^{-9}\mathrm{m}}$$

$$= \frac{1.989\times10^{-25}\mathrm{Jm}}{546\times10^{-9}\mathrm{m}} = 3.64\times10^{-19}\mathrm{J} = 2.28\mathrm{eV}$$

해답 : 2.28eV

[2] $E_3 = E_2 + \dfrac{hc}{\lambda} = 4.0\times10^{-20}\mathrm{J} + \dfrac{1.989\times10^{-25}\mathrm{Jm}}{6.328\times10^{-7}\mathrm{m}} = 3.543\times10^{-19}\mathrm{J} = 2.214\mathrm{eV}$

해답 : 2.21eV

[3] $E_3 = E_2 + \frac{hc}{\lambda} = 4.0\times10^{-20}\text{J} + \frac{1.989\times10^{-25}\text{Jm}}{1.2\times10^{-6}\text{m}} = 2.0575\times10^{-19}\text{J} = 1.286\text{eV}$

해답 : 1.286eV

[4] 해답 : (1) 균일넓어짐 (2) 불균일한 넓어짐
또는 (1) 충돌넓어짐 (2) 압력넓어짐 (3) 도플러 효과

[5] 해답 : (1) 광학적 펌핑 (2) 전기방전 (3) 전류주입 (4) 화학반응
(5) 전자살다발 주입

제15장 레이저의 특성과 응용

[1] $\nu_m = \frac{mc}{nl} = \frac{c}{\lambda_m}$, $m = \frac{nl}{\lambda_m} = \frac{(1.765)(3.2\times10^{-2}\text{m})}{694.3\times10^{-9}\text{m}} = 8.1348\times10^4$

해답 : 81,348

[2] $\theta = \frac{12.0\text{mm} - 2.0\text{mm}}{10\times10^3\text{mm}} = 1.0\times10^{-3}\text{rad} = 1.0\text{mrad}$

해답 : 1.0mrad

[3] $r = \frac{f\lambda}{\pi\omega_0}$, $2\omega_0 = 4.0\text{mm}$, $\omega_0 = 2.0\text{mm}$, $r = 0.2\text{mm}/2 = 0.1\text{mm}$

$f = \frac{\pi\omega_0 r}{\lambda} = \frac{(\pi)(2.0\text{mm})(0.1\text{mm})}{10.6\times10^{-3}\text{mm}} = 59.3\text{mm} = 5.93\text{cm}$

해답 : 5.93cm

[4] $2\theta = \frac{2\lambda}{\pi\omega_0}$, $\lambda = \pi\omega_0\theta = \pi(1.0\text{mm})(2.5\times10^{-3}\text{rad}) = 7.854\mu\text{m}$

$r = f\theta = (22.5\text{mm})(2.5\times10^{-3}\text{rad}) = 56.25\mu\text{m}$, $\phi = 2r = 112.5\,\mu\text{m}$

해답 : 초점의 직경 112.5μm

[5] 해답 : $0 \le \left(1 - \frac{l}{R_1}\right)\left(1 - \frac{l}{R_2}\right) \le 1$

찾아보기

ㅈ

ㅊ

|||| 저자약력 ||||

■ **홍 경 희**
-육군사관학교 물리학 교수
-한국광학회 회장
-카이스트 초빙교수
-한국표준과학연구원 초빙연구원
-한동대학교 석좌교수

기초광공학

2021년 8월 20일 1판 4쇄 발행

저 자 홍 경 희
발행인 남 승 우

발행처 도서출판 상尙 학學 당堂
서울시 동작구 사당로9가길 6(사당동)
TEL : 02) 595-1692 ~ 4
FAX : 02) 595-1394
E-mail : namdoo6@unitel.co.kr
신고 : 2-155호 (1968. 11. 29)

정가 26,000원

ISBN 978-89-6587-059-3 93420

〈디자인〉 편집 이선경 / 표지 나아기획